广东省本科精品教材

食品生物化学实验

（第二版）

SHIPIN SHENGWU HUAXUE SHIYAN

主　编　韦庆益　袁尔东　任娇艳

副主编　刘金钏　严慧玲

参　编　高建华　杨继国　郭新波

·广州·

内容简介

全书分为绪论、第一部分、第二部分和附录。第一部分介绍食品生物化学实验原理和实验技术，共三章，全面扼要地介绍了层析分离技术、电泳技术等生化实验方法的基本原理，另外还介绍了生物活性物质纯度分析方法及活性检测技术。第二部分介绍食品生物化学实验，共两章，涵盖了糖类、脂类、酶类、蛋白质等营养成分及天然活性物质的分离制备、分析检测及功能特性研究等方法与技术。实验内容除了单元操作之外，还增加了综合设计性实验，由浅至深地培养学生掌握更多的研究方法和技术。本教材不仅注重加强学生基本实验方法和技能的训练，还引进了新的生化实验技术，更多的是结合食品领域相关的实验方法和手段。附录包括实验室常用仪器使用方法、常用数据表等，供读者参考。

本书可供综合性大学、师范和农林院校食品相关专业的本科生作为实验课教材，也可供相关教师及科研人员参考。

图书在版编目（CIP）数据

食品生物化学实验/韦庆益，袁尔东，任娇艳主编. —2 版. —广州：华南理工大学出版社，2017.8（2024.12重印）

普通高等教育“十一五”国家级规划教材配套实验教材

ISBN 978-7-5623-5464-2

Ⅰ. ①食…　Ⅱ. ①韦…　②袁…　③任…　Ⅲ. ①食品化学-生物化学-化学实验-高等学校-教材　Ⅳ. ①TS201.2-33

中国版本图书馆 CIP 数据核字（2017）第 254561 号

食品生物化学实验（第二版）

主　编　韦庆益　袁尔东　任娇艳

出 版 人：房俊东

出版发行：华南理工大学出版社

（广州五山华南理工大学 17 号楼，邮编 510640）

http://hg.cb.scut.edu.cn　　E-mail:scutc13@scut.edu.cn

营销部电话：020-87113487　87111048（传真）

责任编辑：张　颖

印 刷 者：广州小明数码印刷有限公司

开　　本：787mm×1092mm　1/16　印张：13　字数：318 千

版　　次：2017 年 8 月第 2 版　2024 年 12月第10次印刷

定　　价：28.00 元

目　录

附录

绪　论

生物化学的发展是以实验为基础的，可以说几乎生物化学教科书上的每一个结论，都有一个科学实验作为背景和依据。食品生物化学是以食品为主要研究对象的生物化学课程，其源于科学实验，其发展更离不开科学实验。因此学生学习食品生物化学时更应注重实验课的学习。

实验课的目的是使学生在有限的时间内掌握某一实验方法，通过亲自动手实践进一步理解实验背后的某一生物化学理论，并培养实事求是和客观严谨的科学实验态度。因此，本教材的“普通实验”部分选取了多个经过广泛验证、能很好地揭示某一食品领域常用生物化学原理的经典实验项目，学生只要遵循正确的操作过程，通常能得到明确的结果。同时，鉴于食品生物科技领域发展迅速，新的技术层出不穷，本教材立足于编委专家们近年来的研究成果，从中提取出适宜开展实验教学的技术方法，设立了“综合设计性实验”部分，旨在使学生们在掌握最基本的实验技术的同时，对当代最新的拥有广阔应用前景的实验技术有更多实践操作的机会。因此，学生在学习的过程中应珍惜实验课的机会，大胆实践，积极思考，掌握做好食品生物化学实验的基本功，培养科学的思维方式。要上好食品生物化学实验课，首先要遵守以下基本要求。

一、进入实验室前做好准备

课前应预习实验课内容，了解实验的目的和将要采用的方法，并将其与理论课的知识联系起来。同时还需要了解可能出现的安全问题以及应急措施。

二、遵守实验室的安全规程

（1）熟悉实验室安全出口、水电总闸的位置，熟悉火场逃生及火险应急处理常识。

（2）熟悉所有易燃、易爆、有毒、腐蚀、生物毒害等有害物质的标识，了解实验中所用试剂的安全性及其应急处理措施。实验操作中必须穿工作服，并按需佩戴合适的防护手套、护目镜和口罩等。

（3）严禁在实验室吸烟、饮食，使用移液管时不得用嘴吸取液体，以免误食或吸入有毒物质。

（4）实验过程中保持实验用品、试剂及环境整洁有序，保持良好的课堂秩序，不得脱岗、串岗。

（5）在处理易燃有机溶剂时，一定要保证附近无火源和开启的电炉，不得用电炉直接加热易燃试剂。

（6）使用仪器设备时严格遵守操作规程，未经许可不得擅自使用实验室的仪器设备。

(7) 听从实验老师指挥，实验后按要求将有毒有害废弃物放置于指定回收点，不得随意往垃圾桶、下水道倾倒实验废弃物。

(8) 实验用品、试剂、耗材不得带出实验室。

(9) 发现事故隐患或发生事故（如火灾、中毒、烧伤、烫伤等）时，及时报告实验室老师，并听从指挥做好应急处理。

三、做好实验数据的分析

在食品生物化学实验中，常常需要对一个确定条件下的生物化学变化或某种生物化学物质进行测量，从而得出相应的定性描述及数据结果。要求实验数据可靠、准确及符合精度要求。实验数据并不是小数点后位数越多越好，那并不代表测定的数据精确。特别是在定量分析实验中，需要注意实验数据有效数字的取舍。数据记录时的有效数字是实际能测量到的数字（在仪器上读数时最后一位是可疑的估计值，其余是确定值）。在实验结果的计算过程中，更要注意有效数字的保留，否则会使计算结果不准确（如超出实际能测量到的精度范围）。运算过程中有效数字的保留通常应遵循以下规则：

(1) 几个数值相加或相减时，有效数字的保留以小数点后位数最少的数字为准，弃去过多的可疑数。

(2) 几个数值相乘或相除时，其乘积或商的相对误差需接近于所有数值中相对误差最大的那个数。

四、原始实验记录与实验报告的要求

1. 原始实验记录

原始实验记录是一个科学实验的第一手资料，应具有真实性、现场性、完整性和连续性。学生应准备一本专门的实验记录本，在实验过程中详细记录一切可能与实验结果相关的细节，而不是随便写在某一张零散的纸上。原始实验记录的内容不得随意涂改。原始实验记录的内容如下：

(1) 实验项目名称；

(2) 记录的日期、时间及地点；

(3) 重要的环境因素（如温度和湿度等）；

(4) 实验目的；

(5) 采用的实验方法及其文献出处；

(6) 所有实验材料的来源（供应厂家或前处理所用的方法及结果）及纯度级别；

(7) 重要仪器的参数及测量情况；

(8) 实验中获得的原始数据；

(9) 不正常的操作、异常数据、异常现象及结果；

(10) 一切可能影响实验的偶然事件，如停电等；

(11) 仪器测出的原始图表（粘贴在原始实验记录本上）。

2. 实验报告的要求

每次做完一个实验项目后，都必须提交一份实验报告。实验报告是学生对该实验结果的总结，也是教师了解学生掌握该实验程度的重要依据。实验报告通常要包括以下内容：

（1）实验目的；

（2）实验原理；

（3）实验仪器与试剂；

（4）实验步骤；

（5）实验数据记录与处理；

（6）实验结果与讨论；

（7）个人的总结与思考。

学生应独立完成实验报告（多人小组实验时至少数据分析、结果讨论与总结部分要独立完成，不得抄袭），实验报告应具备完整性、真实性和连续性，简明扼要，逻辑清晰，以达到培养学生科学的思维和实验素养的目的，为学生后续的专业实验课及将来从事科学研究打下良好的基础。

参考文献

梁宋平．生物化学与分子生物学实验教程[M]．北京：高等教育出版社，2003.

第一部分　实验原理和实验技术

第一章　光谱分析实验技术

第一节　分光光度计法

在食品生物化学实验中，对蛋白质、糖、核酸、生物酶活性等的定量分析，探讨天然活性物质有效成分的提取、活性产物的抗氧化、食品贮存过程色泽的保持、防腐剂抗菌等研究中，普遍使用到分光光度计法实验技术。

溶液对光线具有选择性的吸收作用，主要体现在物质的分子结构不同，对不同波长光线的吸收能力不同。因此，每种物质都有其特异的吸收光谱。分光光度计法主要是指利用物质特有的吸收光谱来鉴定物质性质及含量的实验技术。

一、分光光度计法的实验原理

自然界中存在各种不同波长的电磁波，分光光度计法所使用的光谱范围为 190 ～ 1100 nm，其中 190 ～ 400 nm 为紫外光区，400 ～ 760 nm 为可见光区，760 ～ 1100 nm 为红外光区。朗伯 - 比尔定律是分光光度计定量分析的理论依据。

当一束平行单色光（入射光强度为 I_o）照射到任何均匀、非散射的溶液上时，光的一部分被比色皿的表面反射回来（反射光强度为 I_T），一部分被溶液吸收（被吸收光强度为 I_a），一部分则透过溶液（透光强度为 I_t）。这些数值之间有如下关系：

$$I_o = I_a + I_t + I_T$$

在分析中采用同种质料的比色皿，其反射光的强度是不变的。由于反射所引起的误差互相抵消，因此上式可简化为：

$$I_o = I_a + I_t$$

式中，I_a 越大说明对光吸收越强，也就是透过光 I_t 的强度越小，光减弱得越多。因此，分光光度计分析法实质上是测量透过光强度的变化。不同物质的溶液对光的吸收程度（吸光度 A）与溶液的浓度（c）、液层厚度（L）及入射光的波长等因素有关。溶液浓度越大、液层越厚，光被吸收的程度亦增加，透射光的强度则减少。透射光强度与入射光强度的比值，称为透光度，以 T 表示。当入射光的波长一定时，其定量关系可用朗伯 - 比尔定律表示，即

$$A = \lg \frac{I_o}{I_t} = \lg \frac{1}{T} = kcL$$

式中，k 为比例常数，称吸光系数，有两种表示方法：①摩尔吸光系数，是指在一定波长时，溶液浓度为 1 mol/L，厚度为 1 cm 的吸光度，用 ε 或 EM 表示；②百分吸光系数或称比吸光系数，是指在一定波长时，溶液质量浓度为 1 g/mL，厚度为 1 cm 的吸光度，用 $E_{1cm}^{1\%}$ 表示。

吸光系数两种表示方式之间的关系是：

$$\varepsilon = \frac{M_t}{10} \times E_{1cm}^{1\%}$$

式中，M_t 是吸光物质的摩尔质量。吸光系数 ε 或 $E_{1cm}^{1\%}$ 不能直接测得，需用已知准确浓度的稀溶液测得吸光值换算而得到。例如，氯霉素（$M_t = 323.15$）的水溶液在 278 nm 处有吸收峰。设用纯品配制 100 mL 含 2 mg 氯霉素的溶液，以 1.00 cm 厚的比色皿在 278 nm 处测得透光率为 24.3%，吸光值为 0.614，则

$$E_{1cm}^{1\%} = \frac{A}{c \times L} = \frac{0.614}{0.002} = 307, \qquad \varepsilon = \frac{323.15}{10} \times E_{1cm}^{1\%} = 9920$$

二、影响吸光系数的因素

（1）物质不同，吸光系数不同，所以吸光系数可作为物质的特性常数。在分光光度计法中，常用摩尔吸光系数 ε 来衡量显示反应的灵敏度，ε 值越大，灵敏度越高。

（2）溶剂不同，其吸光系数不同。说明某一物质的吸光系数时，应注明所使用的溶剂。

（3）光的波长不同，其吸光系数也不同。物质的定量需在最适的波长下测定其吸光值，因为在此处测定的灵敏度最高。

（4）单色光的纯度对吸光系数的影响。如果单色光源不纯，会使吸收峰变圆钝，吸光值降低。严格来说，朗伯－比尔定律只有当入射光是单色光时才完全适合，因此物质的吸光系数与使用仪器的精度密切相关。由于滤光片的分光性能较差，故测得的吸光系数值要比真实值小得多。

三、分光光度计法的定量分析和定性检测应用

1. 定量分析

实际的分析研究中，常用标准曲线定量法（或工作曲线法）和比较定量法。

标准曲线定量法：先配制一系列浓度已知的待测物标准溶液，分别加入显色剂（若物质在紫外区有显示基团，则不必显色，待测定样品也一样），在一定波长条件下测定溶液的吸光值，在坐标纸上或用电脑软件绘制标准溶液的浓度与吸光值的标准工作曲线，计算标准工作曲线的回归方程。然后，用同样的显色方法，在相同操作条件下（相同的试剂和相同的波长）测定样品试液的吸光值，根据标准工作曲线或标准工作曲线的回归方程，进行定量计算（如图 1－1 所示）。

单标准比较定量法：若标准工作曲线通过原点，且呈线性，则可按照 $\frac{A_x}{A_s} = \frac{c_x}{c_s}$ 的比例关系求 c_x。式中 A_s、c_s 分别为某个标准工作曲线的吸光值和浓度。

另外，因为分光光度计法可以任意选择某种波长的单色光，因此可以利用各种组分

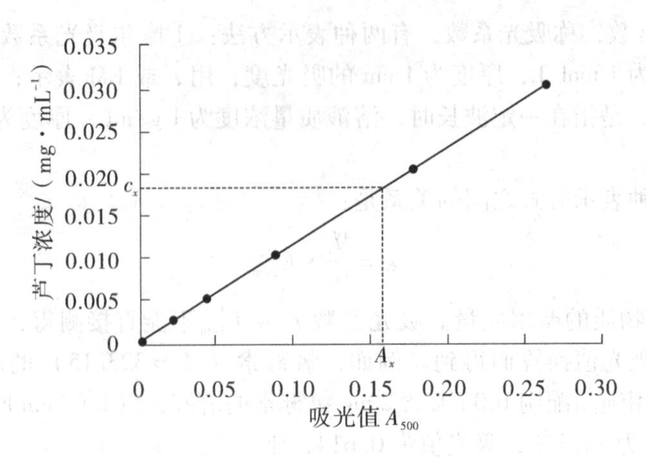

图1-1　芦丁标准工作曲线

吸光度的加和性，在指定条件下进行混合物中各自含量的测定。

2. 定性检测

应用紫外可见分光光度计法，依据物质在某特定波长条件下具有对应关系的吸收光谱，与物质的标准谱图对照，可对某些化合物进行定性分析。

(1) 紫外可见吸收光谱在蛋白质快速测定中的应用。蛋白质中含有共轭双键的酪氨酸和色氨酸，在280 nm处有最大吸收峰，可用紫外可见分光光度计法，对溶液进行吸收光谱扫描，根据吸收光谱图快速鉴别蛋白质的存在与否。

(2) 紫外可见吸收光谱在植物天然活性物质（如黄酮类物质等）的分析鉴定中的应用。植物黄酮类化合物的提取及应用研究是食品生物化学研究的热点之一。黄酮类物质由于结构中发色基团的位置不同，各物质在紫外可见光区存在不同的吸收光谱曲线，吸收光谱曲线图可为黄酮类化合物的鉴别及其氧化模式提供重要信息（见表1-1）。

表1-1　黄酮类化合物的紫外可见吸收光谱段范围

带Ⅱ（吸收峰波长/nm）	带Ⅰ（吸收峰波长/nm）	黄酮类型
250～280	310～350	黄酮类物质
250～280	330～360	黄酮醇类（3-OH取代）
250～280	350～385	黄酮醇类（3-OH自由）
245～275	310～330（肩峰）	异黄酮类
275～295	300～330	黄烷酮和双氢黄酮醇类
230～270（低强度）	340～390	查耳酮
230～270（低强度）	380～430	噢哢类
270～280	465～560	花色素类和花色苷类
260～270	320～340	山茶苷

(3) 天然色素的提取及稳定性研究。果蔬植物中含有丰富的天然色素，经提取制备后可作为食品的天然着色剂。天然色素按化学结构不同可分为吡咯色素、多烯色素、酚类色素、吡啶色素、醌酮色素等，其对光、热、酸、碱等条件的稳定性研究，常用的

方法是分光光度计法。检测的方法为：对色素原液进行光谱扫描，确定色素光谱曲线吸收峰的位置，并测定初始色素溶液在最大吸收峰波长下的吸光值；然后定期抽样测定色素在不同处理方法、不同贮存条件下色素溶液的吸光值以及进行吸收光谱曲线扫描。性质稳定的色素溶液，其样液的吸光值大小、扫描吸收光谱最大吸收峰所对应的波长基本保持不变。应根据吸光值大小的变化、吸收光谱曲线最大吸收峰所对应波长位置的变化与否，综合评价天然色素色泽稳定的条件。

四、使用分光光度计法的注意事项

（1）定性定量检测时，样品的吸光值尽可能控制在0.1～1.0范围，以减少吸光度误差。样品在进行光谱扫描过程中，高浓度的样液无法真实反映样品的吸收光谱曲线，光谱带中的吸收峰值无法正确检出。

（2）稳定透明的样液是定性定量分析的前提（测定溶液的澄清度除外），因此选择合适的显色剂、最佳的试剂加入量、显色时间，检测样品与标准物质尽可能在相同条件下进行测定，可提高检测重现性。

（3）使用成套性的比色皿，提高仪器波长的准确性、光源电压的稳定性等，是获取准确、可靠的分析结果的保障。进行分光光度计法检测时，同批次待测样品尽可能在同一台分光光度计中完成检测。

（4）比色皿成套性的检测。

①光学玻璃比色皿成套性检查。波长置于600 nm，在一组比色皿中加入适量蒸馏水，以其中任一比色皿为参比，调整透光率为95%，测定并记录其他各比色皿的透光率值。比色皿间的透光率偏差小于0.5%的即视为同一套。

②石英比色皿成套性检查。将波长置于220 nm，在一组比色皿中加入适量蒸馏水。检查方法同上。

（5）石英比色皿的鉴别。将待鉴别的比色皿放入紫外可见分光光度计，选择紫外光区波长，以空气调节仪器零点，测定比色皿的吸光值，因玻璃吸收紫外光，导致比色皿空气吸光示值无穷大，无法检出，则可确定此器皿是玻璃比色皿。

五、分光光度计的主要部件

分光光度计法所使用的仪器是分光光度计，根据测定选用的波长范围不同，分为可见光分光光度计和紫外－可见分光光度计。仪器的种类繁多、型号各异、性能及精度等级不同，但主要的部件大致相同，均由光源、分光系统（单色器）、样品池、检测器、数据示值系统组成（如图1－2所示）。

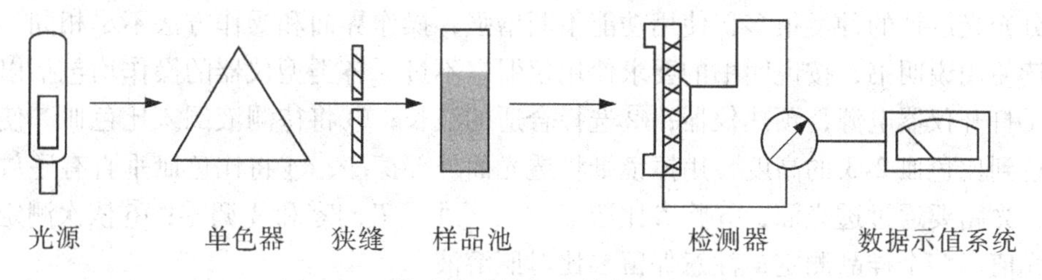

图1－2　分光光度计仪器结构组成示意图

1. 光源

要求能提供检测所需波长范围的连续光源，稳定而有足够的强度。常用的有白炽灯(钨丝灯、卤钨灯等)、气体放电灯（氢灯、氘灯等)、金属弧灯（各种汞灯）等。

钨灯能发射350 ~ 2000 nm 波长的连续光谱，是科技感光光度计的光源，适用于可见光和近红外光区的测量。氢灯或氘灯能发射150 ~ 400 nm 波长的连续光谱，是紫外分光光度计的光源，因为玻璃吸收紫外光，故灯泡必须用石英材料制成或用石英窗隔离。为保证仪器检测过程中光源的稳定，仪器配有稳压装置。

2. 分光系统（单色器）

分光系统的核心部件是单色器，其主要功能是将光源发出的光分离成所需要的单色光。单色器由入射光狭缝、准直镜、色散元件、聚焦元件（物镜）和出射光狭缝构成。常用的色散元件有棱镜和光栅。狭缝是指由一对隔板在光通路上形成的缝隙，用来调节入射单色光的纯度和强度，也直接影响分辨力。光源通过入光狭缝使光线成为细长条照射到准直镜，准直镜可使入射光成为平行光射到色散元件，色散后的光再经聚光镜聚焦到出光狭缝，转动棱镜或光栅可使所需要的单色光从出光狭缝分出。狭缝的宽度一般在0 ~ 2 nm 内可调。出射狭缝的宽度通常有两种表示方法：一为狭缝的实际宽度，以毫米(mm）表示，另一种为光谱频带宽度，指由出射狭缝射出光束的光谱宽度，以纳米(nm）表示。

3. 样品池（比色皿）

比色皿是无色透明的、用来盛测定溶液的专用器皿。分光光度计配有不同厚度(0.5cm，1 cm，2cm 等）的比色皿，可供选用。玻璃比色皿只适用可见光区，紫外光区应使用石英比色皿。比色皿光学面上的指纹、油渍、气泡及沉淀物都会对透光性能产生影响。由冰箱取出而未解冻到室温的溶液，易在比色皿光学面壁产生雾气而影响检测结果，应引起注意。

4. 检测器

紫外分光光度计常用光电管和光电倍增管作检测器，光电管装有一个阴极和一个阳极，阴极是用对光敏感的金属做成，当光射到阴极且达到一定能量时，金属原子中的电子发射出来。光越强，光波的振幅越大，电子放出越多。光电管产生电流较小，透射光变成的电信号需要放大处理。目前分光光度计通常使用电子倍增光电管，在光照射下产生的电流比其他光电管要大得多，可提高测定的灵敏度。

5. 数据示值系统

分光光度计示值仪表有指针式和数显式，有百分透光率（T）和吸光度（A）两种表示法，现有不少分光光度计配有浓度直读装置。

分光光度计的种类很多，使用功能不断增强，操作界面和操作方法不尽相同，要仔细阅读使用说明书，按说明书的要求使用仪器。不过，各类型仪器的操作均包括以下步骤：①打开仪器电源，预热仪器；②选择合适的波长；③将待测液倒入比色皿，使溶面高度达到比色皿2/3 的高度，用擦镜纸将透光面外部擦净；④将比色皿垂直有序放入比色架，光路要通过透光面；⑤将参比溶液放入，进行 T 调零和 A 调零；⑥依次测定样品的吸光值。多个样品测定，注意保留参比对照溶液。

第二节　荧光分光分析法

一、物质荧光

物质分子中具有一系列的能级，在光线的照射下，分子吸收了能量，从基态能级跃迁到较高能级呈激发分子。激发分子不稳定，在很短暂的时间内（约 10^{-9}s），首先由于分子碰撞而以热的形式损失掉一部分能量，从所处的激发能级下降至较低能级（第一电子激发态），然后再下降至基态能级，并将能量以光的形式释放出来。当物质分子从第一电子激发态的能级立即下降至基态的能级时，激发分子将以光的形式释放出所吸收的能量，所发射出的光称为荧光。只有能产生荧光的物质才被称为荧光物质。

荧光所发出的能量比入射光所吸收的能量略小些，荧光波长比入射波长长些。

二、分子结构与荧光强度

已知的大量物质中，仅有少部分物质能发生强的荧光，它们的荧光光谱和荧光强度都和它们的结构有密切的关系。一个强荧光物质需要具备以下三个结构特征：

1. 具有较大的共轭 π 键结构

大量研究表明，化合物的共轭 π 键达到一定程度才会发射荧光。共轭体系越大，离域 π 电子越容易被激发，相应的荧光较易产生。一般来说，芳香体系越大，其荧光峰越向长波方向移动，而且荧光强度往往也加强。但芳香环或共轭体系增加到一定程度时，只要荧光发射波长向长波方向红移，荧光量子产率不但没有增加，反而下降，这一现象主要是受共轭大 π 键共平面及刚性的影响（见表 1－2）。

表 1－2　几种线状多环芳烃的荧光

化合物	荧光量子效率 φ_f	激发波长 λ_{ex}/nm	荧光波长 λ_{em}/nm
	0.11	205	278
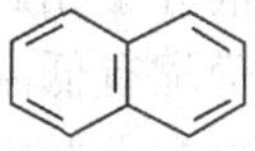	0.29	286	321
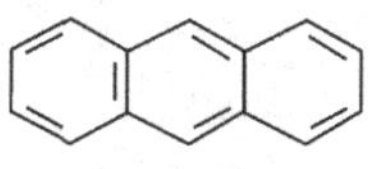	0.46	365	400
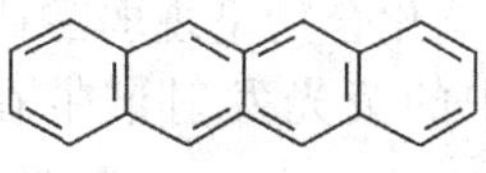	0.60	390	480
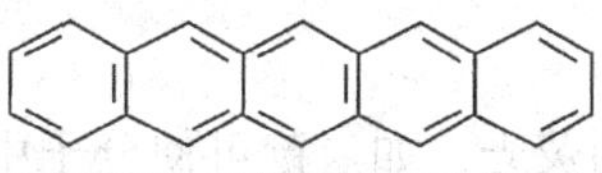	0.52	580	640

2. 具有较为刚性的结构，特别是平面结构

具有较为刚性的结构特别是平面结构的化合物有着较好的荧光特性。荧光素呈平面构型，是强荧光物质，而酚酞没有氧桥，其分子不易保持平面，不是荧光物质。

刚性结构的增强，也可以由有机配合剂与非过渡金属离子组成配合物时荧光强度加强的现象来说明。如8-羟基喹啉是在荧光分光分析中常用的配位试剂，荧光量子产率极低，几乎可以认为不发荧光，在其与铝离子配位后，形成8-羟基喹啉铝具有很好的荧光性能。利用分子氢键也可以提高分子的刚性程度，例如水杨酸的水溶液，由于羧基与羟基可以形成分子内氢键，其分子荧光要比间位或对位的异构体要强。

3. 取代基团中有较多的供电子取代基

化合物的共轭体系上具有强的供电子基团，如—NH_2、—OH、—OR，可以在一定程度上加强化合物的荧光，因为含这类基团的荧光体，激发态常由环外的羟基或氨基上的电子激发转移到环上而产生。由于它们的电子云与芳环上的轨道平行，实际上是共享了共轭电子结构，同时扩大了其共轭双键体系。

三、分析条件对分子荧光的影响

1. 溶剂的影响

溶剂对荧光的影响除溶剂本身折射率和介电常数的影响外，主要是指荧光分子与溶剂分子间的特殊作用（如氢键的生产或配位作用），这种作用取决于荧光分子基态和激发态的极性及其溶剂对其稳定性的程度。

对于 $\pi \to \pi$ 跃迁，分子激发态的极性远大于基态的极性，随着溶剂极性的增加，对分子激发态的稳定程度增大，而对分子基态的影响很小，导致荧光发射的能量下降，发射波长红移。

对于 $n \to \pi$ 跃迁，分子基态的极性远大于激发态的极性，随着溶剂极性的增加，对分子基态的稳定性增大，而对分子激发态的影响很小，导致荧光发射的能量升高，发射波长蓝移。

可见，溶剂能影响荧光效率，改变荧光波长，因此在测定时必须用同一溶剂。

2. 温度的影响

随着体系温度的升高，荧光物质的荧光量子产率通常是下降的。这是因为温度升高会加快分子运动速度，增加分子间的碰撞，这种碰撞可能发生在荧光物质与溶剂分子之间，也可能发生在荧光分子之间，当处于激发态的分子与另一荧光分子或溶剂分子相碰撞时，就会发生能量转移，造成发射光谱减弱。因此，有些荧光仪的试样液槽配有低温装置，使荧光增大，以提高检测的灵敏度。在高级的荧光仪中，液槽四周有冷凝水并附有恒温装置，使检测过程的温度尽可能恒定。

3. pH 值的影响

对于含有酸性或碱性功能基团的荧光化合物，pH 的变化将影响化合物呈现弱酸或弱碱的离解，对其荧光光谱产生影响。例如2-萘酚在水溶液中的荧光发射谱带在 259 nm，但萘酚盐阴离子的荧光发射谱带在 429 nm。

4. 氢键的影响

荧光分子与溶剂间氢键的作用可以以多种形式影响分子的荧光，如氢键可使分子中杂原子的非键电子更加稳定，氢键也可增加荧光体系中内部能量的转换，造成荧光能量或波长的改变。

5. 时间的影响

鉴于荧光物质分子结构或实验条件的改变，其荧光物质的形成时间不同，有些荧光物质在激发光较长时间的照射下才会发生分解。因此，过早或过晚测定物质的荧光都会给实验带来误差，必须通过系列试验确定适宜的检测时间，保证获取最大且稳定的荧光强度。为了避免光分解所引起的误差，应只在荧光测定的短时间内打开光闸，其余时间应该是关闭的。

6. 环境光线的影响

长时间的光照，可能造成荧光物质的降解，对大批量物质荧光检测时，应对试样进行避光保存。

7. 共存干扰物的影响

干扰物和荧光分子作用使荧光强度显著下降，这种现象称为荧光的淬灭。实验过程中若存在干扰物应设法去除，使用纯度高的溶剂和试剂。

四、荧光分析法

荧光分析法是测定物质吸收了一定频率的光以后，物质所发射的光的强度的方法。物质吸收的光，称为激发光；物质吸收光后发出的光，称为发射光或荧光。

将激发光用单色器分光后，连续顺次测定每一波长由激发光所引起的荧光强度，然后以荧光强度为纵坐标、以激发光波长为横坐标作图所得到的曲线，称为该物质的激发光谱。实际上荧光物质的激发光谱就是它的吸收光谱。激发光谱中最高峰处的波长能使荧光物质发射出最强的荧光。若保持激发光的波长和强度不变，让物质所发射的荧光通过单色器照射到检测器上，依次调节单色器至各种波长，并测定相应的荧光强度，然后以荧光强度为纵坐标，以相应的荧光波长为横坐标，所得曲线称为该荧光物质的荧光发射光谱，简称荧光光谱。在建立荧光分析法时，必须根据荧光光谱来选择适当的测定光谱。

1. 荧光分光光度法定量分析

对于某荧光物质的稀释液，在一定波长和一定强度的入射光照射下，当溶液层的厚度不变时，在一定浓度范围内，所发生的荧光强度和该溶液的浓度成正比。

应用标准曲线法，将已知的标准品经过和样品同样的处理后，配成系列标准溶液，测定其荧光强度，以荧光强度对荧光物质含量绘制标准曲线，再测定样品的荧光强度。可根据标准工作曲线，定量分析未知荧光样品的浓度。

B族维生素、稠环芳烃（如3，4－苯并芘）、黄曲霉毒素等都具有荧光特性，其定量分析适用荧光分光光度法。

熏烤的食品直接与炭火接触（如熏鱼、火腿、熏豆腐干、烤鸭），即可受到苯并芘的污染或产生苯并芘。苯并芘的含量因加工烹调方法不同，其含量差异很大。黄曲霉毒素对人体的主要危害是致癌作用。稠环芳烃3，4－苯并芘具有独特的激发波长（369 nm）和发射波长（405 nm）。

黄曲霉毒素是一类结构和理化性质相似的真菌次级代谢产物，具有极强的毒性。其基本结构单位是二呋喃香豆素衍生物，主要有黄曲霉毒素 B1，B2，G1，G2 等 6 种。黄曲霉毒素 B1 是这类衍生物中毒性及致癌性最强的物质，其分子结构为共轭双键的芳香稠环结构，具有荧光性质，利用荧光分光光度法在激发波长 365 nm 和发射波长 406 nm（±5 nm）进行定量分析，为食品质量安全和生物法降解黄曲霉毒素的研究建立检测方法。

维生素是维持生物正常生命过程所必需的一类有机物质，需要量很少，但对维持人体健康十分重要。人体一般不能合成它们，必须从食物中摄取。维生素的主要功能是通过作为辅酶的成分调节机体代谢，在食品中被誉为第四营养素。使用荧光分光光度法可对 B 族维生素进行定量分析，例如，经分离提取后维生素 B1 结构中的芳香杂环化合物具有荧光性质，在激发波长 365 nm、发射波长 435 nm 处被检测到；维生素 B2 在激发波长 440 nm、发射波长 560 nm 处被检测到。

2. 物质的定性分析研究

食品生物化学实验中应用荧光光谱分析法，可定性分析蛋白质在提取、加工或变性后，蛋白质疏水性（憎水性）的变化；研究有机小分子、离子及无机化合物与蛋白质的相互作用，获取对蛋白质结构及功能性质变化的信息等。

在蛋白质结构中存在三种芳香族氨基酸，即色氨酸（Trp）、酪氨酸（Tyr）和苯丙氨酸（Phe），能发出内源荧光。这些氨基酸的结构不同，其荧光强度比为 100∶9∶0.5，因此，大多数情况下，可以认为蛋白质所显示的荧光主要来自色氨酸残基的贡献，色氨酸荧光光谱主要反映色氨酸微环境极性的变化，是一种比较灵敏的在三级结构水平反映蛋白质构象变化的技术手段。一般而言，荧光峰红移表明荧光发射基团暴露于溶剂，蛋白质分子伸展；若荧光峰位置没有发生偏移，仅仅有荧光峰信号增强或减弱，则不能将其判断为明显的蛋白质构象改变。

测定蛋白质性质时，可对蛋白质对照液进行荧光光谱扫描，确定样液最适的发射波长，然后测定处理样品荧光发射光谱，根据发射光谱最大发射波长的位置，判断蛋白质构象变化。若最大荧光发射波长红移，表示蛋白质残基所处环境的极性增加；蓝移则表明蛋白质疏水性增加。

例如，在微射流处理对芸豆分离蛋白乳化特性影响的研究中，对微射流处理芸豆分离蛋白前后的样品进行荧光光谱扫描，发现经微射流处理的样品荧光强度稍有增加，但荧光峰的位置没有明显改变，表明微射流处理对蛋白质的三级结构没有明显的影响（如图 1－3 所示）。

荧光分光光度法还可用于蛋白质水解的研究。比如，在酶对蛋白质的水解作用过程中，随着酶解时间的延长，对酶液进行荧光光谱分析时，发现其荧光峰发生红移，表明酶解液中可溶性蛋白质含量增加。

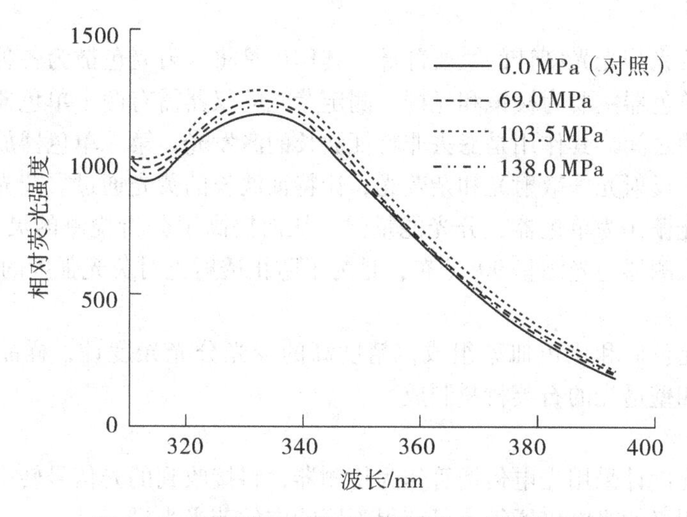

图 1－3　微射流处理芸豆分离蛋白荧光发射光谱

五、荧光分光光度计的主要部件

测定荧光的仪器有荧光计和荧光分光光度计。前者结构简单，价格便宜，配套滤光片可获得适当波长的单色光，用光电池或光电管做检测器。高级的荧光分光光度计，不仅构造精细，而且光谱连续，波长范围宽，配备自动扫描及数据处理软件，定量测定的灵敏度和选择性高（如图 1－4 所示）。

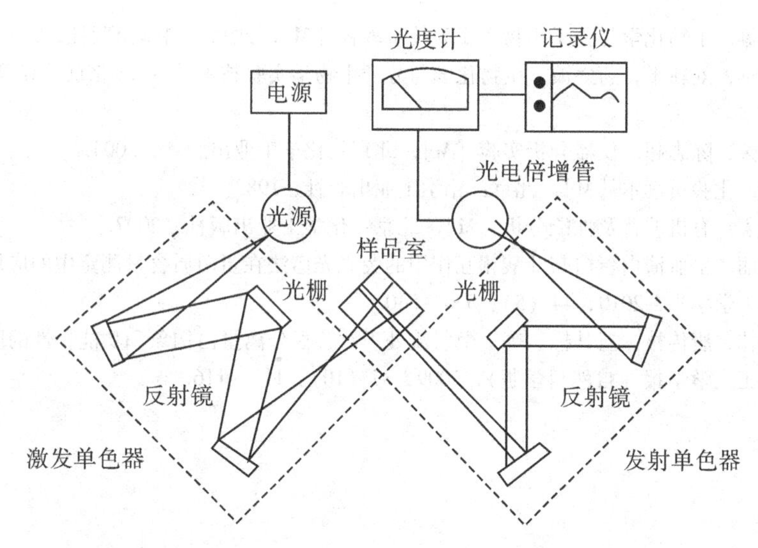

图 1－4　荧光分光光度计内部光路及结构示意图

1. 光源

理想的激发光源应能发出含有各种波长的紫外光和可见光，光的强度足够大，并在整个波长范围内强度一致。但理想的光源不易得到，目前应用较多的光源是汞灯、氙弧灯等。氙弧灯所发射的光谱线强度最大，为连续光谱，波长范围 200 ～ 800 nm。

2. 单色器

单色器是荧光分光光度计的主要部件，其作用是将入射光色散为各种不同波长的单色光，使用的单色器主要为棱镜和光栅。测定荧光的仪器需有两个单色器，第一单色器放在光源和液槽之间，其作用是滤去非特征波长的激发光；第二单色器放在液槽和检测器之间，以滤去反射光、散射光和杂荧光，让特征波长的荧光通过。荧光分光光度计采用石英棱镜或光栅作为单色器，分光能量强，从而提高了分析检测的灵敏度和选择性。第二单色器和检测器与光源呈90°分布，是为了防止透射光对荧光强度的干扰。

3. 样品室

样品室由比色皿和比色皿架组成，精度高的荧光分光光度计，样品室具有恒温装置。比色皿由四壁透光的石英材料制成。

4. 检测器

荧光分光光度计采用光电倍增管作为检测器，将接收到的光信号转变为电信号。不同类型的光电阴极的光电倍增管，可获得不同响应的荧光光谱。

5. 记录系统

经光电倍增管放大的电信号由记录器记录荧光强度。配备软件自动分析处理系统，为荧光光谱曲线分析，以定量计算的方式提供了简便和多样化的选择。

参考文献

[1] 杨建雄. 生物化学与分子生物学实验技术教程 [M]. 北京：科学出版社，2009.

[2] 杨安钢，刘新平，药立波. 生物化学与分子生物学实验技术 [M]. 北京：高等教育出版社，2008.

[3] 穆华荣，陈志超. 仪器分析实验 [M]. 北京：化学工业出版社，2004.

[4] 刘珍. 化验员读本 [M]. 北京：化学工业出版社，1983.

[5] 朱为宏. 有机波普及性能分析 [M]. 北京：化学工业出版社，2007.

[6] 党玉丽. 牛血清白蛋白与叶酸相互作用的荧光光谱法在蛋白质含量测定中的应用 [J]. 河南农业大学学报，2010，44 (5)：538 - 540.

[7] 尹寿伟，唐传核，温其标，等. 微射流处理对芸豆分离蛋白构象和功能特性的影响 [J]. 华南理工大学学报（自然科学版），2009，37 (10)：112 - 116.

第二章　生物活性分子的分离技术

生物体内的物质分子种类繁多，要对各种活性物质的功能、结构以及各种理化特性进行研究，首先必须把它们从生物体中提取出来，然后采用各种有效的分离技术对提取物进行分离纯化，获得某类或者某种物质分子。生物活性物质的分离技术有很多，本书主要介绍离心技术、层析技术、电泳技术、沉淀技术等几种常用的分离技术。

第一节　离心技术

离心技术是利用物体高速旋转时产生强大的离心力，使置于旋转体中的悬浮颗粒发生沉降或漂浮，从而使某些颗粒达到浓缩或与其他颗粒分离的目的。当物体围绕某一中心轴做圆周运动时，运动物体就受到离心力的作用，旋转速度越高，运动物体所受到的离心力越大。如果装有悬浮液或高分子溶液的容器进行高速水平旋转，强大的离心力作用于溶剂中的悬浮颗粒或高分子，会使其沿着离心力方向运动而逐渐背离中心轴。在相同转速条件下，容器中不同大小的悬浮颗粒或高分子溶质会以不同的速率沉降。经过一定时间的离心操作，就有可能实现不同悬浮颗粒或高分子溶质的有效分离。在工业生产和实验室分析研究中广泛使用的离心机就是基于上述基本原理来设计的。

一、基本原理

1. 离心力

物体做圆周运动时，受到一个指向轴心的向心力作用，离心力（F）就是向心力的反作用力，其大小可表示为：

$$F = m\omega^2 r \tag{2-1}$$

式中　m——物体的质量，kg；

ω——物体做圆周运动的角速度，rad/s；

r——旋转半径，即物体距轴心的距离，m。

在说明离心条件时，一般低速离心用离心机转速（n，r/min）表示，如 4000 r/min；高速离心，特别是超高速离心时，习惯上以相对离心力（RCF），即离心加速度 $\omega^2 r$ 与重力加速度 g 的比值来表示。RCF 的大小由重力加速度 g 的倍数来表示，如 10 000g，30 000g 等。

$$\mathrm{RCF} = \frac{\omega^2 r}{g} \tag{2-2}$$

上式中的角速度 ω 不便测量，而角速度 ω 与离心机转速 n 之间有如下关系：

$$\omega = \frac{2\pi n}{60} = \frac{\pi n}{30} \tag{2-3}$$

因此 RCF 可用式（2-4）表示，

$$RCF = \frac{\omega^2 r}{g} = \frac{(\pi n/30)^2 r}{g} = 1.119 \times 10^{-3} n^2 r \quad (2-4)$$

因此，只要知道离心机转速和旋转半径，就可以通过上式计算出相对离心力的大小。但由于离心管从管口至管底的各点与旋转轴间的距离是不同的，而颗粒在离心过程中又是不断移动的，因此，颗粒在离心管中不同位置所受的离心力也是不同的。一般情况下，在计算时使用平均离心力，即在离心溶液中点处颗粒所受的离心力。

2. 沉降系数

沉降系数（S）表示颗粒在某一液体中进行离心时的沉降特征，是指单位离心力场下的沉降速率，其单位为秒（s）。由于许多大分子物质的 S 值都在 10^{-13}s 左右，所以定义 10^{-13}s 为 1S 单位。

$$S = \frac{\text{沉降速率}}{\text{单位离心力场}} = \frac{dr/dt}{\omega^2 r} = \frac{1}{\omega^2 dt} \cdot \frac{dr}{r} \quad (2-5)$$

沉降系数通常用分析离心机来测定，颗粒在一定条件下进行超速离心，达到稳定后，分别测出离心机转速、离心时间和颗粒移动的距离，就可以按照下列公式计算出沉降系数。

$$S\int_{t_1}^{t_2} dt = \frac{1}{\omega^2}\int_{r_1}^{r_2} dr \quad (2-6)$$

故

$$S(t_2 - t_1) = \frac{1}{\omega^2}(\ln r_2 - \ln r_1) \quad (2-7)$$

$$S = \frac{\ln r_2 - \ln r_1}{\omega^2 (t_2 - t_1)} \quad (2-8)$$

式中 ω——转子角速度，rad/s；

t_1，t_2——测定开始和结束的时间，s；

（$t_2 - t_1$）——测定的离心时间，s；

r_1，r_2——时间 t_1 和 t_2 时刻，颗粒到离心机转轴的距离，cm。

在沉降系数已知的情况下，沉降时间（颗粒从样品液面完全沉降到离心管底所需的时间）可通过下式来计算：

$$t = \frac{\ln r_2 - \ln r_1}{S\omega^2} \quad (2-9)$$

式中 t——沉降时间，s；

S——沉降系数，S；

ω——转子角速度，rad/s；

r_1，r_2——样品液面和离心管底到旋转轴中心的距离，cm。

另外，颗粒的沉降系数与其分子质量有一定的关系，测定了颗粒的沉降系数之后，可通过下式计算出颗粒的分子质量：

$$M = \frac{RTS}{D(1-\rho\upsilon)} \quad (2-10)$$

式中 M——颗粒的分子质量；

R——气体常数；

T——绝对温度；

S——颗粒的沉降系数；

D——颗粒的扩散系数；

ρ——溶剂的密度；

υ——颗粒的偏比容，等于颗粒密度的倒数。

二、离心设备

1. 离心机

离心机多种多样，通常按照离心机最大转速的不同，分为普通离心机、高速离心机和超速离心机三种。

（1）普通离心机。最大转速6000 r/min左右，分离形式为固液沉降分离，用于收集易沉降的大颗粒物质，转头有角转头和水平转头，其转速不能严格控制，多数在室温下操作。

（2）高速离心机。最大转速为20 000 ～ 25 000 r/min，分离形式也为固液沉降分离，一般配有不同的转头，有角转头、水平转头、区带转头和垂直转头，配有制冷系统，以消除高速旋转转头与空气间摩擦而产生的热量。这种离心机转速和温度控制较准确，离心室温度可以调节和维持在0 ～ 4 ℃，可以用于酶等生物活性分子的分离。

（3）超速离心机。最大转速可达150 000 r/min，分离形式为密度梯度区带分离或者差速沉降分离，一般配有角转头、水平转头和区带转头。除了配有制冷系统、温度控制和速度控制外，超速离心机与高速离心机的主要区别就是装有真空系统，离心在真空条件下进行，使得离心室温度变化更容易控制，保证超高转速情况下离心机的安全运行。

超速离心机按照其用途，又可以分为制备型超速离心机、分析型超速离心机和分析－制备型超速离心机三种。制备型超速离心机主要用于细胞器、生物大分子等的分离纯化；分析型超速离心机主要用于样品纯度的检测、沉降系数的测定、分子质量的测定以及对生物大分子的构象变化的检测等，因此分析型超速离心机还配置了光学检测系统、自动记录仪和计算机数据处理系统等；分析－制备型超速离心机则同时具有对生物大分子的分离纯化和分析检测功能。可以根据需要进行选择使用。

2. 转头

（1）角转头。角转头是指离心管腔与转轴成一定倾角的转头。它由一块完整的金属制成，有4 ～ 12个离心管腔，离心管腔的中心轴与转轴之间的角度在20°～ 40°之间，角度越大，沉降、分离效果越好。这种转头重心低，运转平衡，转速较高，样品颗粒穿过溶剂层的距离略大于离心管的直径，又因为有一定的角度，故在离心过程中颗粒先撞到离心管外壁，再沿着管壁滑到管底形成沉淀，这就是“壁效应”。“壁效应”容易使沉降颗粒受突然变速产生的对流扰乱，影响分离效果。

（2）水平转头。水平转头由吊着4或6个自由活动的吊桶（离心管套）构成。当转头静止时，吊桶垂直悬挂，置于吊桶内的离心管中心轴与旋转轴平行，随着转头旋转加速，吊桶逐渐甩至水平位置，离心管中心轴也变成与旋转轴成90°角。这种转头适合做密度梯度离心，离心时被分离的样品带垂直于离心管中心轴，有利于离心后从管内分层取出已分离的样品带。但是由于颗粒沉降路径长，离心所需时间也长。

（3）垂直转头。离心管垂直插入转头孔内，在离心过程中离心管始终与旋转轴平行，而离心时液层发生90°角的变化，从开始的水平方向变成垂直方向，转头降速时，垂直分布的液层又逐渐趋向水平，待旋转停止后，液面又完全恢复成水平方向。样品颗粒沉降距离不大于离心管的直径，离心所需时间短，适用于密度梯度离心。

（4）区带转头。区带转头无需离心管，主要由一个空腔和可旋开的顶盖组成，空腔中装有十字形隔板装置，把空腔分隔成四个或多个扇形小室，隔板内有导管，能够将梯度液或者样品液从转头中央的进液管泵到转头外周，转头内的隔板可保持样品带和梯度液的稳定。样品颗粒在区带转头中的沉降情况不同于角转头和水平转头，在径向的散射离心力作用下，颗粒的沉降距离不变，因此区带转头的“壁效应”极小，可以避免区带和沉降颗粒的紊乱，分离效果好，且转速高，容量大，梯度回收容易且不影响分辨率。区带转头使得制备型超离心机应用于工业生产成为可能。区带转头的缺点是样品和梯度液直接接触转头，对转头的耐腐蚀性能要求高，另外操作过程也比较复杂。

3. 离心管

离心管分为塑料管和不锈钢管。

塑料离心管常用的材料有聚乙烯（PE）、聚碳酸酯（PC）、聚丙烯（PP）等，其中PP管性能较好。塑料离心管的优点是透明或者半透明，硬度小，可用穿刺法取出。缺点是易变形，抗有机溶剂腐蚀性差，使用寿命短。用塑料离心管离心前，管盖必须盖严，倒置不漏液。管盖的作用有：防止样品外泄，用于具放射性或强腐蚀性样品时尤其重要；防止样品挥发；支持离心管，防止离心管变形。

不锈钢离心管是用优质合金制成的，强度大，不变形，能抗热、抗冻、抗化学腐蚀，但也应避免接触强腐蚀性化学药品。

三、离心方法

离心方法主要有差速离心法、速率区带离心法和等密度梯度离心法三种。对于普通离心机和高速离心机，由于所分离的颗粒大小和密度相差较大，通常采用差速离心法，只要选择好离心速度和离心时间，就能达到分离效果。如果希望从样品液中分离出两种以上大小和密度不同的颗粒，需要采用不同离心速度和离心时间进行多次离心分离。而对于超速离心，则可以根据需要采用差速离心法、速率区带离心法和等密度梯度离心法。

1. 差速离心法

差速离心法又叫分级离心法，是指采用不同的离心速度和离心时间，使不同沉降速率的颗粒分批分离的方法。装有不均一颗粒的离心管在离心机中高速旋转时，大小、密度不同的颗粒将以各自的沉降速率移向离心管底部。选择一定的转速和离心时间，使得沉降速率最大的颗粒首先沉降至离心管底部，其他颗粒继续留在上清液中；将上清液转移至另一离心管中，提高转速并掌握一定的离心时间，就可以分离出沉降速率较小的颗粒；如此分次离心多次，就可以在不同转速和离心时间的组合下，使不同沉降速率的颗粒分批分离出来（如图2-1所示）。

用差速离心法分离到的沉淀，其实并不十分均一，往往混有部分沉降速率稍小的颗粒。此时，可以将得到的沉淀用相同介质再悬浮，用较低的转速再离心，这样经过2～3次反复离心操作后，才能得到较纯的颗粒。

差速离心法主要用于分离大小和密度相差较大的颗粒，操作简单、方便，离心后用倾倒法即可将上清液与沉淀分开。但差速离心法效率低，费时间，分离效果较差，沉淀中夹带有杂质，不能一次得到纯颗粒。悬浮反复离心虽然可以提高分离组分的纯度，但会降低其回收率，当组分差异过小时，多次分离也无济于事。离心后颗粒沉降在离心管底部，使得沉降的颗粒受到挤压，离心力过大、离心时间过长会使颗粒变形、聚集而失活。

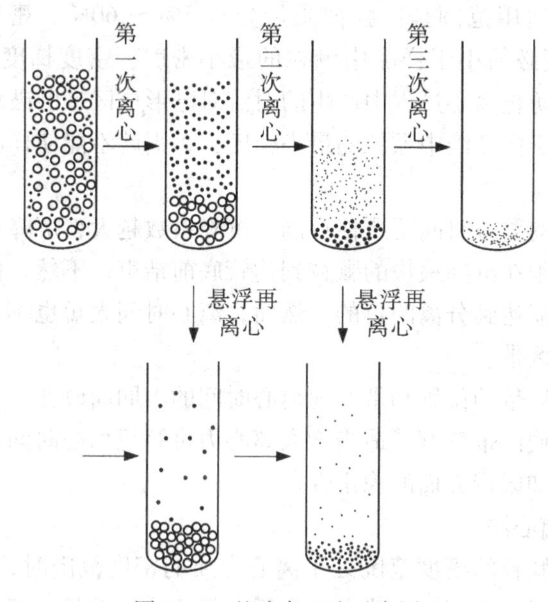

图2－1 差速离心法示意图

2. 速率区带离心法

速率区带离心法是指在一定离心力的作用下，具有沉降系数差异的颗粒在密度梯度介质中以各自不同的速率沉降，一定时间后在介质中形成不同区带的分离方法。此法是一种不完全的沉降，仅用于分离有一定沉降系数差的颗粒或相对分子质量相差3倍以上的蛋白质，与颗粒密度无关，大小相同而密度不同的颗粒不能用此法分离（如图2－2所示）。

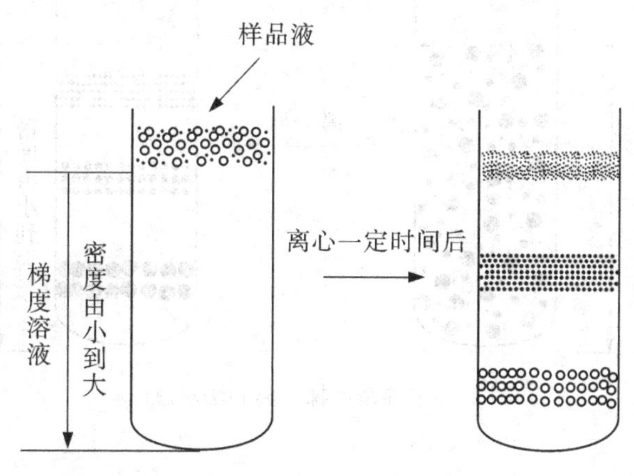

图2－2 速率区带离心法示意图

离心前，先在离心管内装入密度梯度介质溶液，将待分离的样品液小心地加在梯度液的顶部，同梯度液一起离心。由于离心力的作用，不同大小、形状、具有一定沉降系数差异的颗粒离开原样品层，按不同沉降速率向管底移动，离心一定时间后，在密度梯度溶液中形成若干条界面清楚的不连续区带。通过虹吸、穿刺或者切割离心管的方法可以将不同区带中的颗粒分开收集，得到所需的物质。

为了使沉降系数比较接近的颗粒得以分离，必须配制好适宜的密度梯度介质。梯度介质应具有足够大的溶解度，以形成所需的密度梯度范围；不会与样品中的组分发生反应，也不会引起样品中组分的凝集、变形或失活。常用的梯度介质有蔗糖、甘油等，使用最多的是蔗糖，其适用范围是：蔗糖质量分数 5% ～ 60%，密度范围 1.02 ～ 1.30 g/cm^3。最大介质密度必须小于样品中颗粒的最小密度。密度梯度介质的作用有两个：一是支撑样品，二是防止离心过程中产生的对流对已形成区带的破坏。此外，梯度介质的最大密度一定要小于样品液中颗粒的最小密度，否则就不能使样品各组分得到有效分离。

速度区带离心法的离心时间要严格控制。沉降系数越大，沉降速率越大，所呈现的区带也越低，离心必须在沉降最快的颗粒到达管底前结束，不然，样品中所有颗粒都可到达离心管底部，不能达到分离的目的。然而，离心时间太短也不行；时间太短，样品还没有分离成不同的区带。

在离心过程中，区带的位置和带宽随离心时间的不同而改变。离心时间过长，由于颗粒的扩散作用，会使区带变宽。适当增大离心力可缩短离心时间，从而减少扩散导致的区带加宽现象，增加区带界面的稳定性。

3. 等密度梯度离心法

当欲分离的不同颗粒的密度范围处于离心介质的密度范围时，在离心力的作用下，不同浮力密度的颗粒或向下沉降，或向上飘浮，只要时间够长，就可以一直移动到与它们各自的浮力密度恰好相等的位置（即等密度点），形成区带，这种方法称为等密度梯度离心法。等密度梯度离心法的有效分离取决于颗粒的浮力密度差，密度差越大，分离效果越好；与颗粒的大小和形状无关，但颗粒的大小和形状决定着达到平衡的速度、时间和区带宽度（如图 2－3 所示）。

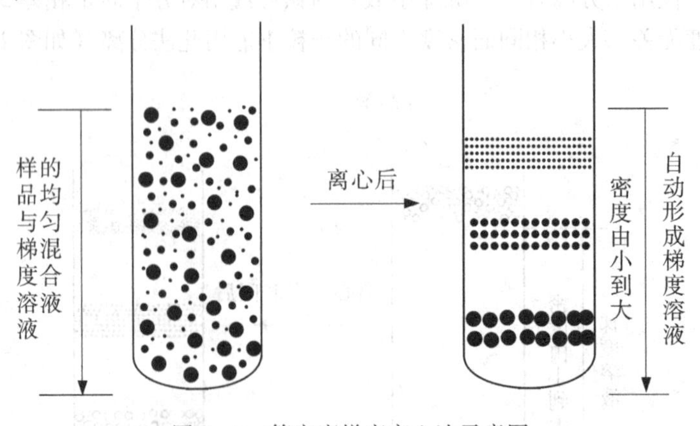

图 2－3　等密度梯度离心法示意图

等密度梯度离心法常用的梯度介质是铯盐，如氯化铯（CsCl）、硫酸铯（Cs_2SO_4）、溴化铯（CsBr）等。离心前，先把一定浓度的梯度溶液与样品液混合均匀，也可以将一定量的铯盐加入到样品液中使之溶解均匀。然后，在选定的离心力作用下，经过足够长的时间来离心分离。在离心过程中，铯盐在离心力的作用下，在离心力场中沉降，自动形成上稀下浓的密度梯度；而样品中不同浮力密度的颗粒也会移动至各自的等密度点位置上形成区带。体系达到平衡之后，再延长离心时间和提高转速也不会破坏已形成的区带，处于等密度点上的样品颗粒的区带位置和形状均不再受离心时间的影响。提高转速可以缩短达到平衡所需的时间，这个时间以最小颗粒到达等密度点的时间为准，有时长达数日。

必须注意的是，铯盐对铝合金转子有很强的腐蚀性，因此使用时要防止将铯盐梯度溶液溅到转子上，使用后则要及时清洗和干燥转子。有条件的话，最好使用钛合金的转子。

离心分离结束后，收集区带的方法也有几种：用巴氏滴管或者带有细长针头的注射器从离心管上部吸出；将离心管底部刺穿，使其滴出，从而分开收集；刺穿离心管各区带部分的管壁，将样品抽出；用一根细管插入离心管底，泵入超过梯度介质最大密度的取代液，将样品和梯度介质压出，分开收集。

四、安全注意事项

高速和超高速离心机是食品生物化学实验中重要的精密仪器，因其转速高，产生的离心力大，若使用不当或缺乏定期的检修和保养，可能发生严重的事故，因此使用离心机时必须严格遵守以下操作规程。

（1）使用各种离心机时，必须事先在天平上对每一对离心管（装载待分离样品）进行两两平衡，平衡时的重量差不得超过离心机说明书上所规定的范围，每个离心机不同的转头有各自的允许误差值，转头中绝对不能装载单数的离心管，当转头只是部分装载时，离心管必须互相对称地放在转头中，以便使负载均匀地分布在转头的周围。

（2）装载溶液时，要根据各种离心机的具体操作说明进行，根据待离心液体的性质及体积选用合适的离心管，有的离心管无盖，液体不能装得过多，以防离心时甩出，造成转头不平衡、生锈或被腐蚀。而超速型离心机的离心管，则常常要求必须将液体装满，以免离心时由于抽真空而使塑料离心管的上部凹陷变形。每次使用后，必须仔细检查转头，及时清洗、擦干。转头是离心机中必须重点保护的部件，搬动时要小心，不能碰撞，避免造成伤痕。转头长时间不用时，要涂上一层上光蜡保护，严禁使用显著变形、损伤或老化的离心管。

（3）若要在低于室温的条件下离心，转头在使用前应放置在冰箱或置于离心机的转头室内预冷。

（4）离心过程中不得随意离开，应随时观察离心机上的仪表是否正常工作，如有异常的声音应立即停机检查，及时排除故障。

（5）如果在离心中出现不平衡现象，必须首先立即关闭离心机的开关，使离心机停止转动。等待转子完全停止转动后，方可取出样品。切忌在离心机尚在工作时切断电源，这将使离心机瞬间停转，可能会导致严重的事故。

(6) 每个转头各有其最高允许转速和使用累积时限，使用转头时要查阅说明书，不得超速使用。每一个转头都要有一份使用档案，记录累积的使用时间，若超过了该转头的最高使用时限，则必须按规定降速使用。

第二节 层析技术

层析技术又称为色谱技术，是利用样品中各组分的物理化学性质（分子的大小、形状，分子的极性、吸附力，分子亲和力、分配系数等）的差异，使各组分以不同比例分布在固定相和流动相中，当流动相流经固定相时，各组分以不同的速度随流动相的移动而移动，从而达到有效分离。

层析技术已有100多年的历史，它是由俄国植物学家茨维特（Michael Tswett）首先发现并命名的。1906年，茨维特将碳酸钙细粉装入玻璃管内使其成柱形，然后把植物叶子的石油醚抽提液倾入并使其通过碳酸钙柱，继续用石油醚洗涤，由于碳酸钙对抽提液中各种色素的吸附能力存在差异，在玻璃管上部出现了绿色的叶绿素，中间是黄色的叶黄素，下部则是胡萝卜素，混合物的不同色素组分得到了分离。当时，茨维特把这种色带称为“色谱”，并把他开创的方法称为色谱法（chromatography）。但是，直到1931年德国科学家库恩（Kuhn）等才重复了茨维特的某些实验，用氧化铝和碳酸钙分离了α-胡萝卜素、β-胡萝卜素和γ-胡萝卜素，显示了色谱分离的高分辨力。1944年马丁第一次用纸层析分析了氨基酸，得到很好的分离效果，开启了近代层析技术发展和应用的新局面。此后，层析技术发展很快，薄层层析、离子交换层析、气相层析、薄膜层析、凝胶层析、亲和层析等相继出现。近年来，发展很快的高效液相色谱不仅仪器自动化程度高，而且速度快，可进行多种类型的层析分离，既可用于分析也可用于样品制备。

一、层析技术的基本概念

1. 固定相和流动相

每个层析系统都包括两相，一个是固定相，另一个是流动相。

固定相是层析的一个基质，是在色谱分离中固定不动、对样品产生保留的一相。它可以是固体物质（如吸附剂、凝胶、离子交换剂等），也可以是液体物质（如固定在硅胶或纤维素上的溶液），这些基质能与待分离的化合物进行可逆的吸附、溶解、交换等作用，它对层析分离的效果起着关键作用，有时甚至起着决定性作用。

在层析过程中，推动固定相上待分离的物质朝着一个方向移动的液体、气体或者超临界体等，都称为流动相。在柱层析中一般称为洗脱剂或洗涤剂，在薄层层析中称为展开剂，它也是层析分离中的重要影响因素之一。

2. 分配系数和迁移率

分配系数是指在一定条件下，某一组分在固定相和流动相中作用达到平衡时，该组分分配到固定相与流动相中的含量（浓度）的比值，常用K来表示。

$$K = \frac{固定相中物质的浓度}{流动相中物质的浓度} \tag{2-11}$$

分配系数与被分离的物质本身及固定相和流动相的性质有关，同时受温度、压力等条件的影响。所以，不同物质在不同条件下的分配系数各不相同。当层析条件确定时，某一物质在此层析系统条件中的分配系数为一常数。分配系数是层析中分离纯化物质的主要依据，反映了被分离的物质在两相中的迁移能力及分离效能。在不同类型的色谱中，分配系数有不同的概念：吸附色谱中称为吸附系数，离子交换色谱中称为交换系数，凝胶色谱中称为渗透参数。

迁移率是指在一定条件下，相同时间内，某一组分在固定相移动的距离与流动相移动的距离的比值，常用 R_f 来表示，$R_f \leqslant 1$。

$$R_f = \frac{组分在固定相移动的距离}{流动相移动的距离} \tag{2-12}$$

R_f 值取决于被分离物质在两相间的分配系数及两相间的体积比。在同一实验条件下，两相体积比是一常数，所以 R_f 值取决于分配系数。不同物质的分配系数是不同的，R_f 值也不相同。可以看出，K 值越大，则该物质越趋向于分配到固定相中，R_f 值就越小；反之，K 值越小，则该物质越趋向于分配到流动相中，R_f 值就越大。分配系数或 R_f 值的差异程度是决定几种物质采用层析方法能否分离的先决条件。显然，差异越大，分离效果越理想。

3. 分辨率

分辨率是指两个相邻峰的分开程度，用 R_s 表示。

$$R_s = \frac{V_2 - V_1}{(W_1 + W_2)/2} = \frac{2Y}{W_1 + W_2} \tag{2-13}$$

式中　V_1——组分1从进样点到对应洗脱峰之间的洗脱液体积；

V_2——组分2从进样点到对应洗脱峰之间的洗脱液体积；

W_1——组分1的洗脱峰宽度；

W_2——组分2的洗脱峰宽度；

Y——组分1和组分2洗脱峰处洗脱液体积之差。

两个峰尖之间距离越大，分辨率越高；两峰宽度越大，分辨率越低。R_s 值越大表示两峰分得越开，两组分分离得越好。当 $R_s \leqslant 0.5$ 时，两峰部分重叠，两组分不完全分离；当 $R_s = 1$ 时，两组分分离得较好，互相沾染约2%，即两种组分的纯度约为98%；当 $R_s = 1.5$ 时，两峰完全分开，称为基线分离，两组分基本完全分离，两种组分的纯度达到99.8%。

影响分辨率的因素是多方面的，被分离物质本身的理化性质、固定相和流动相的性质以及洗脱流速、进样量等因素都会影响层析分辨率。操作时应当根据实际情况综合考虑，特别是对于生物大分子，还必须考虑它的稳定性和活性等问题。还有诸如pH、温度等条件都会对其产生较大的影响。

4. 操作容量（交换容量）

在一定条件下，某种组分与基质（固定相）反应达到平衡时，存在于基质上的饱和容量，称为操作容量或交换容量。它的单位是mmol/g（mg/g）或mmol/mL（mg/mL），数值越大，表明基质对该物质的亲和力越强。应当注意，同一种基质对不同种类分子的操作容量是不相同的，这主要缘于分子大小（空间效应）、带电荷的多少、溶剂的性质等多种因素的影响。因此，在实际操作时，加入的样品量要控制在一定范围内，尽量少些，尤其是生物大分子，否则用层析方法不能得到有效的分离。

5. 正相色谱和反相色谱

正相色谱是指固定相的极性高于流动相的极性。因此，在这种层析过程中非极性分子或者极性小的分子比极性大的分子移动的速度快，先从色谱柱中流出来。正相色谱用的固定相通常为硅胶以及具有胺基团和氰基团等其他极性官能团的键合相填料。由于硅胶表面的硅羟基或其他极性基团极性较强，因此，分离次序是依据样品中各组分的极性由弱到强被冲洗出色谱柱。正相色谱使用的流动相极性相对固定相低，如正己烷、氯仿、二氯甲烷等。

反相色谱是指固定相的极性低于流动相的极性。在这种层析过程中，极性大的分子比极性小的分子移动的速度快，先从色谱柱中流出来。反相色谱用的填料通常是硅胶为基质，表面键合有极性相对较弱的官能团。反相色谱使用的流动相极性较强，通常为水、缓冲液与甲醇、乙腈等的混合物。

一般来说，分离极性大的分子（带电离子等）采用正相色谱，而分离极性小的有机分子（有机酸、醇、酚等）多采用反相色谱。

二、层析技术的分类

层析技术有很多种，根据不同的标准，可以分成多种类型。

（1）根据流动相的形式进行分类，层析可分为液相层析和气相层析。气相层析是指流动相为气体的层析，而液相层析是指流动相为液体的层析。气相层析测定样品时需要汽化，这大大限制了其在食品生化领域的应用，主要用于氨基酸、糖类、脂肪酸、核酸等小分子的分析鉴定；而液相层析是食品生化领域常用的层析形式，适用于样品的分析、分离。

（2）根据固定相基质的形式进行分类，层析可以分为纸层析、薄层层析和柱层析。纸层析是以滤纸作为基质的层析。薄层层析是将基质在玻璃或塑料等光滑表面铺成一薄层，在薄层上进行层析。柱层析是将基质填装在管中形成柱形，在柱中进行层析。纸层析和薄层层析主要适用于小分子物质的快速检测分析和少量分离制备，通常为一次性使用，而柱层析是常用的层析形式，适用于样品的分析、分离纯化、制备等。蛋白质等生物大分子分离纯化中常用的凝胶层析、离子交换层析、亲和层析、高效液相色谱等都通常采用柱层析形式。

（3）根据分离原理的不同进行分类，层析主要可分为吸附层析、分配层析、离子交换层析、凝胶层析、亲和层析等。

吸附层析是以吸附剂为固定相，根据固定相对待分离物质的吸附能力差异而使样品中各组分分离的方法。

分配层析是利用样品中的不同组分在固定相和流动相之间的分配系数不同而达到分离目的的一种层析技术。

离子交换层析是以离子交换剂为固定相，利用离子交换剂上的活性基团对各组分离子的亲和力不同而达到分离效果的一种层析技术。

凝胶层析是以各种多孔凝胶为固定相，根据各组分的相对分子质量大小差异而达到分离目的的一种层析技术。

亲和层析是利用生物大分子与配体间专一的、可逆的亲和结合作用而使酶等生物大分子进行分离的一种层析技术。

三、柱层析的基本操作

1. 装柱

装柱就是把经过适当预处理的基质（吸附剂、离子交换剂、凝胶等）装入层析柱；要求装填均匀，不能分层，不能有气泡或裂缝。装柱是柱层析中最基础最关键的一步。

首先依据基质类型和分离方法选择好粗细均匀、一定直径和高度的层析柱。一般柱子的直径与长度比为1∶10～1∶50；凝胶柱可选择1∶100～1∶200，并且将柱子洗涤干净待用。

基质在装入柱子前要进行适当的预处理。将层析用的基质在适当的溶剂或缓冲液中溶胀，并用适当浓度的酸、碱、盐溶液洗涤处理，以除去其表面可能吸附的杂质。然后，用去离子水洗涤干净并真空抽气，以除去其内部的气泡。

装柱的方法有干法和湿法两种。干法装柱是将干燥的基质一边振荡一边慢慢倒入柱内，使之装填均匀，然后再慢慢加入适当的缓冲液。干法装柱要特别注意柱内是否存在气泡或裂缝，以免影响分离效果。湿法装柱是在柱内先装入一定体积的缓冲液，然后将处理好的基质溶液一边搅拌一边倒入保持垂直的层析柱内，让基质慢慢自然沉降，从而装填成均匀、无气泡、无裂缝的层析柱，最后使柱中基质表面平坦并在表面上留有2～3cm高的缓冲液，以免进入空气而影响分离效果。

2. 平衡

平衡就是用3～5倍柱床（基质填充的高度称为柱床高度）体积的缓冲液（有一定的pH和离子强度）在恒定压力下冲洗柱子，以保证平衡后柱床体积稳定及基质充分平衡。

3. 上柱

上柱就是将欲分离的样品混合液加入到层析柱中。上柱量的多少直接影响分离的效果，可根据样品中被分离物质的浓度确定。一般情况下，上柱量尽量少些，分离效果比较好。通常上柱量应少于操作容量的20%，最大加样量必须在具体条件下多次试验后才能确定。应该注意的是，上柱时应缓慢小心地将样品加到固定相表面，尽量避免冲击基质，以保持基质表面平坦。

4. 洗脱

上柱完毕后，采用适当的洗脱剂和洗脱方式将各组分从层析柱中分别洗脱下来，以达到分离的目的。洗脱的方式可分为简单洗脱、阶段洗脱和梯度洗脱三种。

（1）简单洗脱。始终用同一种洗脱剂洗脱，凝胶层析多采用这种洗脱方式。如果各组分对固定相的亲和力差异不大，其区带的洗脱时间间隔也不长，采用这种方法较为适宜。但需要选择合适的溶剂，才能使各组分有效分离。

（2）阶段洗脱。采用洗脱能力不同的洗脱剂逐级进行洗脱，每次用一种洗脱剂将其中一种组分快速洗脱下来。当混合物组成简单、各组分对固定相的亲和力差异较大或者样品需快速分离时，采用这种洗脱方式比较合适。

（3）梯度洗脱。采用洗脱能力连续变化的洗脱剂进行洗脱，洗脱能力的变化可以是浓度、极性、离子强度或 pH 值等的递增或递减，因此叫梯度洗脱。当混合物组成复杂且各组分对固定相的亲和力差异较小时，宜采用梯度洗脱。

洗脱条件也是影响层析分离效果的重要因素。如果对分离混合物的性质不太了解，可以先采用线性梯度洗脱的方式进行尝试，但梯度的斜率要小一些，这样洗脱时间较长，对性质相近的组分分离比较有利。另外，洗脱速率对分离效果有显著影响。速度太快，各组分在固液两相中平衡时间短，性质相似的组分相互分不开；速度太慢，将增大物质在基质中的扩散，同样不能达到理想的分离效果。因此，要进行多次试验以得到合适的流速。此外，在整个洗脱过程中，千万不能使层析柱进气泡或干柱，否则会大大影响分离纯化的效果。

5. 再生

洗脱完成后，采用适当的方法处理基质（吸附剂、离子交换剂、凝胶等）可恢复其性能，以便反复使用。不同基质再生的方法各异，具体可以参阅相关文献。

四、常用层析技术介绍

1. 吸附层析

吸附层析是应用最早的层析技术，其原理是利用固定相（吸附剂）对物质分子的吸附能力差异来实现对混合物的分离。任何两个相之间都可以形成一个界面，其中一个相中的物质在两相界面上的密集现象称为吸附。吸附剂一般是固体或者液体，在层析中通常应用的是固体吸附剂。吸附剂主要是通过范德华力将物质聚集到自己的表面上，这样的过程就是吸附；然而，这种作用是可逆的，在一定条件下，被吸附的物质可以离开吸附剂表面，这样的过程就是解吸。

选择好适当的吸附剂是取得良好分离效果的前提和关键。吸附能力的强弱与吸附剂以及被吸附物质的结构和性质密切相关，同时吸附条件、吸附剂的处理方法等也会对吸附分离效果产生影响。一般来说，极性强的物质容易被极性强的吸附剂吸附，非极性物质容易被非极性吸附剂吸附，溶液中溶解度越大的物质越难被吸附。

吸附剂通常由一些化学性质不活泼的多孔材料制成，比表面积很大。常用的吸附剂有硅胶、羟基磷灰石、活性炭、磷酸钙、碳酸盐、氧化铝、硅藻土、泡沸石、陶土、聚丙烯酰胺凝胶、葡聚糖、琼脂糖、菊糖、纤维素等。此外，还可在吸附剂上连接亲和基团而制成亲和吸附剂。选择吸附剂时，要考虑以下几点：吸附剂应当具有适当吸附力，颗粒均匀，表面积大；吸附选择性好，对不同组分的吸附力有一定的差异，有足够的分辨力；稳定性好，不与被吸附物或洗脱剂发生化学反应，不溶解于层析过程中使用的任何溶剂和溶液；吸附剂与被吸附物的吸附作用是可逆的，在一定条件下可以通过洗脱而解吸。吸附剂在使用前，一般要经过一些活化处理来去除杂质，提高吸附力，增强分离效果。例如，氧化铝和活性炭等吸附剂在使用前要经过加热处理以除去吸附在其中的水分。有时，吸附剂还需经过酸处理以除去吸附在其中的金属离子。

柱层析是吸附层析常用的形式。将经过活化处理后的吸附剂装到层析柱中，待吸附柱装填好后，将适量的待分离样品上柱吸附。当样品全部进入到吸附柱后，加入洗脱剂进行洗脱。洗脱的目的就是将需要得到的被吸附组分从吸附剂上解吸下来，因此要根据吸附剂和各组分的性质来合理选择洗脱剂。非极性物质用非极性溶剂洗脱，极性物质用极性大的溶剂洗脱效果好。常用洗脱剂按极性从高到低排列如下：水、甲醇、乙醇、正丙醇、丙酮、乙酸乙酯、氯仿、乙醚、二氯甲烷、苯、甲苯、三氯己烷、四氯化碳、环己烷、石油醚等。一般色素等物质被极性较弱的硅胶吸附后，可用有机溶剂洗脱。蛋白质被极性强的羟基磷灰石吸附后，要用含有盐梯度的缓冲液来洗脱。洗脱剂的选择要考虑以下几点：洗脱剂对各组分的溶解度大，黏度小，流动性好，容易与被洗脱的组分分离；纯度高，以免杂质影响分离效果；稳定性好，不与吸附剂起化学反应，不能溶解吸附剂。为了能得到较好的分离效果，常用两种或数种不同强度的溶剂按一定比例混合，得到合适洗脱能力的溶剂系统，以获得最佳分离效果。

洗脱过程中，层析柱内的被分离物质不断地与吸附剂发生解吸、吸附、再解吸、再吸附作用。被吸附在吸附剂上的组分在洗脱剂的作用下解吸而随之向下移动，遇到新的吸附剂被重新吸附，然后又被后面的洗脱液解吸而向下流动。如此反复进行，直到流出层析柱。由于吸附剂对不同组分的吸附力大小差异和洗脱剂对不同组分的解吸能力差异，因而不同组分在层析柱中向下移动的速度不同。吸附力强而解吸力弱的组分向下移动的速度最慢，吸附力弱而解吸力强的组分向下移动的速度最快。这样，各组分就按照一定的顺序被洗脱下来，从而达到分离的效果。

洗脱完成后，对用过的吸附剂进行再生处理，恢复其吸附性能。不同吸附剂的再生方法不同，主要有加热再生法、化学再生法和生物再生法。加热再生法是指在高温条件下，被吸附物的动能增大，因而容易从吸附剂活性中心脱离，同时，被吸附有机物在高温下会发生氧化降解，可能以气态分子的形式逸出或者断裂成短链而减小了吸附力。化学再生法是指被吸附物通过化学反应转化为易溶于水的物质而被解吸。生物再生法是指利用微生物的作用，将被活性炭等吸附剂吸附的有机物降解，从而使它们从吸附剂上解吸下来。

2. 离子交换层析

离子交换层析是目前最常用的层析方法之一，广泛地应用于生物大分子的分离纯化，包括蛋白质、氨基酸、多糖等。其固定相是离子交换剂，原理是利用离子交换剂上的活性基团对各种离子或离子化合物的亲和力不同而达到分离的目的。

离子交换剂由基质（高分子物质）、活性基团和反离子三部分组成，它是通过在不溶性的惰性高分子物质上引入若干活性基团而制成的。例如，

$$\underbrace{\text{纤维素}}_{\text{基质}}\underbrace{—O—CH_2—CH_2—N^+(C_2H_5)_2—}_{\text{活性基团}}\underbrace{OH^-}_{\text{反离子}}$$

离子交换剂具有高度的不溶性，在各种溶剂中呈不溶解状态，但能释放反离子，反离子能够在交换剂中自由扩散，同时与溶液中其他离子或离子化合物进行可逆性结合，

并且结合后本身的理化性质不变。离子交换剂的基质有多种，包括疏水性的树脂和亲水性的纤维素、葡聚糖、琼脂糖等。树脂是人工合成的难溶于一般溶剂的高分子聚合物，呈海绵状结构。离子交换树脂含有大量的活性基团，交换容量高，流动性好，机械强度大，主要用于分离氨基酸等小分子物质和某些不易变性的蛋白质。纤维素等亲水性基质是天然或人工合成的，它们具有松散的亲水性网络，具有较大的表面积，对生物大分子有较好的通透性，主要用于分离蛋白质、多糖等大分子物质。

根据引入到基质上的活性基团的不同，离子交换剂又可分为阳离子交换剂和阴离子交换剂。活性基团是磺酸基（$—SO_3H$）、磷酸基（$—PO_3H_2$）、羧基（—COOH）等酸性基团的离子交换剂称为阳离子交换剂，它们在溶液中可解离出氢离子（H^+），在一定条件下，可与其他阳离子（A^+）进行交换。活性基团是季胺（$—N^+(CH_3)_3$）、叔胺（$—N^+(CH_3)_2H$）、仲胺（$—N^+(CH_3)H_2$）等碱性基团的离子交换剂称为阴离子交换剂，它们在水中可解离出氢氧根（OH^-），可与其他阴离子交换（B^-）。其交换原理可用如下反应式表示：

$$R—SO_3H + A^+ \Longleftrightarrow R—SO_3A + H^+$$

$$R—N^+(CH_3)_3OH^- + B^- \Longleftrightarrow R—N^+(CH_3)_3B^- + OH^-$$

离子交换剂对不同离子的亲和力大小不一样，通常亲和力大小随离子价数和原子序数的增加而增大，随离子表面水化膜半径的增加而降低。强酸型阳离子交换剂的活性基团为强酸性基团，如磺酸基（$—SO_3H$），容易在溶液中解离出 H^+，呈强酸性。强酸型阳离子交换剂对阳离子的亲和顺序如下：$Fe^{3+} > Al^{3+} > Pb^{2+} > Ca^{2+} > Mg^{2+} > K^+ > Na^+ > H^+$。弱酸型阳离子交换剂的活性基团为弱酸性基团，如羧基（—COOH），能在水中解离出 H^+，呈酸性。弱酸型阳离子交换剂对 H^+ 的亲和力特别大，容易转变为氢型交换剂。强碱型阴离子交换剂的活性基团为强碱性基团，如季胺（$—N^+(CH_3)_3$），容易在水中解离出 OH^-，呈强碱性。强碱型阴离子交换剂对阴离子的亲和顺序如下：柠檬酸根 $> SO_4^{2-} > I^- > NO_3^- > CrO_4^{2-} > Br^- > Cl^- > HCOO^- > OH^-$。弱碱型阴离子交换剂的活性基团为弱碱性基团，如叔胺（$—N^+(CH_3)_2H$），能在水中解离出 OH^-，呈弱碱性。弱碱型阴离子交换剂对阴离子的亲和顺序如下：$OH^- > SO_4^{2-} > CrO_4^{2-} >$ 柠檬酸根 > 酒石酸根 $> NO_3^- > PO_4^{3-} > CH_3COO^- > Br^- > Cl^-$。

离子交换剂的选择一般按照以下原则：

（1）阴阳离子交换剂的选择。取决于被分离物质所带的电荷。若被分离物质带正电荷，应用阳离子交换剂；若带负电荷，则应用阴离子交换剂；若为两性物质，则应根据其在稳定的 pH 范围内所带电荷来选择。例如：某蛋白质的 $pI = 5.0$，若其在 pH 5 ～ 8稳定，则应用阴离子交换剂；若其在 $pH < 5$ 稳定，则应用阳离子交换剂。

（2）强弱型离子交换剂的选择。强型离子交换剂适用的 pH 范围广，常用来制备去离子水和分离在极端 pH 环境中解离且较稳定的物质；弱型离子交换剂的适用范围较窄，在中性溶液中的交换容量也较高，用其分离生物大分子物质时，不易引起失活，因此习惯采用弱型离子交换剂来分离生物样品。

（3）不同离子型交换剂的选择。离子交换剂处于电中性时常带有一定的反离子，为了提高交换容量，一般应选择与交换剂结合力较小的反离子。强酸型阳离子交换剂多选择 H 型，弱酸型阳离子交换剂多选择 Na 型，强碱型阴离子交换剂多选择 OH 型，弱碱型阴离子交换剂多选择 Cl 型。

(4) 不同基质离子交换剂的选择。离子交换剂的基质是疏水的还是亲水的，对被分离物质的稳定性和分离效果均有影响。一般地，分离生物大分子物质时，选择亲水性基质的交换剂比较合适，因为它们对被分离物质的吸附和洗脱都比较温和，不会导致生物大分子物质失活。

蛋白质、多糖等生物大分子进行离子交换层析，通常采用柱层析的形式。将经过适当预处理的离子交换剂装填到层析柱中，经过转型成为所需的离子型交换剂，接着用缓冲液平衡。然后，将待分离样品加入到层析柱中，即上柱。上柱样品的 pH、离子浓度等条件要控制好，以保证样品中不同组分能够很好地分离。上柱完毕后，采用适当的洗脱液，将原来紧密吸附的各组分按一定顺序从柱上洗脱下来，从而达到分离的效果。通常采用改变洗脱液离子强度或者 pH 值的方法来降低各组分与离子交换剂的亲和力，从而将它们从离子交换剂上洗脱下来。实际上，待分离样品中有各种各样的组分，在同一洗脱条件下，可能有若干组分都处于相同的状态，因此，采用同一种洗脱条件很难将多种组分很好地分离开来。通常采用不同的洗脱条件进行洗脱，常用的洗脱方式有梯度洗脱和阶段洗脱。梯度洗脱时，洗脱液的离子强度或者 pH 值是逐步、连续地改变的，从而将各组分先后逐个地从离子交换剂上洗脱下来。阶段洗脱是用不同条件的洗脱液相继进行洗脱，比较适用于被分离各组分与离子交换剂的亲和力相差较大的情况。洗脱完成后，要对离子交换剂进行再生处理，以便重复使用。一般情况下，对其进行转型即可。但多次使用后，离子交换剂会含有较多的杂质，一般要先经过酸、碱处理，再进行转型。

3. 凝胶层析

凝胶层析是以多孔凝胶为固定相，按照相对分子质量的不同而使物质分离的一种层析技术，又称为凝胶过滤、分子筛层析、凝胶排阻层析、凝胶渗透层析等。

自 20 世纪 50 年代末期以来，作为一种快速而简便的分离技术，凝胶层析广泛应用于生物、医学等领域的实验研究和工业生产中。凝胶层析所需设备简单、操作简便，分离条件温和，凝胶材料本身不带电荷，并具有亲水性，不会与被分离物质互相作用，对被分离物质的活性没有不良影响，适用于分离不稳定的化合物。分离效果好，重现性强，样品回收率高，接近 100%。每个样品洗脱完毕，柱已再生，可反复使用。样品的用量范围广，从小量分析到大量制备均适合。适用于各种生物化学物质，如蛋白质、多糖、多肽、核酸等的分离、脱盐、浓缩及分析测定等。

凝胶是一类具有三维网状结构的高分子聚合物，内部多孔，每个颗粒的细微结构及孔穴的直径均匀，犹如一个筛子。将凝胶颗粒装入柱中，当含有分子大小不一的样品混合液通过凝胶柱时，各物质在层析柱内同时进行两种运动：一方面随着洗脱溶液的流动而进行的垂直向下的运动，另一方面是无定向的分子扩散运动，各物质的扩散程度取决于其分子大小和凝胶内孔穴的大小。大分子物质的分子直径大于凝胶内部孔穴的孔径，不能扩散到孔穴内部，完全被排阻于凝胶颗粒外部，它们只能沿着凝胶颗粒间的孔隙，随着洗脱溶剂而向下流动，因此经历的流程较短，移动速率快，先流出层析柱；小分子物质的分子直径小于凝胶内部孔穴的孔径，可自由地扩散到凝胶颗粒孔穴内，然后再扩散出来，这样不断地进出于一个个颗粒的孔穴内外，经历的流程长，向下移动的速率慢，后流出层析柱；而中等大小的分子，它们也能在凝胶颗粒内外分布，部分扩散进入凝胶内部，扩散的程度取决于它们的分子大小，因此它们在大分子物质与小分子物质之间流出层析柱，分子越大的物质越先流出，分子越小的物质越后流出。这样，经过凝胶层析柱后，样品混合液中各物质就按分子大小不同而被分离开来。在凝胶层析中，分子大小也不是唯一的分离依据，有些相对分子质量相同而分子形状不同的物质也可以分离（如图2-4所示）。

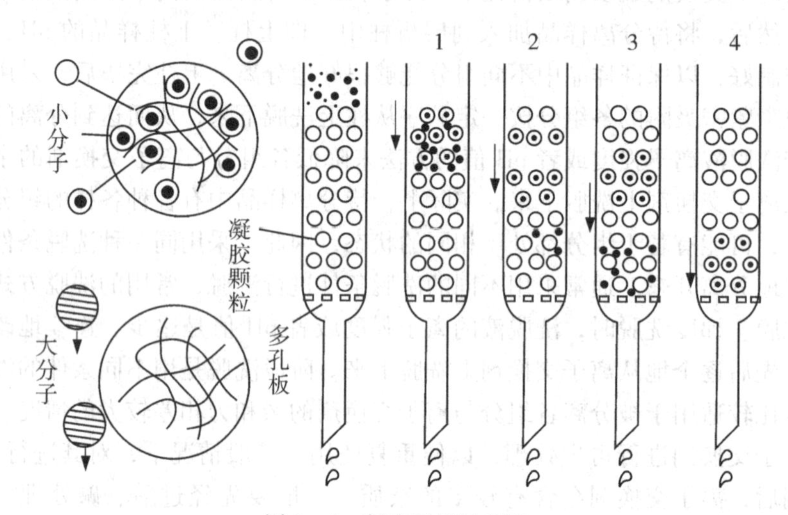

图2-4　凝胶层析示意图

分配系数 K_a 可用下式表示：

$$K_a = \frac{V_e - V_o}{V_i} \tag{2-14}$$

式中　V_e——洗脱体积，表示某一组分从进入层析柱到最高峰出现时，所需的洗脱液体积；

V_o——外体积，即层析柱内凝胶颗粒空隙之间的体积；

V_i——内体积，即层析柱内凝胶颗粒内部孔穴的体积。

当某一组分的 $K_a=0$ 时，即 $V_e=V_o$，说明该组分完全不能扩散到凝胶内部孔穴，洗脱时最先流出；$K_a=1$ 时，即 $V_e=V_o+V_i$，说明该组分可以自由地扩散到凝胶内部的所有孔穴，洗脱时最后流出；K_a 在0～1之间时，说明该组分分子大小介于大分子和小分子之间，洗脱时按照 K_a 值由小到大的顺序先后流出。

常用的凝胶有葡聚糖凝胶、琼脂糖凝胶、聚丙烯酰胺凝胶等，它们的共同特点是内部具有多孔的网状结构。葡聚糖凝胶一般是由相对分子质量 4×10^4 ～ 20×10^4 的葡聚糖单体与交联剂1,2-环氧氯丙烷交联聚合而成，具有良好的化学稳定性，在碱性条件下非常稳定，在酸性条件下也具有较高的稳定性，并可耐120 ℃高温。琼脂糖凝胶是从琼脂中除去带电荷的琼脂胶后，剩下的不含磺酸基和羧酸基等带电荷基团的中性部分，结构是链状的聚半乳糖，易溶于沸水，冷却后可依靠糖基间的氢键形成网状结构的凝胶，其网孔大小和机械强度取决于琼脂糖浓度。聚丙烯酰胺凝胶是人工合成的，由丙烯酰胺（$H_2C{=}CH{-}CONH_2$）与交联剂甲叉双丙烯酰胺（$H_2C{=}CH{-}CONH{-}CH_2{-}HN{-}COCH{=}CH_2$）共聚而成，一般在 pH 2 ～ 11 的范围内使用，强酸会使酰胺键水解而破坏其结构。

选择凝胶的主要依据是预分离组分的相对分子质量大小。凝胶颗粒的直径大小对层析柱内溶液的流速有一定影响。粗颗粒凝胶流速快，洗脱峰平坦，分辨率低，要采用直径较小的层析柱；细颗粒凝胶流速慢，洗脱峰窄，分离效果好，采用较大直径的层析柱即可。另外，凝胶颗粒大小应当比较均匀，否则流速不稳定，会影响分离效果。

在使用前，凝胶需要进行一定的预处理。商品凝胶分为干胶和湿胶两种类型，湿胶不需要溶胀，但要去除悬浮杂质和防腐剂。干胶要浸泡溶胀，室温溶胀时间太长，一般采用热水溶胀，即将凝胶颗粒加入洗脱液中，在沸水浴中升温至接近沸腾，只需 2 ～ 3 h 就可充分溶胀，同时达到灭菌消毒和排除凝胶内气泡的目的。不同的凝胶处理方法存在差异，可参考各商品凝胶的说明书。

将溶胀好的凝胶装入层析柱中，注意凝胶分布要均匀，不能有气泡或裂纹。上柱混合液的体积通常为凝胶床体积的 10% 左右，不能超过 30%，混合液浓度可以适当高些，但其黏度宜低。然后，加入洗脱液进行洗脱。洗脱液体积一般为凝胶床体积的 120% 左右。洗脱液与干凝胶溶胀和装柱平衡时用的溶液一致。经过洗脱后，样品中各组分按相对分子质量由大到小的顺序流出层析柱，分开收集进行检测和回收。

除了进行物质分离外，凝胶层析还可以测定相对分子质量。对同类型物质，凝胶层析的洗脱特性与组分的相对分子质量呈线性关系。组分的洗脱体积 V_e 与相对分子质量 M_r 的关系可用下式表示：

$$V_e = K_1 - K_2 \lg M_r \qquad (2-15)$$

式中　K_1，K_2 为常数。

以组分的洗脱体积（V_e）对组分的相对分子质量的对数（$\lg M_r$）作图，通过测定某一组分的洗脱体积，从图中查出该组分的相对分子质量。

4. 亲和层析

生物分子间存在许多特异性的相互作用，如酶－底物或者抑制剂、酶－辅助因子、抗原－抗体、激素－受体等生物分子对之间具有的专一而可逆的结合力就是亲和力。亲和层析就是利用生物分子间这种特异的亲和力而进行生物分子分离纯化的技术。

将生物分子对中的一个固定在不溶性基质上，利用特异而可逆的亲和力对另一个分子进行分离纯化。不溶性基质又称为载体或担体，一般采用葡聚糖凝胶、琼脂糖凝胶、聚丙烯酰胺凝胶或者纤维素作为载体。被固定在载体上的分子称为配体，配体除了能与生物分子对中的另一个分子结合外，还必须与基质共价结合。载体一般需要进行活化处理，引入活泼基团，才能与配体偶联或者通过连接臂与配体偶联，常用的方法有叠氮法、溴化氰法、高碘酸氧化法、甲苯磺酰氯法、环氧化法、双功能试剂法等。将配体固定到载体上的方法也有多种，包括载体结合法、物理吸附法、包埋法和交联法等。当用小分子物质作为配体时，由于载体的空间位阻效应，难以与配对的大分子亲和结合，需要在载体和配体之间引入适当长度的连接臂，以减少载体的空间位阻。

在进行亲和层析时，首先要根据欲分离物质的特性，寻找能够与之识别和可逆性结合的物质作为配体，然后根据配体分子的大小及所含基团的特性选择适宜的载体，在一定条件下，使配体与载体偶联，将配体固定化，得到载体－配体复合物，就可以将其装入层析柱内进行亲和层析了。当样品溶液通过层析柱时，待分离的物质就与配体发生特异性结合而“吸附”到固定相上，其他不能与配体结合的杂质则随流动相流出，然后用适当的洗脱液将结合到配体上的待分离物质洗脱下来，这样就得到了纯化的待分离物质。

由于生物分子对之间的结合是专一性的，选择性很好，因此亲和层析的特点就是提纯步骤少。但是，亲和层析所用介质价格昂贵，且处理量不大，目前主要应用于实验室研究中。

5. 高效液相色谱

高效液相色谱（high performance liquid chromatography，HPLC）是一种柱色谱，能用一定的溶剂溶解的物质，都可用高效液相色谱分离，以液体为流动相，通过高压输液泵将待分离样品、缓冲液等泵入到色谱柱中，样品中各组分被分离后，进入检测器完成检测，并通过数据处理系统分析结果，同时，各组分还可通过部分收集器回收。

高效液相色谱仪一般由溶剂槽、高压输液泵（有一元、二元、三元、四元等多种类型）、色谱柱、进样器（有手动和自动两类）、检测器（常用的有紫外检测器、示差折光检测器、荧光检测器、电化学检测器等）、馏分收集器、数据处理系统等组成。其核心部件是耐高压的色谱柱，通常由优质不锈钢管制成，也可由玻璃管或钽管制成，并且其他组成元件也都要用耐高压材料制作。柱中装有粒径很小的填充材料，当填充材料的粒径大于 30 μm 时，采用内径 2 mm 的色谱柱；当填充材料的粒径小于 10 μm 时，采用内径 3 ～ 4 mm 的色谱柱。色谱柱的内径越小，分离效率和重复性越好。选用的填充材料不同，分离的原理也不同，可以分为以下几种类型：液－液分配色谱、液－固吸附色谱、离子交换色谱、凝胶渗透色谱等。

高效液相色谱法有“三高一广”的特点：①高压：液体流动相流经色谱柱时受到较大的阻力，必须对其加以高压，使其能迅速通过色谱柱。②高效：分离效率高。通过选择固定相和流动相从而达到最佳分离效果，比工业精馏塔和气相色谱的分离效率高得多。③高灵敏度：紫外检测器可达 0. 01 ng，进样量在 μL 数量级。④应用范围广：70%以上的有机化合物可用 HPLC 分析，特别适合高沸点、大分子、强极性、热稳定性差的化合物的分离分析。此外，高效液相色谱法还有色谱柱可反复使用、样品不被破坏、易回收等优点。

但 HPLC 也有缺点，即“柱外效应”，在进样器到检测器之间，除了柱子以外的任何死空间（包括进样器、柱接头、连接管和检测池等）中，如果流动相的流型有任何变化，以及被分离物质的任何扩散和滞留都会显著地导致色谱峰的加宽，降低分离效率。

6. 薄层层析

薄层层析是在支持板（一般是玻璃板）上均匀地涂布一层薄薄的支持物（固定相），将待分离样品点在薄层板的一端，用适当的溶剂展开，从而使各组分得到分离的一种层析方法。

使用的支持物种类不同，其分离原理也不同，有吸附层析、分配层析、离子交换层析、凝胶层析等。用硅胶、聚酰胺、氧化铝等作支持物，主要依据吸附力不同而进行层析分离，称为薄层吸附层析；用纤维素、硅藻土等作支持物，主要依据分配系数不同而进行层析分离，称为薄层分配层析；用离子交换剂作支持物，主要依据离子交换作用不同而进行层析分离，称为薄层离子交换层析；用葡聚糖凝胶等凝胶作为支持物，主要依据相对分子质量大小不同而进行层析分离，称为薄层凝胶层析。应用时，需要根据欲分离样品的种类选择合适的支持物，支持物的颗粒大小要适当、均匀。颗粒大有利于提高展开速度，但是颗粒过大，展开速度过快会影响分离效果；颗粒也不能太小，否则会出现拖尾现象。另外，根据欲分离物质的性质，可以选择不同的展开剂和显色剂。

薄层层析设备简单，操作简便，分离快速灵敏。样品用量一般为几微克至几百微克，也可用于分离制备较大量的样品，即使用较大较厚的薄层板。配合薄层扫描仪，可以同时用于定性和定量分析，在生物化学、植物化学、石油、化工、医药等领域是一类广泛应用的物质分离方法。

7. 聚焦层析

聚焦层析是将蛋白质等两性物质的等电点（pI）特性与离子交换层析的特性结合在一起，实现组分分离的技术。在层析系统中，柱内要装上多缓冲离子交换剂，当含有两性电解质载体（由相对分子质量不同的多种组分的多羧基多氨基化合物组成）的多缓冲液流过层析柱时，在层析柱内形成稳定的 pH 梯度。欲分离样品液中的各个组分在此系统中会移动到与其 pI 相当的 pH 位置上，从而使不同等电点的组分得以分离。

多缓冲离子交换剂和多缓冲液是为聚焦层析专门开发的。PBE 118 和 PBE 94 是两种 pH 交换范围不同的多缓冲离子交换剂，它们分别适用于等电点在 pH 8 ～ 11 和 pH 4 ～ 9 的两性电解质的分离。这两种离子交换剂是以交联琼脂糖 6B 为母体，并通过醚键在其糖基上偶合配基制成的。多缓冲离子交换剂要与其匹配的多缓冲液一起使用才能发挥效用。多缓冲液 PB 96 和 PB 74 分别适用于 pH 9 ～ 6 和 pH 7 ～ 4 的聚焦层析，与它们相匹配的多缓冲离子交换剂是 PBE 94。如需进行 pH 9 以上的聚焦层析，则选用多缓冲离子交换剂 PBE 118 和含有 pH 8 ～ 10. 5 的两性电解质载体的多缓冲液。

聚焦层析系统中的 pH 梯度是利用多缓冲离子交换剂本身的带电基团的缓冲作用而自动形成的。例如，选用阴离子交换剂 PBE 94 作为固定相，PB 96 为流动相，先用 pH 9的起始多缓冲液平衡到 pH 9，再用 pH 6 的多缓冲液通过层析柱，开始时流出液 pH 值接近 9，随着多缓冲液的不断冲洗，流出液的 pH 值不断下降，最后流出液的 pH 值达到 6，层析柱内就形成了从 pH 6 到 pH 9 的连续升高的梯度。

蛋白质所带电荷取决于它的 pI 和层析柱中的 pH 值。待分离样品液加入层析柱后，当柱中的 pH 值低于蛋白质的 pI 时，蛋白质带正电荷，且不与阴离子交换剂结合。而随着洗脱剂向前移动，固定相中的 pH 值是随着冲洗时间延长而变化的。当蛋白质移至环境 pH 值高于其 pI 时，蛋白质由带正电变为带负电，并与阴离子交换剂结合。由于不同的蛋白质具有不同的 pI，因此它们与阴离子交换剂结合时移动的距离是不一样的。随着洗脱过程的继续进行，当蛋白质周围的环境 pH 值再次低于 pI 时，它又带正电荷，并从交换剂上解吸下来。随着洗脱液向柱底的迁移，上述过程将反复进行，于是各种蛋白质就被洗下来，pI 大的先流出，pI 小的后流出。洗脱完成后，对多缓冲离子交换剂进行再生，可以反复使用。先用 pH 9 的起始多缓冲液平衡，然后用 pH 6 的多缓冲液通过层析柱，直至流出液 pH 值由 9 降到 6 为止。

第三节 电泳技术

带电粒子在电场作用下，向着与其本身所带电性相反的电极移动的现象，称为电泳。氨基酸、多肽、蛋白质、多糖等生物分子都具有可电离基团，它们在某个特定的 pH 值环境下可以带正电或负电，在电场的作用下，会向着与其所带电荷极性相反的电极方向移动。由于待分离样品中各种分子所带电荷性质、电荷量以及分子本身大小、形状等的差异，各种带电分子在同一电场条件下的迁移速度和方向不同。电泳技术就是利用这种差异而对样品进行分离、鉴定的技术。

1809 年俄罗斯物理学家 Peйce 首次发现电泳现象；1909 年 Michaelis 首次将胶体离子在电场中的移动称为电泳；1937 年瑞典的 Tiselius 对电泳仪器作了改进，创造了 Tiselius 电泳仪，建立了分离蛋白质的移动界面电泳方法，开创了电泳技术的新纪元。20 世纪 50 年代以来，滤纸、醋酸纤维素薄膜、琼脂糖凝胶、聚丙烯酰胺凝胶等支持介质相继引入电泳，电泳技术得以迅速发展。电泳形式的多样化使其不仅应用于小分子物质的分离分析，还主要应用于蛋白质、核酸、酶等生物大分子，甚至是病毒与细胞的研究。

一、基本原理

生物大分子如蛋白质、核酸、多糖等大多是两性物质，在一定的环境下，它们会带正电或负电，它们的净电荷取决于介质的 H^+ 浓度或与其他大分子的相互作用。颗粒在电场中的移动方向取决于它们带电的符号。带正电荷的颗粒向电场负极移动，带负电荷的颗粒向电场正极移动，净电荷为零的颗粒在电场中不移动。

在电场中，推动带电颗粒运动的力（F）等于颗粒所带净电荷量（q）与电场强度（E）的乘积，即

$$F = qE \tag{2-16}$$

在作用力 F 的推动下，带电颗粒向其所带电性相反的电极移动，运动过程中同时受到阻力（f）的影响。对于一个球形颗粒，服从 Stokes 定律，即

$$f = 6\pi r\eta v \tag{2-17}$$

式中 r——颗粒的半径；

η——介质的黏度；

v——泳动速度，单位时间内颗粒移动的距离。

当颗粒在电场中做匀速运动时，$F=f$，则

$$v = \frac{qE}{6\pi r\eta} \tag{2-18}$$

由上式可知，相同颗粒在不同强度的电场中泳动速度是不同的。为了方便比较，常用迁移率代替泳动速度表示颗粒的泳动情况。迁移率为带电颗粒在单位电场强度下的泳

动速度。若以 u 表示迁移率，则

$$u=\frac{v}{E}=\frac{q}{6\pi r\eta} \tag{2-19}$$

由式（2-19）可知，迁移率受带电颗粒所带净电荷量，以及颗粒大小和介质黏度的影响。不同物质由于带电性质、颗粒形状和大小等的差异，在同一电泳环境下的迁移方向和速度不一样，这样就可以将它们分开。

在某电场环境下，若有两种离子型物质 A 和 B 的迁移率由实验测得分别为 u_A 和 u_B，现要将它们的混合物分离开来，则根据电泳迁移率的定义可知：

$$u_A=\frac{v_A}{E}=\frac{d_A}{tE} \qquad u_B=\frac{v_B}{E}=\frac{d_B}{tE} \tag{2-20}$$

$$t=\frac{d_A-d_B}{E(u_A-u_B)} \tag{2-21}$$

式中　d_A、d_B 分别为物质 A、B 在电场强度为 E 的电场中经过 t 时间所移动的距离。式（2-21）表明，可根据物质 A、B 完全分开所需的泳动距离差（d_A-d_B）来确定电泳分离所需的时间 t。

二、主要影响因素

由式（2-19）可以看出，影响电泳分离的因素有很多，主要有以下几个方面：

1. 待分离物质的性质

待分离物质的带电性质、分子大小和颗粒形状等都对电泳有明显影响。通常情况下，物质所带净电荷量越大、直径越小、形状越接近球形，则其迁移率越快。

2. 电场强度

由式（2-18）可知，泳动速度和电场强度成正比，电场强度越大，则带电颗粒的移动速度越快。电场强度，又称为电位梯度或电势梯度，是指每厘米的电势差。根据电场电压的大小，可将电泳分为常压电泳和高压电泳，常压电泳的电场电压为 100 ～ 500 V，电场强度一般为 2 ～ 10 V/cm；高压电泳的电场电压为 500 ～ 10 000 V，电场强度为 20 ～ 200 V/cm。

3. 缓冲溶液的性质

首先，溶液的 pH 值决定了待分离物质的解离程度，从而对其带电性质产生影响。对于蛋白质、氨基酸等两性物质而言，溶液 pH 值离其等电点越远，则其所带净电荷量就越大，电泳的迁移率也就越大。当溶液 pH 值与其等电点相等时，蛋白质分子所带净电荷量为零，它在电场中的泳动速度为零。而且，溶液 pH 值还决定了它们在电场中的移动方向，当 pH 值大于其等电点时，蛋白质分子带负电荷，其电泳的方向是指向正极的；反之则向负极移动。因此，当利用电泳技术分离某几种蛋白质的混合物时，应选择一种能扩大各种蛋白质所带净电荷量差别的 pH 值，以利于各种蛋白质的有效分离。并且，为了保证电泳过程的稳定，溶液的 pH 值必须恒定，故需采用缓冲溶液。

其次，溶液的离子强度（I）对电泳也有一定的影响。通常缓冲溶液要保持一定的离子强度，以维持待分离物质的带电性质和缓冲溶液 pH 值的稳定。离子强度过低，会降低缓冲溶液的缓冲容量，不易维持 pH 值的恒定，从而影响待分离物质的带电性质，改变待分离物质的泳动速率，甚至方向。然而，离子强度过高，使得待分离物质吸引与其带电符号相反的离子聚集在其周围，形成一个离子扩散层（又叫离子氛，ionic atmosphere），它不仅降低了待分离物质的带电量，还增加了待分离物质的移动阻力，从而降低了迁移率。溶液的离子强度与其浓度和价数相关，可以通过式（2－22）来计算。在电泳时缓冲溶液的离子强度较低时，泳动速度较快，生热少；离子强度高时，泳动速度慢，生热多，但电泳区带较窄。一般比较合适的离子强度在0.02～0.2之间。

$$I = \frac{1}{2}\sum_{i=1}^{n} m_i z_i^2 = \frac{1}{2}(m_1 z_1^2 + m_2 z_2^2 + \cdots + m_n z_n^2) \qquad (2-22)$$

式中 I——溶液的离子强度；

m_i——离子的浓度；

z_i——离子的价数；

n——溶液中离子种数。

另外，缓冲溶液的黏度也会对电泳迁移率产生影响。电泳迁移率与溶液的黏度成反比，所以黏度要合适，不宜过大或过小。

4. 热效应

电泳是在外加电压的条件下进行的，相应的电流通过支持介质产生焦耳热，引起介质温度升高，从而对电泳造成很多不利影响：①增加样品和缓冲溶液离子的自由扩散速度，使得电泳分离区带加宽；②产生对流，引起待分离物质的混合；③会引起酶等热敏感生物分子的变性；④缓冲溶液的溶剂蒸发，溶剂中电解质浓度增加，从而使分子运动加快；⑤引起电泳缓冲溶液黏度降低、电阻下降等。而且，电泳中产生的热通常是由中心向外周散发的，所以介质中心温度一般要高于外周，尤其是管状电泳，从而引起中央部分的黏度小于外周部分，摩擦系数较小，泳动速度相应比边缘快，所以电泳分离区带通常呈弓形。采用高压电泳时，泳动速度快，所需时间短，但相应电流也大，产生的热效应更加明显。降低电流强度，可以减小生热，但会延长电泳时间，引起待分离大分子物质自由扩散量的增加而影响分离效果。所以，电泳实验中要选择适当的电场强度，控制好电压或电流，同时可以采取适当的冷却措施来降低温度，减弱热效应，以获得较好的分离效果。

5. 电渗作用

在电场中，液体对于固体支持介质的相对移动称为电渗。产生电渗的原因是固体支持介质表面常存在一些可解离基团，它们吸附溶液中的离子，使溶液带正电或负电，而在电场作用下向电极移动。如在纸电泳中，固体支持介质滤纸上的纤维素吸附 OH^- 而带负电，使得与纸接触的水溶液带正电而向电场负极移动，并带动物质颗粒一起移动。若物质本来向负极移动，则其表观速度将比泳动速度快；若物质原来向正极移动，则其表观速度比泳动速度慢。本来不带电荷的物质有时也会向负极移动。因此，电泳中应选择电渗作用小或几乎无电渗作用的支持介质。一些本来电渗作用强的支持介质，可以通过改性来降低其电渗效果。琼脂中含有琼脂果胶，其中含有较多的硫酸根，所以在琼脂电泳时电渗现象很明显。然而，将琼脂的带电部分除去后，得到的琼脂糖用作凝胶电泳时，电渗作用大为减弱。

6. 支持介质的筛孔

支持介质的筛孔大小对待分离大分子物质的泳动速度有明显的影响。在筛孔大的介质中泳动速度快，反之，则泳动速度慢。

三、电泳设备

自 1937 年瑞典科学家 Tiselius 创造了世界上第一台自由电泳仪以后，电泳仪器便开始迅速地发展，尤其是凝胶电泳技术的广泛应用，使得各种类型的凝胶电泳装置层出不穷，进而推动着电泳技术的迅速发展。随着科学技术的不断发展，电泳仪器的分析对象也越来越专门化，分辨率越来越高，操作越来越简单，性能越来越稳定。凝胶电泳仪作为实验室的常规小型仪器，种类很多。凝胶电泳设备主要包括电泳仪、电泳槽及附属设备三大类。

1. 电泳仪

电泳仪为电泳分离提供电场。电泳的分辨率和泳动速度与电泳时的电压等参数密切相关。不同的电泳方法对电压、电流和功率等参数有不同的要求，要根据电泳方法选择合适的电泳仪，在适当的参数下进行电泳，才能达到有效分离。根据电泳仪的电压设计范围可将其分为三类：

（1）常压电泳仪（600 V）：用于净电荷和 SDS－聚丙烯酰胺凝胶电泳；

（2）高压电泳仪（3000 V）：用于载体两性电解质等电聚焦电泳和 DNA 测序；

（3）超高压电泳仪（30 000 ～ 50 000 V）：用于毛细管电泳。

2. 电泳槽

电泳槽是电泳装置的核心部分，电场通过电泳支持介质连接两个缓冲液，不同类型的电泳采用不同的电泳槽。根据电泳种类不同，电泳槽主要有自由界面电泳槽、管状电泳槽、板式电泳槽。

（1）自由界面电泳槽。Tiselius 设计的自由界面电泳槽是一个 U 形玻璃管，在 U 形管下部放待分离的蛋白质溶液，管臂连接到电极上，在电场的作用下，缓冲系统中蛋白质界面的移动可用光学系统“纹影法”（schlieren）照相，得到电泳图谱。这种电泳槽目前已不使用，但近年来发展迅速的毛细管电泳就是根据它的原理设计出来的。

（2）管状电泳槽。20 世纪 50 年代末商品圆盘电泳槽问世。圆盘电泳槽有上下两个电泳槽和带有铂金电极的盖，上电泳槽具有若干个孔，可插电泳管。将聚丙烯酰胺凝胶贮液装在玻璃管内，凝胶在电泳管中聚合成柱状胶条，样品经电泳分离，蛋白区带染色后呈圆盘状，因而称为圆盘电泳（disc electrophoresis）。

（3）板状电泳槽。板状电泳槽是目前使用最多的电泳槽，分为垂直板式和水平板式两种。垂直板式电泳槽的凝胶与缓冲溶液大多采取直接接触的方式进行电泳，这样可以有效地利用电场，但对装置的设计要求较多，如防止液体泄漏、用电安全等，而且操作也比较麻烦。水平板式电泳槽的凝胶与缓冲溶液大多采用间接方式，用滤纸条或者凝胶条搭接，装置更简单，操作也方便些。将两块平行的玻璃板夹在一起，置于电泳槽的中间，然后将凝胶灌装在两块玻璃平板中间，故称为板状电泳（slab electrophoresis）。由此制备的电泳凝胶的大小一般是 12 cm × 14 cm，厚度为 1 ～ 2 mm。目前有新研制的电泳槽，可制备面积和厚度更小的凝胶，以缩短电泳时间。制胶时在凝胶溶液聚合前放一个塑料梳子，待凝胶聚合后抽出，就可形成数个样品槽，因此板状电泳的最大优点是包括标准相对分子质量蛋白在内的多个样品可在同一块凝胶上在相同的条件下进行电泳，便于利用各种鉴定方法，直接比较各样品的区带，保证结果的准确可靠；还可以进行双向电泳。另外，板胶电泳时产生的热量容易消散，凝胶电泳结果便于照相和制成干胶。

3. 附属设备

随着电泳技术的发展，电泳技术的种类逐渐增加，凝胶电泳在制胶、电泳系统的冷却、凝胶染色及结果分析等方面技术手段日趋完善，科学家们研制出各种电泳附属设备，如梯度混合仪、外循环恒温系统、脱色仪、凝胶干燥系统、凝胶扫描仪、凝胶成像仪等。

四、电泳技术的分类

电泳技术各式各样，按不同的标准，可以分成多种类型。

1. 按分离原理分类

（1）区带电泳（zone electrophoresis，ZEP）。区带电泳是当前广泛应用的电泳技术。它是在均一的缓冲溶液中进行的，样品溶液以点样或铺薄层的形式加在支持介质上，然后在电场作用下，样品中各带电组分以不同的迁移率向正极或负极移动，逐渐分离成独立的区带，然后用染色等方法将区带显示出来。区带电泳按支持介质的物理性状不同，又可分为纸电泳、纤维（醋酸纤维、聚氯乙烯纤维、玻璃纤维等）薄膜电泳、粉末（淀粉、纤维素粉、玻璃粉等）电泳、凝胶（琼脂糖、聚丙烯酰胺凝胶、硅胶等）电泳与丝线（尼龙丝、人造丝）电泳。电泳的区带会随时间的延长而扩散严重，从而影响分辨率。然而，凝胶由于其分子筛作用，可以减小扩散，大大提高分辨率。

（2）移界电泳（moving boundary electrophoresis，MBEP）。移界电泳是 Tiselius 最早建立的电泳。它是在 U 形管中进行的，将待分离样品置于电泳槽的一端，在电泳开始前，样品与缓冲溶液就能形成清晰的界面，电场加在这个界面上，带电粒子向电极移动，泳动速度最快的离子走在最前面，其他离子按照泳动速度大小顺序排列，形成不同的区带。带电颗粒的移动速度通过光学方法观察界面的移动来测定。只有走在最前面的离子有部分是纯的，其他区带相互重叠。由于分离效果较差，这种电泳方法已被其他电泳技术所取代。

（3）稳态电泳（steady state electrophoresis）。稳态电泳是带电颗粒在电场作用下电迁移一定时间后达到一个稳定状态，电泳条带的宽度不再随时间的变化而变化，如等速电泳（isotachophoresis，ITP）、等电聚焦电泳（isoelectric focusing electrophoresis，IFE）。等电聚焦电泳是将两性电解质载体加入到电泳槽中，它们在电场中自动形成 pH 梯度缓冲溶液，当蛋白质等两性电解质处在低于其自身等电点的环境中则带正电荷，向负极移动；若处在高于其自身等电点的环境中，则带负电荷，向正极移动；直到它们移动到与其等电点相等的位置时，净电荷为零，不再移动。这样具有不同等电点的两性电解质最后聚焦在各自等电点位置，形成一个清晰的很窄的区带，分辨率极高。等速电泳是在电泳系统中加有前导离子和终末离子，样品加在前导离子和终末离子之间，迁移率大小为前导离子 > 样品 > 终末离子，经过一段时间电泳后，样品中各离子组分的区带按迁移率大小依序排列在前导离子与终末离子的区带之间，虽然各区带是相互连接的，但界面清晰，达到完全分离；而且继续延长电泳时间，各区带以等速移动，不会变形，维持原有状态。

2. 按有无固体支持物分类

（1）自由电泳。自由电泳包括：显微电泳，也称细胞电泳，是在显微镜下观察细胞的电泳行为；柱电泳，是在层析柱中进行，可利用密度梯度的差别使分离的区带不再混合，如再配合 pH 梯度，则为等电聚焦柱电泳；移界电泳等。

（2）支持物电泳。为了减少扩散和对流等干扰作用，出现了固定支持介质的电泳，即样品在固定的介质中进行电泳。根据支持介质的特点，可分为纸电泳、醋酸纤维素薄膜电泳、纤维素粉电泳、玻璃粉电泳、凝胶电泳等。根据支持介质的装置形式，可分为水平板式电泳、垂直板式电泳、垂直柱式电泳、连续液动电泳。根据 pH 的连续性，可分为连续 pH 电泳，即电泳过程中 pH 值保持不变；非连续 pH 电泳，缓冲溶液和电泳支持介质间有不同的 pH 值，易在不同 pH 值之间形成高的电位梯度区，使蛋白质移动加速并压缩为一极窄的区带而达到浓缩效果。

3. 按电泳方式分类

（1）端电极电泳：有垂直式和水平式两种方式，多用于蛋白质电泳。

（2）搭桥电泳：为水平式，水平板式电泳槽形式多样，凝胶和缓冲溶液通过间接接触的方式，如用滤纸桥搭接，用缓冲溶液制作的凝胶条或滤纸条搭接，后两者即半干技术，多用于免疫电泳和等电聚焦电泳。

（3）潜水电泳：为水平式，电泳时凝胶浸于缓冲溶液中，多用于核酸电泳。

五、几种电泳技术的介绍

（一）纸电泳

纸电泳是以滤纸为支持介质的电泳技术，形式多种多样，主要用于分离、分析。虽然近年来纸电泳由于分辨率低而被许多其他电泳技术所取代，但由于其操作简单，在某些方面仍有重要用途，例如血清样品的临床检测和病毒分析，蛋白质（糖蛋白、脂蛋白等）、肽和氨基酸的分离及鉴定等。此外，纸电泳用于血清蛋白质分离也有相当长的历史，在实验室研究和临床检验中都曾广泛应用。

纸电泳一般使用水平电泳槽。缓冲溶液的种类、pH 值和离子强度要根据欲分离样品的理化性质，从提高电泳速度和分辨率出发进行选择。最好是挥发性强的缓冲溶液，不影响显色剂显色和紫外光吸收等观察电泳区带。分离氨基酸时常用 pH 2 ～ 3.5 的酸性缓冲溶液，分离蛋白质时常用碱性缓冲溶液。选用的滤纸必须厚薄一致，质地均匀，否则会使电场强度不均，得不到重复的结果。另外，滤纸的吸附能力要小，否则一些物质会被吸附到滤纸上而滞留不前，并且导致拖尾现象。因此，滤纸在使用前常常经过一定的预处理来减弱吸附作用，以获得良好的分离效果。常用进口的 Whatman 滤纸或者国产新华滤纸。一般每个样品的纸宽 2 ～ 3 cm，可将滤纸裁成长条形，长度则要根据所需的电场强度来估计。电场强度越大，则滤纸长度应越短。

样品可点成圆形或长条形，长条形的分离效果更好，但样品少时，适合点成圆形，便于显色和定性。对于一个未知样品，初次试验时，应将样品点在滤纸中央，观察样品泳动情况。对于已知样品，应根据经验选择点样位置，但必须距离缓冲溶液液面 5 cm 以上，滤纸两端应标明电极的极性（“+”或“-”）。点样方法有干点法和湿点法两种。湿点法是先将滤纸用缓冲溶液浸湿或者用喷雾器均匀地喷上缓冲溶液，然后用微量注射器或者毛细管点样，样品液要求较浓，不宜多次点样，稀的样品要浓缩后才能点样。干点法是将样品点在干滤纸上，可用吹风机吹干后多次点样，因此可以用较稀的样品，点样完成后再用缓冲溶液将滤纸喷湿。点样量要适当，一般为 5 ～ 100 μg 或者 5 ～ 10 μL。显色方法的灵敏度、滤纸厚度、样品溶解度等都会影响点样量的多少。一般显色方法越灵敏，滤纸厚度越小，样品溶解度越大，点样量就越少。对于未知样品，应该通过试验找出最适点样量。样品量过多引起的拖尾和扩散都很严重，得不到最有效的分离；点样量太少，达不到显色的灵敏度，无法检出，不能观察分离的效果。

电泳时要选择好正负极，电泳槽应放平，两个槽的液面应保持在同一水平面上，以避免虹吸现象。通常大分子物质使用 2 ～ 10 V/cm 的低压电泳，电泳时间较长。氨基酸和肽类等小分子物质，则使用 50 ～ 200 V/cm 的高压电泳，可以大大缩短电泳时间，但电压高，发热量大，必须解决电泳时的冷却问题，并要注意安全。由于滤纸的毛细管虹吸效应，使缓冲溶液在滤纸上处于饱和状态。然而，电泳时会产生热量，导致缓冲溶液的蒸发，使纸条上的缓冲溶液离子强度增加，从而降低电泳速度。因此，电泳槽应盖上斜顶盖子，以防止缓冲溶液蒸发并避免冷凝水滴落在电泳纸上。

电泳完毕后，记下滤纸的有效使用长度，然后烘干，用显色剂显色。不同的物质有不同的显色方法，如氨基酸可采用茚三酮显色法。定量测定的方法有洗脱法和光密度法。洗脱法是将确定的样品区带剪下，用适当的溶剂将其从纸上溶解下来后进行比色或分光光度测定。光密度法是将染色后的干滤纸用光密度计直接定量测定各样品组分的含量。

（二）醋酸纤维素薄膜电泳

1957 年 Kohn 首先将醋酸纤维素薄膜用作电泳支持介质，这就是醋酸纤维素薄膜电泳，它的原理与纸电泳基本相同。醋酸纤维素是将纤维素的羟基乙酰化为醋酸酯而制成的，将它溶于丙酮等有机溶剂后涂布成均一细密的微孔薄膜，即成醋酸纤维素薄膜。制成的薄膜必须质地均匀、吸水性好、厚薄适宜，才能用作电泳支持介质。其厚度一般为 0.1 ～ 0.15 mm，太厚吸水性差，分离效果不好；太薄则膜片机械强度小，易碎。目前已有醋酸纤维素薄膜商品出售。

与纸电泳相比，醋酸纤维素薄膜电泳具有以下优点：①醋酸纤维素薄膜对蛋白质样品几乎没有吸附作用，无“拖尾”现象，经电泳且染色后蛋白质区带界限更清晰。②对染料也没有吸附，因此不与样品结合的染料能完全洗掉，无样品处几乎完全无色。③快速省时。醋酸纤维素薄膜的电渗作用虽高但很均一，并不影响样品的分离效果，而且它的亲水性比滤纸小，吸水也就少，电泳时大部分电流由样品传导，因此分离速度快，电泳时间短，一般 50 ～ 70 min 即可。④灵敏度高，样品用量少。点样体积甚至少到0.1 μL，仅含5 μg的蛋白质样品也可以得到清晰的蛋白分离区带。这一点对于临床医学中检测微量异常蛋白有重要意义。⑤醋酸纤维素薄膜经显色后，用乙酸、乙醇混合液处理可得到透明的薄膜，有利于光吸收扫描定量测定及长期保存。⑥应用面广。甲胎球蛋白、溶菌酶、胰岛素、组蛋白等在纸电泳上不易分离的样品都可用醋酸纤维素薄膜电泳进行有效分离。

缓冲溶液的选择和支持介质薄膜的裁剪可参照纸电泳，常用pH 8.6的巴比妥缓冲溶液。用镊子夹住裁剪好的醋酸纤维素薄膜，慢慢放进缓冲溶液中，充分浸透至无白色斑点为止，并用滤纸吸去多余的缓冲溶液。用毛细管或微量注射器将样品点在薄膜上，一般将样品点成线状，长度约1.5 cm，宽度不超过4 mm。然后，将加样薄膜置于电泳槽的支架上，膜两端可直接伸进缓冲溶液中，也可通过滤纸条与缓冲溶液相连。将膜拉直使之整体水平，并固定好。由于醋酸纤维素薄膜吸水量较低，为了避免蒸发，电泳槽必须加盖密封。然后，在一定的电场条件下进行电泳。电泳完毕，取下薄膜，用适当方法染色和洗去未结合染料，电泳区带就清晰可见。

尽管分辨力比聚丙烯酰胺凝胶电泳低，但由于操作简单、快速、价廉，醋酸纤维素薄膜电泳目前已广泛应用于血清蛋白、血红蛋白、脂蛋白、糖蛋白、球蛋白、甲胎蛋白、体液、脊髓液、类固醇、脱氢酶、同工酶等的分析检测中，为心血管疾病、肝硬化及某些癌症鉴别诊断提供了可靠的依据，因而已成为医学和临床检验的常规技术。醋酸纤维素薄膜电泳的缺点是薄膜厚度小，导致样品用量很小，不适于制备。

（三）聚丙烯酰胺凝胶电泳

1959年，Raymond和Weintraub，Davis和Ornstein先后利用人工合成的凝胶作为支持介质，建立了聚丙烯酰胺凝胶电泳（polyacrylamide gel electrophoresis，PAGE），从而极大地提高了电泳的分辨率，促进了电泳技术的发展和完善。聚丙烯酰胺凝胶电泳的支持介质是聚丙烯酰胺凝胶，它是由单体丙烯酰胺（acrylamide，Acr）和交联剂N,N－甲叉双丙烯酰胺（methylene-bisacrylamide，Bis）在加速剂和催化剂的作用下聚合交联而成的三维网状结构的凝胶。与其他凝胶相比，聚丙烯酰胺凝胶有以下优点：①在一定浓度范围时，凝胶透明而有弹性，机械强度好；②凝胶侧链上具有不活泼的酰胺基，没有其他带电基团，所以化学性能稳定，几乎无吸附和电渗作用，化学惰性强，对pH和温度变化较稳定；③只要单体纯度高，操作条件一致，则电泳分离的重复性好；④凝胶孔径可通过改变单体及交联剂的浓度来调节，不同孔径的凝胶适合分离不同相对分子质量范围的生物大分子；⑤设备简单，样品用量少（1～100 μg），且凝胶为多孔介质，不易扩散，其灵敏度可达10^{-6} g；⑥分辨率高，尤其在不连续凝胶电泳中，集浓缩、分子筛和电荷效应为一体，因而较醋酸纤维素薄膜电泳、琼脂糖电泳等有更高的分辨率。

聚丙烯酰胺凝胶是由单体丙烯酰胺和交联剂N,N－甲叉双丙烯酰胺聚合而成的，这两者单独存在或混合时是稳定的，但在自由基存在时，它们就聚合成凝胶。按照引发产生自由基的方法不同，将聚丙烯酰胺凝胶的聚合反应分成化学聚合和光聚合两种。化学聚合常用的催化剂是过硫酸铵和四甲基乙二胺（TEMED）。在水溶液中，TEMED催化过硫酸根离子$S_2O_8^{2-}$形成自由基$\cdot SO_4^-$，它能使Acr的双键打开，变成自由基状态，被活化的 Acr 单体不断聚合形成丙烯酰胺长链，同时 Bis 在不断延长的丙烯酰胺链间形成甲叉交联，从而形成交联的三维网状结构。为避免溶液中有分子氧而妨碍聚合，在反应前有必要对溶液抽气除氧。而且，温度降低会减低聚合速度，因此在室温较低时要采取一定的保温措施。催化反应需要在碱性条件下进行，如用7%的丙烯酰胺，在 pH 8.3时，30 min 就能聚合完毕。光聚合是以光敏物质核黄素代替过硫酸铵作为催化剂。核黄素经强光照射后发生分解，形成无色核黄素，后者被痕量氧氧化形成自由基，从而使 Acr 变成自由基状态并聚合成凝胶。TEMED 并非必需，但加入可加速聚合。需要特别注意的是，丙烯酰胺有剧毒，制备凝胶时要非常小心。

聚丙烯酰胺凝胶的性能（包括其孔径大小、机械性能、弹性、透明度、黏度等主要参数），主要取决于凝胶总浓度（T）和交联度（C）。凝胶总浓度（T），即 100 mL 凝胶溶液中所含 Acr 及 Bis 的总克数。交联度（C）表示凝胶溶液中 Acr 和 Bis 的比例，即交联剂占单体和交联剂总量的百分含量。

$$T = \frac{a+b}{m} \times 100\% \tag{2-23}$$

$$C = \frac{b}{a+b} \times 100\% \tag{2-24}$$

式中 a——丙烯酰胺单体的质量，g；

b——交联剂 N,N－甲叉双丙烯酰胺的质量，g；

m——凝胶溶液的终体积，mL。

凝胶溶液中 Acr 和 Bis 的比例非常重要，决定了凝胶的物理性状。当$a:b<10$时，凝胶硬而脆，不透明，呈乳白色；当 $a:b>100$ 时，即使凝胶中 Acr 的质量分数为5%，得到的凝胶也只呈糊状；通常 $a:b$ 在30左右，并且 Acr 的质量分数高于3%时，制得的凝胶透明而富有弹性。凝胶孔径大小随着凝胶总浓度（T）的增加而减小，凝胶的机械强度则随之增加。当 $T<2.5\%$ 时，可以筛分相对分子质量大于 10^6 的大分子，但此时凝胶稀软，几乎呈液体状，通常可以添加0.5%的琼脂糖以增加凝胶的机械强度（不影响其孔径大小）；当 $T>30\%$ 时，则可以筛分相对分子质量小于 2×10^3 的多肽。有关研究表明，在 T 一定时，当交联度为5%时，凝胶的平均孔径最小，高于或低于5%时孔径相应变大。凝胶孔径大小有一定范围，相同条件下制得的凝胶孔径不完全相同。为了使实验有较高的重现性，制备凝胶所用的 Acr 浓度、Bis 浓度、催化剂浓度、聚合反应的 pH 值、聚合时间等条件都必须保持一致。

聚丙烯酰胺凝胶电泳技术是依据物质的物理性质、分子大小和净电荷差异进行分离的。凝胶的三维网状结构使得其具有分子筛效应，为迁移率相近的大分子物质的分离提供了简单而有效的方法。分子筛效应的大小取决于凝胶孔径大小与物质分子大小相接近的程度。凝胶浓度不同，平均孔径也不同，能通过的物质分子大小也不同，加上电荷效应，使各种物质的迁移率不同，得以分离。在实际操作中，常依据待分离物质相对分子质量来选择合适的凝胶浓度，表2－1列出了蛋白质相对分子质量与凝胶浓度的关系。通常大多数蛋白质选用7.5%的标准胶进行电泳，均可得到较满意的结果。分析未知样品时，常用7.5%的标准胶或4%～10%的梯度凝胶来测试，然后根据分离情况确定适宜的凝胶浓度。

表 2-1　蛋白质相对分子质量与凝胶浓度的关系

蛋白质相对分子质量范围 D	适用的凝胶浓度 T/%
$<10^4$	20 ～ 30
$(1 \sim 4) \times 10^4$	15 ～ 20
$5 \times 10^4 \sim 1 \times 10^5$	10 ～ 15
$(1 \sim 5) \times 10^5$	5 ～ 10
$>5 \times 10^5$	2 ～ 5

PAGE 应用范围广，可用于蛋白质、酶、核酸等生物分子的分离、定性、定量及少量制备，还可测定相对分子质量、等电点等。按凝胶的组成系统不同，PAGE 可分为连续凝胶电泳、不连续凝胶电泳、连续密度梯度凝胶电泳、SDS－凝胶电泳四种。下面主要介绍不连续凝胶电泳、连续密度梯度凝胶电泳和 SDS－凝胶电泳三种方法。

1．不连续聚丙烯酰胺凝胶电泳

根据其有无浓缩效应，聚丙烯酰胺凝胶电泳分为连续系统与不连续系统两大类，前者电泳体系中缓冲液 pH 值及凝胶浓度都相同，带电颗粒在电场作用下，主要靠电荷及分子筛效应进行分离；后者电泳体系中由于缓冲液 pH、离子成分、凝胶浓度三者的不连续性，带电颗粒在电场中分离不仅靠电荷效应、分子筛效应，还有浓缩效应，因而其分辨率更高，分离条带更清晰。

不连续电泳系统由电极缓冲液、样品胶、浓缩胶及分离胶所组成。电极缓冲液是 pH 8.3 的 Tris－Gly（甘氨酸）缓冲液。三层不同孔径的凝胶在直立的玻璃管中（或两块玻璃板之间）由上至下的排列顺序依次为样品胶、浓缩胶、分离胶。

样品胶是将欲分离的样品预先加到凝胶溶液中，在 pH 6.7 ～ 6.8 的 Tris－HCl 缓冲液中聚合而成的大孔凝胶，这样可以避免样品跑到上面的缓冲液中，防止对流。也可不用样品胶，而将 10% 甘油或 5% ～ 20% 的蔗糖加入到样品液中，然后直接加在浓缩胶的表面。

浓缩胶是在 pH 6.7 ～ 6.8 的 Tris－HCl 缓冲液中聚合而成的大孔径凝胶，其作用是防止对流，使样品进入分离胶前，按迁移率的不同，在浓缩胶与分离胶的界面上压缩成一薄层，从而提高分离效果。

分离胶是在 pH 8.8 ～ 8.9 的 Tris－HCl 缓冲液中聚合而成的小孔径凝胶。样品进入分离胶以后，在电荷效应和分子筛效应的共同作用下得到分离。

可见，此电泳系统包括 2 种孔径的凝胶、2 种缓冲体系、3 种 pH 值，因而形成了凝胶孔径（即凝胶浓度）、pH 值、缓冲液离子成分的不连续性，这是其具有浓缩效应的主要因素。此电泳系统具有高分辨率，要归功于浓缩效应、分子筛效应及电荷效应。那么，这三种效应是如何体现的呢？

（1）样品浓缩效应。首先，凝胶浓度的不连续性。凝胶浓度即凝胶孔径是不连续的，样品胶和浓缩胶是大孔径凝胶，而分离胶为小孔径凝胶。在电场作用下，样品在大孔径凝胶中受到的阻力小，泳动速度快；当进入浓缩胶与分离胶的界面时，凝胶孔径突然变小，样品迁移受到的阻力增大，泳动速度减慢。因而在这两层凝胶的交界处，样品受到浓缩，区带变窄。

其次，缓冲液 pH 及离子成分的不连续性。电极缓冲液为 pH 8.3 的 Tris－Gly 缓冲液，样品胶和浓缩胶的缓冲液为 pH 6.7 ～ 6.8 的 Tris－HCl 缓冲液，分离胶的缓冲液为 pH 8.8 ～ 8.9 的 Tris－HCl 缓冲液。HCl 是强电解质，在电极缓冲液和各层胶中都有分布，几乎全部解离，其有效迁移率（即迁移率 × 解离度）最大，常被称作快离子；在电极缓冲液中，Gly 大量解离，但它进入样品胶或浓缩胶以后，pH 值下降，解离度大幅度下降，只有 0.1% ～ 1% 的甘氨酸解离，其有效迁移率很小，故常被称作慢离子；蛋白质一般在 pH 6.7 ～ 6.8 的样品胶或浓缩胶中也解离为负离子，其有效迁移率介于上述两者之间。

电泳开始后凝胶中 Cl^-、样品蛋白质负离子、Gly^- 三者都向电场正极移动，作为快离子的 Cl^- 很快超过蛋白质，移动到最前面，而使其后面形成一个离子浓度较低的低电导区。电位梯度与电导率成反比，所以低电导区产生较高的电位梯度，这种高电位梯度使随后的蛋白质负离子和慢离子加速移动，追赶快离子，但又不会超过快离子，因为它若跑到界面前面的低电位区时速度自然减慢，又回到高电位区；快离子若留在高电位区则速度加快，又移动到前边的低电位区，所以两者总能保持一个界面。夹在快、慢离子间的样品蛋白质阴离子的移动界面就在这个追赶中逐渐地被压缩，聚集成一条狭窄的区带，可使蛋白质浓缩数百倍。

（2）分子筛效应和电荷效应。当浓缩成层的样品进入分离胶后，因分离胶的 pH 值为 9.5（配制分离胶时 pH 值为 8.8 ～ 8.9，但在电泳过程中，根据测定结果 pH 值实为 9.5），甘氨酸的解离度增加，其相对分子质量又小，泳动速度加快，很快超过蛋白质，高电位梯度消失，使蛋白质在均一的电位梯度和 pH 条件下电泳分离。分离胶为小孔径凝胶，则蛋白质分子的泳动速度与其相对分子质量大小和形状密切相关，相对分子质量小且为球形的蛋白质分子所受阻力小，移动快，走在前面；反之，则阻力大，移动慢，走在后面，这就是所谓的分子筛效应。另外，各种蛋白质所带净电荷不同，有不同的迁移率，净电荷多，则移动快；反之，则移动慢，这就是所谓的电荷效应。因此，通过分子筛效应和电荷效应，各种蛋白质按电荷多少、相对分子质量大小及形状不同分成各自的区带。

不连续系统能使样品浓缩，具有高分辨率。但也有一些缺点，如缓冲液及 pH 值不易改变，且在不连续系统中 pH 值变化相当大，这会使某些样品失活，且制备三层凝胶也比较复杂；另外，高电位梯度也会引起一些假象。浓缩胶的电位梯度高达 40 V/cm，易引起复合物分解。目前，PAGE 连续体系应用也很广，虽然电泳过程中无浓缩效应，但利用分子筛及电荷效应也可使样品得到较好的分离，加之在温和的 pH 条件下，不致使蛋白质、酶、核酸等活性物质变性失活，显示了它的优越性，而常为科学工作者所采纳。

2. 连续密度梯度聚丙烯酰胺凝胶电泳

连续密度梯度的聚丙烯酰胺凝胶是一个正的线性梯度凝胶，凝胶的孔径由上至下逐渐减小（即凝胶浓度由上至下逐渐增大），通常采用梯度混合仪来制备。将样品置于凝胶的顶部，电泳开始后，样品就由上至下迁移。电泳刚开始时，样品的泳动速率主要受两方面因素的影响：一是样品本身的电荷密度，电荷密度越高，泳动速率越快；二是样品分子的大小，相对质子质量越大，泳动速率越慢。随着电泳的进行，凝胶孔径越来越小，样品受到的阻力越来越大。当迁移所受到的阻力达到足以使样品分子完全停止前进时，那些跑得慢的低电荷密度的样品分子将“赶上”与它大小相同但具有较高电荷密度的分子并停留下来形成区带。因此，样品迁移的最终位置仅取决于自身的分子大小，而与其电荷密度无关。样品混合物中相对分子质量大小不同的组分，电泳后将按相对分子质量大小停留在不同的凝胶孔径层次中形成相应的区带。由此看出，在连续密度梯度凝胶电泳中，分子筛效应的作用更为突出。由于相对迁移率与相对分子质量的对数在一定范围内呈线性关系，故可以通过制作标准曲线，在相同条件下测定未知蛋白质的相对分子质量，连续密度梯度电泳具有以下优点：①具有浓缩作用。稀样品可以分次上样，不会影响最终分离效果。②可提供更清晰的谱带，适于纯度分析。③可在一张胶片上同时测定相对分子质量分布范围相当大的多种蛋白质的相对分子质量。④可以测定天然状态蛋白质的相对分子质量，这对研究寡聚蛋白是相当有用的。

3. SDS－聚丙烯酰胺凝胶电泳

在聚丙烯酰胺凝胶电泳中，蛋白质样品的迁移率主要取决于它所带的净电荷以及自身分子的大小和形状。然而，1967 年 Shapiro 等人发现，在聚丙烯酰胺凝胶系统中加入 SDS（十二烷基硫酸钠），则蛋白质的电泳迁移率主要取决于其相对分子质量，而与其形状及所带净电荷无关，这种电泳技术称为 SDS－聚丙烯酰胺凝胶电泳，可简写为 SDS－PAGE。

在 SDS－PAGE 的凝胶系统中引进 SDS 和巯基乙醇或二硫苏糖醇等强还原剂，其中强还原剂使蛋白质分子中的二硫键还原，蛋白质的多肽组分被分成单个亚单位。SDS 能断裂蛋白质的氢键以及疏水键，破坏蛋白质的二级、三级和四级结构，并结合到蛋白质分子上，形成蛋白质－SDS 复合物。另外，在水溶液中，SDS 以单体和分子团的混合形式存在。单体和分子团的浓度与 SDS 总浓度、离子强度及温度有关，而只有单体才能与蛋白质结合形成蛋白质－SDS 复合物，因而需要采取低离子强度，使单体浓度有所升高。当 SDS 单体浓度大于 1 mmol/L 时，对于大多数蛋白质而言，1.4 g SDS 能结合 1 g 蛋白质。SDS 是阴离子表面活性剂，与蛋白质结合后呈解离状态，使蛋白质－SDS 复合物带上大量负电荷，远远超过了蛋白质原有的电荷，那么各种蛋白质之间的电荷差异就可以忽略，并且都带上相同密度的负电荷。此外，SDS 与蛋白质结合后，还引起蛋白质构象的改变，在水溶液中都变为长椭圆棒状，而且不同蛋白质－SDS 复合物的椭圆短轴长度均为 1.8 nm 左右，长轴的长度则与蛋白质的相对分子质量成正比。因此，蛋白质－SDS 复合物在凝胶电泳中的迁移率，不再受蛋白质原有电荷和分子形状的影响，而只与椭圆棒的长轴，即蛋白质的相对分子质量有关。

SDS－PAGE 不仅常用于蛋白质的定性分离分析，也用于测定蛋白质的相对分子质量。在一定条件下，蛋白质的电泳迁移率与其相对分子质量的关系符合下式：

$$\lg M_r = K - bX \tag{2-25}$$

式中 M_r——相对分子质量；

X——电泳迁移率；

K，b——均为常数。

因此，若将已知相对分子质量的标准蛋白质的迁移率对相对分子质量对数作图，可获得一条标准曲线。要测定未知蛋白质的相对分子质量，只需让该蛋白质在相同条件下进行电泳，得到其电泳迁移率，然后在标准曲线上找出对应的相对分子质量。此法广泛地用于各种蛋白质相对分子质量的测定，误差不超过 ±10%。

此法测定蛋白质相对分子质量具有以下优点：设备简单，操作方便，样品用量少，测定时间短，分辨率高，重复性好等。它不仅用于相对分子质量的测定，还可用于蛋白质混合组分的分离和亚组分的分析。应该注意的是，SDS－PAGE 对于电荷或构象异常的蛋白质、带有较大辅基的蛋白（如糖蛋白）及一些结构蛋白等的相对分子质量测定不太可靠。因为 SDS－PAGE 测得的是蛋白质亚基的相对分子质量。蛋白质在 SDS 及巯基乙醇的作用下，肽链间的二硫键被打开，解离成单个肽键，因此测定结果只是亚基或单条肽链的相对分子质量，还需用其他方法测定蛋白质的相对分子质量及分子中肽链的数目。因此，要确定某种蛋白质的相对分子质量时，用两种测定方法互相验证才可靠。

（四）等电聚焦电泳

等电聚焦电泳，又称为等电聚焦或电聚焦，是 20 世纪 60 年代后期才发展起来的电泳技术，利用 pH 梯度介质来分离等电点不同的蛋白质。

蛋白质是两性电解质，不同蛋白质是由不同种类的 $L-\alpha-$氨基酸以不同的比例组成的。因此，每种蛋白质都有各自的等电点（pI），这是它的一个固有物理化学常数。当环境 $pH > pI$ 时，蛋白质带负电向电场正极移动；当 $pH < pI$ 时，蛋白质带正电向电场负极移动；当 $pH = pI$ 时净电荷为零，蛋白质在电场中不移动。若将两性电解质载体加入电泳系统中，则通电后便形成一个由阳极到阴极连续增高的 pH 梯度。当蛋白质等两性电解质进入这个体系时，它们会根据环境 pH 与其 pI 的差异而向电场正极或负极移动，直至移动到与其等电点相当的 pH 位置时，失去电荷，停止移动，这样不同的蛋白质就都移动（聚焦）到与其等电点相当的 pH 位置上，从而使各种蛋白质得以分离。这种分离蛋白质等两性电解质的电泳技术称为等电聚焦电泳。

稳定的 pH 梯度是利用一系列两性电解质载体，在电场作用下，按各自 pI 形成的从正极到负极连续增加的 pH 梯度。在等电聚焦电泳系统中，正极槽装上酸液（硫酸、磷酸、醋酸等），负极槽装上碱液（氢氧化钠、乙二胺、氨水等），在正负极之间引入一系列两性电解质载体，它们的等电点（pI）彼此接近。通电前，这些两性电解质的混合物 pH 为一均值。通以直流电后，这些两性电解质在正极的酸液中会得到质子而带正电，在负极的碱液中则失去质子而带负电，在电场的作用下会向相反的电极方向移动。若在负极槽中有一种等电点较低的两性电解质 A 和另一种等电点稍高于 A 的两性电解质 B，它们的等电点分别为 pI_A 和 pI_B，则 A 和 B 都带负电荷向正极移动，且 A 所带的负电荷较多，移动速度较快。当 A 逐渐接近正极时，就会得到质子，失去电荷而停止移动，这时其周围介质 pH 等于 pI_A。由于 $pI_B > pI_A$，因此 B 在 A 与负极之间并接近 A 的位置时也失去电荷而停止移动，其周围介质 pH 等于 pI_B。由于两性电解质具有一定的缓冲能力，使其周围一定的区域内介质的 pH 保持在它的等电点范围。这样，众多具有不同等电点的两性电解质，在一定时间后就会按等电点由低到高的顺序依次排列在正极到负极之间形成稳定的 pH 梯度。此梯度取决于两性电解质的等电点 pI、浓度及缓冲性质。在防止对流的情况下，只要电流存在，这种 pH 梯度就能保持稳定不变的状态。

在等电聚焦电泳中，必须采用性质优良的两性电解质载体才能制备稳定的 pH 梯度。理想的两性电解质载体必须符合以下要求：①在等电点处必须有足够的缓冲能力，以便保持 pH 梯度的稳定，而不被蛋白质等两性电解质所影响。②在等电点处必须有足够的电导，保证一定的电流通过。而且，不同等电点的两性电解质载体要有相同的电导系数，这样整个体系的电导均匀。否则，电导不均匀会导致电位有大有小，pH 梯度就不能保持稳定。③相对分子质量要小，用分子筛或透析法可以将其与被分离的大分子物质分开。④化学组成应不同于被分离的物质，以免干扰测定。⑤不与被分离物质起化学反应或引起其他变化。两性电解质载体是一系列脂肪族多氨基多羧酸类同系物，它们有连续改变的氨基和羧基比值，是一系列多氨基多羧酸的混合物。两性电解质载体一般由多乙烯多胺（如五乙烯六胺等）与 α，β－不饱和羧基（如丙烯酸）通过加成反应而制备。目前，两性电解质载体的商品主要有瑞典 LKB 公司的 Ampholine、德国 Serva 公司的 Servalyte、瑞典 Pharmacia 公司的 Pharmalyte 等。一般配成 40% 或 20% 的无色水溶液，有多种 pH 范围供使用时选择。

选择了好的两性电解质载体来制备稳定的 pH 梯度，还需要采用某些物质来支持 pH 梯度。等电聚焦电泳中常用聚丙烯酰胺凝胶、琼脂糖凝胶、葡聚糖凝胶等作为支持 pH 梯度的介质，其中聚丙烯酰胺凝胶应用最多。一般采用圆柱盘状电泳，也可以采用聚丙烯酰胺胶板做等电聚焦电泳。瑞典 LKB 公司已有各种规格的含有 Ampholine 的聚丙烯酰胺凝胶板作为商品出售。

两性电解质加入等电聚焦电泳系统中，在电泳完成后，它们与被分离的组分混在一起，成为杂质。因此，不能用染色剂直接染色，因为常用的蛋白质染色剂也能和两性电解质结合。应先将凝胶浸泡在 5% 的三氯醋酸中去除两性电解质，然后再以适当的方法染色。

等电聚焦电泳具有下列优点：分辨率高，可达 0.01pH 单位；区带宽度随时间的延长越来越窄；不管样品加在什么位置，最后都可以聚焦到与其等电点相当的 pH 位置；很稀的样品都可以分离，且重现性好；还可用于测定蛋白质或多肽的等电点。然而，等电聚焦电泳也有一些不足之处：实验证实盐离子可干扰 pH 梯度形成并使区带扭曲，因此要求使用无盐溶液，而某些蛋白质在无盐溶液中溶解度低，甚至产生沉淀；样品中各组分都聚焦到其等电点，对一些在等电点不溶解或发生变性的蛋白质不适合。

（五）琼脂糖凝胶电泳

琼脂糖凝胶电泳是以琼脂糖凝胶为支持介质的电泳技术。琼脂糖是由天然的琼脂经过加工而得到的。天然琼脂是一种多聚糖，主要由琼脂糖（约占 80%）及琼脂胶组成。琼脂糖是由半乳糖及其衍生物构成的中性物质，不带电荷。琼脂胶则是一种含硫酸根和羧基的强酸性多糖，由于这些基团都带有电荷，在电场作用下能产生较强的电渗现象，而且硫酸根可与某些蛋白质作用而影响电泳速度及分离效果。因此，为了得到好的电泳分离效果，必须将琼脂中的琼脂胶成分去除得到琼脂糖，这样才能克服琼脂的不足之处。

琼脂糖凝胶是琼脂糖经加热煮沸，然后冷却凝聚而成的。琼脂糖之间以分子内和分子间氢键形成较为稳定的交联网状结构，使其具有较好的抗对流性质。通常采用质量分数1%～3%的琼脂糖来制备凝胶，而且凝胶的孔径也可以通过浓度来控制。低浓度的琼脂糖形成较大孔径的凝胶，而高浓度的琼脂糖形成较小孔径的凝胶。由于琼脂糖凝胶具有网状结构，因此在电泳中，物质分子通过凝胶内部空隙时会受到阻力，分子质量越大的分子受到的阻力也就越大。可见，在琼脂糖凝胶电泳中，物质分离不仅依赖于其所带净电荷，而且还取决于分子大小，这就大大提高了电泳分辨率。

琼脂糖凝胶电泳具有以下优点：物理化学性质稳定，对样品吸附极少，电泳图谱清晰，分辨率较高，重复性好；具有较高的机械强度，可以在1%甚至更低浓度下使用；凝胶制备简单、快速，无需催化剂，无毒，具有热可逆性，某些低熔点的琼脂糖凝胶电泳后可重新溶解，有利于样品回收；电泳操作简便，条件易于具备，电泳速度快；琼脂糖透明，无紫外吸收，电泳时可用紫外监测；电泳后区带易染色、易洗脱，便于定量测定，而且凝胶图谱可制成干膜长期保存。通常将琼脂糖制成板状凝胶，广泛应用于核酸、蛋白质等生物分子的分离和鉴定。但琼脂糖凝胶的孔径相当大，对大多数蛋白质来说，几乎没有分子筛效应，因此只适合分离少数相对分子质量很大或者有电荷差异的蛋白质。然而，琼脂糖凝胶在核酸的分离分析中应用较多，因为DNA、RNA的分子较大，分离过程能同时体现分子筛效应和电荷效应，分辨力高。在DNA的琼脂糖凝胶电泳中，迁移率大小主要与DNA的分子大小有关，而与碱基排列及组成无关。DNA的分子构型对迁移率也有一定的影响，如共价闭环DNA > 直线DNA > 开环双链DNA。琼脂糖凝胶电泳对DNA、RNA的相对分子质量测定和结构分析有重要的贡献。

（六）毛细管电泳

1981年，Jorgenson等首先提出在75 μm内径的毛细管柱内用高压电进行分离，创造了毛细管电泳技术。毛细管电泳（capillary electrophoresis，CE）也称为高效毛细管电泳（high performance capillary electrophoresis，HPCE），是以毛细管为分离通道，以高压直流电场为驱动力而实现分离的新型液相分离技术。毛细管电泳自问世以来得到了迅速发展，同时也促进了各种活性物质分析分离技术的发展，受到人们的重视。

CE所用的石英毛细管管壁的主要成分是硅酸（H_2SiO_3），在pH > 3时，H_2SiO_3发生解离，使得管内壁带负电，和溶液接触形成双电层。在高电压作用下，双电层中的水合阳离子层使得溶液整体向负极定向移动，形成电渗流。带正电荷粒子所受的电场力和电渗流的方向一致，其移动速率是泳动速率和电渗流之和；不带电荷的中性粒子是在电渗的作用下移动的，其泳动速率为零，故移动速率相当于电渗流；带负电荷粒子所受的电场力和电渗流的方向相反，因电渗的作用一般大于电场力的作用，故其移动速率为电渗流与泳动速率之差。在毛细管中，不管各组分是否带电荷以及带何种电荷，它们都会在强大的电渗流的推动下向负极移动，但是移动速率不一样，正离子 > 中性粒子 > 负离子，这样样品中各组分就因为移动速率不同而得以分离。毛细管电泳和其他的电泳的区别就在于：不管带电与不带电，各种成分的物质都可以分离，在一般电泳中起破坏作用的电渗却是毛细管电泳的有效驱动力之一。

毛细管电泳的优点可概括如下：高分辨率，塔板数为 $10^5 \sim 10^6$/m，高者可达 10^7/m；高灵敏度，紫外检测器的检测限可达 $10^{-13} \sim 10^{-15}$ mol，激光诱导荧光检测器可达 $10^{-19} \sim 10^{-21}$ mol；检测速度快，一般分析在十几分钟内完成，最快可在60 s内完成；样品用量极少，进样所需样品为nL级；成本低，实验消耗只需几毫升流动相，维持费用很低；多模式，可根据需要选用不同的分离模式且仅需一台仪器；自动，CE是目前操作自动化程度最高的电泳技术。但是，由于CE样品用量少，不利于制备。

CE可以采用多种分离介质，具有多种分离模式和多种功能，因此其应用非常广泛。通常能配成溶液或悬浮溶液的样品（除挥发性和不溶物外）均能用CE进行分离和分析，小到无机离子，大到生物大分子和超分子，甚至整个细胞都可进行分离检测，如核酸（核苷酸）、蛋白质（多肽，氨基酸）、糖类（多糖，糖蛋白）、酶、微量元素、维生素、杀虫剂、染料、小的生物活性分子、红细胞、体液等都可以用CE进行分离分析。此外，CE在DNA序列和DNA合成中产物纯度测定、药物与细胞的相互作用和病毒的分析、碱性药物分子及其代谢产物分析、手性药物分析等方面都有重要应用。

第四节　蛋白质和酶的分离纯化

生物体内的活性物质种类繁多，为了研究各种活性物质的功能、结构以及各种理化特性，就必须获得高纯度的生物活性物质，如蛋白质、酶。那么，首先要把它们从生物体中提取出来，然后采用各种有效的分离技术对提取物进行分离纯化，最后制备出某种生物活性物质。本节以蛋白质和酶为例，阐述生物活性物质的提取、分离纯化及其方案的选择。

一、生物组织和细胞的破碎

除了少数蛋白质和多肽存在于细胞外部，大部分生物大分子都存在于细胞内部。因此，我们必须对生物体的组织和细胞进行破碎，以获得细胞内的各种物质，以便对它们进行提取和分离纯化，研究它们的结构、性质等。细胞破碎是生物大分子提取和分离纯化的前提。不同生物、不同组织的细胞结构各不相同，因而要根据具体情况采取合适的细胞破碎方法，才能达到预期的效果。

（一）物理方法

1. 机械法

机械法是利用机械运动所产生的剪切力作用而使细胞破碎的方法。根据所用的破碎机械不同，可分为捣碎法、研磨法和匀浆法。

捣碎法是利用捣碎机的高速旋转叶片所产生的剪切力将组织细胞破碎。捣碎机的转速可以高达10 000 r/min，是一种剪切作用较强烈的方法。为了防止发热导致温度过高，通常采用间歇工作的方式，如转10 s停10 s。此法常用于动物内脏、植物叶芽等比较脆嫩的组织细胞的破碎，也可用于微生物的细胞破碎。

研磨法是利用研钵、石磨、细菌磨、球磨等研磨器械所产生的剪切力将组织细胞破碎。必要时可加入精制石英砂、小玻璃球、玻璃粉、氧化铝等作为助磨剂，以增强研磨效果。它是一种比较温和的方法，所需设备简单，可以采用人工研磨，也可以采用电动研磨，适于实验室使用。此法常用于微生物和植物组织细胞的破碎，也可用于动物组织细胞的破碎。研磨动植物组织，有时需要加入液氮，以增强研磨效率和防止酶等活性物质失活。

匀浆法是利用匀浆器产生的剪切力将组织细胞破碎。匀浆器由一个内壁经磨砂的管和一根表面经磨砂的研杆配套使用，两者之间的间隙仅几百微米。此法常用于破碎颗粒细小、柔软、易于分散的组织细胞。大块的组织需先分散成小颗粒后才能进行匀浆。此法细胞破碎程度较高，对酶的活力影响也不大，但处理量较少。

2. 超声波法

超声波法是借助超声波的振动力，使细胞膜产生空穴而破碎细胞。超声波破碎的效果与输出功率、处理时间有密切关系，同时受细胞浓度、溶液黏度、pH 值、温度以及离子强度等的影响，实际操作时要根据细胞的种类和目标物质的特性加以选择。超声波法是破碎细胞的一种有效手段，具有简便、快捷、效果好等特点，特别适用于微生物细胞的破碎，但若目的物对超声波敏感则应慎用。

超声波处理的主要问题是超声波的空穴作用使细胞局部过热，从而可能引起酶等活性物质失活，所以在保证破胞效果的前提下，处理时间应尽可能短，并且操作过程采用冰浴等降温措施，尽量减小热效应。

3. 反复冻融法

反复冻融法是利用温度的突然变化，将待破碎的细胞反复冻融，细胞由于热胀冷缩而破碎。此法所需设备简单，普通冰箱即可进行冷冻，一般需在冻融液中加入蛋白酶抑制剂，如 PMSF（苯甲基磺酰氟）、络合剂 EDTA、还原剂 DTT（二硫苏糖醇）等防止目的酶被破坏。此法比较温和，对比较脆弱的细胞有较好的破碎效果。

4. 压差法

压差法是利用压力的突然变化而使细胞破碎的方法。压差法是一种温和的、彻底破碎细胞的方法。在高压容器中装入细胞悬液，加压至 1×10^8 ～ 2×10^8 Pa，振荡，待气体扩散到细胞内，然后突然打开小孔，使细胞悬液通过该小孔迅速流出，压力突然释放至常压，细胞破碎。这种方法比较理想，但仪器费用较高。

此外，还有高压冲击法与渗透破碎法。高压冲击法是在结实的容器中装入细胞和冰晶、石英砂等混合物，然后用活塞或冲击锤施以高压冲击，冲击压力可达 5×10^7 ～ 5×10^8 Pa，从而使细胞破碎。渗透破碎法是利用渗透压的变化而使细胞破碎的方法。操作时先将细胞在高渗溶液中平衡之后，再投入低渗溶液中，由于细胞内外渗透压的作用，溶胀破碎，如红细胞在纯水中会发生破壁溶血现象。此法是破碎细胞最温和的方法之一，特别适用于膜结合酶、细胞间质酶等的提取，但对具有坚韧的多糖细胞壁的细胞，如植物、革兰氏阳性菌和霉菌不太适用。

（二）化学方法

化学方法是利用各种化学试剂对细胞膜的结构改变或破坏作用而使细胞破碎的。常用的化学试剂有甲苯、丙酮、丁醇、氯仿等有机溶剂，以及吐温（Tween）、特里顿（Triton）等表面活性剂。另外，也可将化学法与研磨法联合使用，效果更好。

用于破碎细胞的有机溶剂是脂溶性溶剂，它们破坏细胞膜的磷脂结构，从而改变细胞膜的透过性，甚至将细胞膜溶解，从而使细胞破裂，膜结合酶或胞内酶等释放至胞外。

表面活性剂和细胞膜的磷脂及脂蛋白相互作用，从而破坏细胞膜结构，增加膜的透过性，使胞内物质释放出来。提取酶时，一般采用吐温、特里顿等非离子型表面活性剂，因为离子型表面活性剂会破坏酶的空间结构。

（三）生物方法

生物方法即酶法，利用细胞本身的酶系或外加酶的作用，破坏细胞结构，使细胞内物质释放出来。

无需外加酶，利用自身所具有的各种水解酶的作用而使细胞破碎，释放出胞内物质的方法称为自溶法。另外，根据细胞膜和细胞壁的结构特点，可以外加适当的溶菌酶、蛋白水解酶、糖苷酶、纤维素酶等作用于细胞，使细胞破碎。使用酶法破碎细胞时要特别小心操作，控制好酶作用的温度、pH 值、离子强度等各种条件。因为水解酶不仅可以使细胞壁和膜破坏，同时也可能把某些待提取物水解。

二、蛋白质和酶的提取

提取是指在一定的条件下，用适当的溶剂（溶液）处理原料，使待分离物质充分溶解到溶剂（溶液）中的过程，也称为抽提。这一过程使待分离物质从经过预处理或破碎的组织细胞中充分释放到溶剂（溶液）中，并尽可能保持其天然状态而不失活，以便进一步进行分离纯化。

（一）提取方法

提取时首先应根据蛋白质和酶的结构及溶解性质，选择适当的溶剂或溶液。根据提取时所采用的溶剂或溶液的不同，主要有盐溶液提取、酸溶液提取、碱溶液提取和有机溶剂提取等方法。

1. 盐溶液提取

大多数蛋白质和酶都溶于水，而且在低浓度盐存在的条件下，其溶解度随盐浓度的升高而增加，这称为盐溶现象。但是盐浓度不能太高，达到某一界限后，蛋白质的溶解度随盐浓度的继续升高反而降低，这称为盐析现象。所以，一般采用稀盐溶液来提取蛋白质和酶，盐浓度一般控制在 0.02 ～ 0.5 mol/L 之间。例如，用 0.02 ～ 0.05 mol/L 的磷酸缓冲液或 0.14 mol/L 的氯化钠溶液提取固体发酵产生的麸曲中的淀粉酶、蛋白酶等胞外酶；用 0.1 mol/L 的碳酸钠溶液提取 6-磷酸葡萄糖脱氢酶；用 0.5 mol/L 的磷酸氢二钠溶液提取酵母醇脱氢酶等。另外，有少数酶，如霉菌脂肪酶，相比盐溶液，用清水提取的效果较好。

2. 酸溶液提取

有些蛋白质和酶在酸性条件下溶解度较大且稳定性较好，适合用酸溶液提取。例如，胰蛋白酶和胰凝乳蛋白酶可用0.12 mol/L的硫酸溶液提取。提取时要注意酸浓度不能太高，以免蛋白质和酶变性失活。

3. 碱溶液提取

有些蛋白质和酶在碱性条件下溶解度较大且稳定性较好，适合用碱溶液提取。例如，细菌 *L*-天门冬酰胺酶可用 pH 11～12.5 的碱溶液提取。提取时要注意碱浓度即pH值不能过高，以免影响其活性。同时，碱液应该一边搅拌一边缓慢加入，防止局部过碱现象而引起蛋白质变性失活。

4. 有机溶剂提取

有些与脂质结合比较牢固或分子中含有较多非极性基团的蛋白质和酶，不溶或难溶于水、稀盐、稀酸或稀碱溶液中，可以用有机溶剂提取。乙醇、丙酮、丁醇、异丙醇、正丁酮等常用有机溶剂能与水互溶或部分互溶，同时具有亲水性和亲脂性。例如，琥珀酸脱氢酶、胆碱酯酶、细胞色素氧化酶等采用丁醇提取；植物种子中的玉蜀黍蛋白、醇溶谷蛋白、麸蛋白等采用70%～80%的乙醇提取；胰岛素也可用60%～70%酸性乙醇提取。

另外，有些蛋白质和酶既溶于稀酸、稀碱，又能溶于含有一定比例有机溶剂的水溶液中。此时，采用稀的有机溶液提取常常可以防止水解酶的破坏，并兼有除去杂质的作用。例如，胰岛素可溶于稀酸、稀碱和稀醇溶液，但在胰脏中也存在糜蛋白酶，它能水解胰岛素。因此采用6.8%乙醇溶液进行提取，并用草酸调溶液pH至2.5～3.0，从而抑制了糜蛋白酶的活性。首先6.8%的乙醇可使糜蛋白酶暂时失活，其次草酸可与激活糜蛋白酶的Ca^{2+}结合，从而抑制酶活性，另外pH 2.5～3.0是糜蛋白酶不宜作用的pH值。以上条件对胰岛素的溶解和稳定性都没有影响，却可除去在稀醇与稀酸中不溶解的杂蛋白。

（二）影响因素

在蛋白质和酶的提取过程中，影响提取效果的主要因素是物质在溶剂（溶液）中的溶解度及其向溶剂（溶液）中扩散的速度。同时，为了提高提取率并防止蛋白质和酶的变性失活，要注意控制好提取过程中的温度、pH值、溶液离子强度等提取条件，它们对提取效果亦有显著影响。

1. 溶解度

物质在溶剂或溶液中的溶解度大小与该物质的分子结构和所用溶剂的理化性质有密切关系。一般来说，极性物质易溶于极性溶剂中，非极性物质易溶于非极性溶剂中；酸碱物质易于互溶，即酸性物质易溶于碱性溶剂中，碱性物质易溶于酸性溶剂中。而大多数蛋白质和酶都属于极性物质，因此采用水溶液提取。而某些含有较多非极性基团的蛋白质和酶，易溶于非极性的有机溶剂，则可用有机溶剂来提取。

2. 扩散速度

蛋白质和酶从细胞、细胞碎片或其他原料中溶解到溶剂（溶液）的过程是一种扩散过程，其扩散速度对提取效果有很大影响，扩散速度越大，提取效果越好。物质在溶剂（溶液）中的扩散速度与温度、黏度、扩散面积、扩散距离以及两相界面间的浓度差有密切关系。一般来说，提高温度、降低溶液黏度、增大扩散面积、缩短扩散距离、增大两相界面的浓度差，都有利于提高扩散速度，从而增强提取效果。

3. pH

蛋白质和酶是两性电解质，溶液的 pH 值对它们的溶解度和稳定性有显著影响。当提取溶液 pH 值等于其等电点时，两性电解质的溶解度最小。因此，提取溶液的 pH 通常选择偏离待提取蛋白质等电点的两侧。碱性蛋白质选在偏酸一侧，酸性蛋白质选在偏碱一侧，以增加蛋白质的溶解度，提高提取效果。例如，肌肉甘油醛 - 3 - 磷酸脱氢酶属酸性蛋白质，常用稀碱来提取；而胰蛋白酶为碱性蛋白质，则常用稀酸提取。另外，溶液 pH 值会影响蛋白质和酶的稳定性，过酸、过碱均应尽量避免，一般控制在 pH 6 ～ 8 范围内，以免引起蛋白质和酶的变性失活。此外，为了保证提取过程的稳定，要尽量维持 pH 值的稳定，因此，通常采用缓冲液来提取蛋白质和酶。

4. 温度

一般来说，温度的升高可以增大物质的溶解度，也可以提高分子的扩散速度。但是温度过高，会引起蛋白质和酶的失活。因此，尽可能在低温状态下提取，特别是采用有机溶剂提取时，应在 0 ～ 10 ℃的温度下操作。然而，有少数物质对温度的耐受力较强，可在室温或更高温度条件下提取，这样不仅有利于提高提取效率，还能够使杂蛋白变性，有利于分离纯化。

5. 离子强度

离子强度极大地影响着生物分子的溶解度，然而对不同物质的影响又不同。高离子强度下，DNA - 蛋白质复合物的溶解度增加，而 RNA - 蛋白质复合物的溶解度降低；低离子强度下则情况相反。大部分蛋白质和酶在稀盐溶液中溶解度较大，盐浓度太高则出现盐析现象。因此，蛋白质、酶等生物分子的提取一般采用低离子强度的稀溶液来提取，具体操作时应根据不同生物分子的性质来选择适宜的离子强度。

6. 其他因素

蛋白质、酶等生物大分子在提取过程中容易被原料自身存在的蛋白酶、核酸酶等水解酶降解。因此，我们通常加入水解酶的抑制剂或激活金属离子螯合剂，或者调节 pH 使得水解酶失活，从而防止目的物的降解。

提取过程中适当的搅拌有利于提高扩散速率，促进被提取物的溶解。需要注意的是，蛋白质和酶分子中一般都含有相当数量的巯基，它们常常是活性部位的必需基团，然而巯基容易被氧化为二硫键，导致蛋白质空间结构的变化，失去活性。搅拌速度太快，增大了提取液与氧气的接触机会，促使了蛋白质的失活。因此，搅拌速度要控制在合适的范围内。另外，可以在提取液中加入少量巯基乙醇或半胱氨酸以防止巯基氧化。

三、分离纯化

蛋白质、酶等生物分子的分离纯化方法有很多，主要包括沉淀分离技术、离心技术、层析技术、电泳技术等。其中离心技术、层析技术和电泳技术在前几节已进行了详细阐述，本节主要介绍沉淀分离技术、膜分离技术以及分离纯化技术的选择。

（一）沉淀分离技术

沉淀是溶液中的溶质，由于条件改变或在外加物质的作用下，在溶液中的溶解度降低而析出，由液相变成固相的过程。沉淀分离技术就是通过沉淀，要么使目的蛋白质等生物大分子沉淀，要么使其他杂质沉淀，从而将目的蛋白质与杂质初步分离的技术。使用沉淀分离技术的前提是目的生物分子在所用到的试剂或条件下结构不发生变化。沉淀分离技术操作简便，成本低廉，是分离纯化生物大分子（特别是制备蛋白质和酶）最常用的方法。沉淀分离技术有多种，包括盐析法、有机溶剂沉淀法、等电点沉淀法、选择性变性沉淀法、复合沉淀法等。

1. 盐析法

盐析法，又称为中性盐沉淀法，是在溶液中加入一定浓度的中性盐，利用不同溶质溶解度不同的性质，使某种或某类溶质从溶液中沉淀析出，从而与其他溶质分离的方法。盐析法具有成本低，设备简单，操作简便，能保持许多生物活性物质的稳定性等优点。虽然盐析法在多糖、核酸等生物大分子的分离中都有应用，但应用最广的领域是蛋白质和酶的分离和制备。

大多数蛋白质和酶都溶于水，在低浓度的盐溶液中出现盐溶现象；然而盐浓度升高到某一界限后出现盐析现象。蛋白质分子含有—COOH、—NH_2 和—OH，在水溶液中，这些亲水基团与极性的水分子相互作用，在蛋白质分子周围形成水化层，蛋白质和水化层一起构成了一个个 1 ～ 100 nm 颗粒的亲水胶体，从而削弱了蛋白质分子之间的作用力。蛋白质分子含有的极性基团越多，水化层越厚，则蛋白质分子与水分子之间的亲和力越大，溶解度也就越大。少量中性盐的加入，可以增加蛋白质分子表面的电荷，增强蛋白质与水的作用，促进蛋白质的溶解，这就是盐溶现象的原因。由于中性盐的亲水性大于蛋白质分子的亲水性，随着大量中性盐的加入，水分子被夺走，水化层被破坏，暴露出疏水区域，同时蛋白质表面的电荷也被中和，蛋白质分子凝结而形成沉淀。

在蛋白质和酶的盐析中，常用的中性盐主要有 $(NH_4)_2SO_4$、Na_2SO_4、K_2SO_4、$MgSO_4$、NaCl、Na_3PO_4 等，其中应用最多、最重要的是 $(NH_4)_2SO_4$，因为它在水中的溶解度大且温度系数小，分离效果好，不易引起蛋白质和酶的变性失活，并且价格便宜。另外，硫酸铵溶液的 pH 常在 4.5 ～ 5.5 之间，需在其他 pH 条件下进行盐析时，可用硫酸或氨水调节。

在对蛋白质和酶等生物分子进行盐析沉淀时，要控制好各种可能影响盐析结果和目的物稳定性的条件，现将盐析时的注意事项总结如下：

（1）硫酸铵的纯度要高，否则夹带的杂质会使硫酸铵的浓度不准确，甚至引起蛋白质和酶的变性。其次添加硫酸铵后，要使其充分溶解，至少放置 30 min 以上，待蛋白质沉淀完全，然后将沉淀分离。

（2）控制溶液的 pH 值。盐析法通常与等电点沉淀法配合使用，使溶液 pH 值在欲分离蛋白质的等电点附近，则效果更好。欲分离蛋白质混合溶液中有几种蛋白质时，可采用分段盐析法，使盐的饱和度由低到高逐次增加，各种蛋白质就依次沉淀分离出来。

（3）由于高浓度的盐溶液对蛋白质有一定的保护作用，所以盐析操作一般可以在室温下进行。而某些对热特别敏感的酶，则应在低温条件下进行。另外，在保证蛋白质不会热变性的情况下，还要注意各种蛋白质溶解度随温度的变化，大部分蛋白质在低温时溶解度较低，但也有少数蛋白质在较高温度时溶解度较低，如血红蛋白和肌红蛋白，25 ℃比 0 ℃时溶解度低，更容易盐析。

（4）在盐析条件相同的情况下，蛋白质浓度越高越容易沉淀。但蛋白质浓度过高时，其他蛋白质会与欲分离蛋白质共沉，分离效果下降。然而，蛋白质浓度低时要使用较大的硫酸铵饱和度，这样共沉作用小，分离效果较好，但是蛋白质回收率低。因此，必须选择适当的蛋白质浓度，尽可能避免共沉作用，同时具有较好的分离效果和回收率。通常认为，比较适中的蛋白质浓度是 2.5%～3%。

（5）盐析法得到的蛋白质沉淀含有大量盐。必须对其进行脱盐处理，以获得较纯的产品和便于进一步纯化，常用的方法有透析、G－25 凝胶层析、膜分离等。

2. 有机溶剂沉淀法

有机溶剂沉淀法是通过向溶液中添加一定量的某种有机溶剂，利用各种溶质在此有机溶剂中的溶解度不同，使某种溶质沉淀析出，从而与其他溶质分离的方法。有机溶剂能够使许多蛋白质、酶、多糖和其他物质发生沉淀作用。

有机溶剂使物质沉淀的原理主要是有机溶剂能够降低水溶液的介电常数。溶剂的介电常数与其极性有关，极性越大，介电常数越大。有机溶剂的极性小于水，因此在水溶液中加入有机溶剂能够减小极性，降低介电常数，使得蛋白质分子间的静电引力增大，增加了蛋白质分子间的相互作用，使得它们相互吸引而凝集沉淀。同时，一般所用的有机溶剂是与水互溶的，它们在水中溶解，与水相互作用，夺走蛋白质水化膜中的水分子，破坏了蛋白质的水化膜，导致蛋白质溶解度降低而沉淀析出。

有机溶剂沉淀法的分辨率比盐析法高，能使一种蛋白质沉淀的有机溶剂浓度范围比较小；所得的沉淀易于过滤和离心，也不用脱盐，残余的有机溶剂可透析除去，有些有机溶剂让其挥发除去即可。因此，有机溶剂沉淀法在蛋白质、酶等生物分子的分离和制备中应用广泛。但是，需要注意的是，有机溶剂易引起蛋白质、酶等生物大分子的变性失活，操作过程必须在低温下进行，而且要尽量减少有机溶剂与这些物质的接触时间，沉淀析出后要尽快分离；溶液的 pH 一般调到蛋白质的等电点附近，以促使其沉淀析出；添加少量中性盐可以保护蛋白质，减少其变性失活，提高分离效果，但添加量要适当，一般在 0.05 mol/L 左右，否则会阻碍蛋白质的沉淀。

采用有机溶剂沉淀法进行分离、制备时，要先根据欲分离物质的性质选择合适的有机溶剂，常用的有乙醇、甲醇、丙酮、异丙酮等能够与水互溶的有机溶剂。然后，注意调节有机溶剂的浓度、溶液 pH 值，控制好温度，使之达到最佳的分离效果。

3. 等电点沉淀法

等电点沉淀法是通过调节溶液的 pH 值至某种两性电解质的等电点（pI），利用等电点时溶解度最低的性质，使两性电解质沉淀析出，而与其他物质分离的方法。两性电解质的溶解度之所以在等电点时最低，是由于等电点时净电荷为零，分子间的静电斥力消除，分子之间的相互作用增强，相互聚集而沉淀下来。蛋白质和酶都是两性电解质，可以利用此法进行初步的沉淀分离。

但是，许多蛋白质和酶的等电点很接近，单靠等电点沉淀法不能完全分离。而且，在等电点时蛋白质和酶等两性电解质的分子表面仍带有水化膜，因此具有一定的溶解性，不能完全沉淀。可见，单独使用等电点沉淀法分辨能力较低，分离效果不太好。因此，常常将此法与其他沉淀法一起配合使用，以提高分离效果。单独使用此法，主要用于初步分离除去等电点相距较大的杂蛋白。

4. 选择性变性沉淀法

选择性变性沉淀法是利用蛋白质、酶等生物大分子与杂蛋白等杂质的物理化学性质差异，在一定条件下，使得杂蛋白等杂质变性沉淀而与目的物分离的方法。

最常用的是热变性，通过加热处理，可以使大多数杂蛋白变性沉淀，而热稳定性好的目的蛋白仍留在溶液中。这种方法不需要化学试剂，操作简单，但只适合提纯热稳定性好的蛋白，且分辨率较低。另外，可以利用不同蛋白质的酸碱稳定性不同，调节溶液pH，使得杂蛋白变性沉淀；也可以通过向溶液中添加某些金属离子，使杂蛋白变性沉淀而不影响目的蛋白；还可以添加表面活性剂和有机溶剂，使得敏感性强的杂蛋白变性沉淀，而目的蛋白不受影响，仍留在溶液中。

采用选择性变性沉淀法时要充分了解目的蛋白与杂蛋白等杂质的种类、含量及物理化学性质，根据这些性质选择合适的方法，控制好各种条件，使得杂蛋白尽可能多地变性沉淀，而目的蛋白不受影响。

5. 复合沉淀法

复合沉淀法是通过向溶液中加入某些物质，使蛋白质、酶等生物大分子与其形成复合物而沉淀下来，从而与其他溶质分离的方法。常用的复合沉淀剂包括单宁、聚乙二醇、聚丙烯酸等高分子聚合物。单宁是多酚聚合物，能与蛋白质、蛋白酶、淀粉酶、糖化酶等形成难溶于水的复合物，该复合物可以直接应用，也可以将沉淀分离出来，除去单宁，进行下一步的纯化。例如，菠萝蛋白酶可与单宁生成复合物，该复合沉淀物可直接作为药品。聚乙二醇（polyethylene glycol，PEG），亲水性强，溶于水和许多有机溶剂，热稳定性好，能够与许多蛋白质和酶形成复合物而沉淀下来。复合沉淀法的操作条件温和，沉淀效能高，不易引起蛋白质、酶等生物大分子变性失活。

（二）膜分离技术

膜分离技术是将不同大小、形状和性质的物质颗粒或分子的混合物通过具有一定孔径的高分子薄膜，实现选择性分离的技术。

高分子薄膜是膜分离技术的关键，它的作用是选择性地让小于其孔径的物质颗粒或分子通过，而截留大于其孔径的颗粒。薄膜可用聚丙烯腈、聚醚砜、醋酸纤维素、赛璐玢等高分子聚合物制成，也可采用火棉胶、羊皮纸、玻璃纸、动物膜等。膜有多种类型和规格，可根据操作需要来选择。

根据分离原理和推动力的不同，膜分离可以分为加压膜分离、电场膜分离和扩散膜分离三种。加压膜分离是在薄膜两边的流体静压力差的推动下，使小孔径物质穿过滤膜，而截留大孔径物质。加压膜的分类及特性如表 2－2 所示。

表 2－2　加压膜分离的分类及特性

类　别	操作压力/MPa	截留颗粒直径/nm	截留物	应　用
微滤	<0.1	2 ～ 20	细菌、灰尘等	过滤除菌
超滤	0.1 ～ 0.7	2 ～ 200	病毒和各种生物大分子	生化物质的分离纯化，溶液浓缩
反渗透	0.7 ～ 13	<2	各种离子和小分子物质	无离子水的制备，海水淡化

电场膜分离，又称为电渗析，是在电场作用下，以半透膜两侧的电位差为推动力，使带电物质或离子向着与其本身所带电荷相反的电极移动，利用半透膜的选择透过性而达到分离的技术。电渗析可实现溶液的脱盐、海水淡化、带电小分子的分离、纯水制备等。

扩散膜分离是在扩散作用的推动下，小分子物质不断穿过半透膜扩散到膜外，大分子物质被截留在膜内，从而达到分离的技术。透析就是一种扩散膜分离技术。半透膜两边的浓度差产生了透析的动力——扩散压。透析的速度与欲透析的小分子物质在膜内外两边的浓度差成正比，而与膜的厚度成反比。另外，升高温度也能加快透析速度，但是通常在 4 ℃下透析，以防止生物活性物质的变性和降解。透析需用专用的半透膜，通常被制成透析袋。透析时，将欲分离的混合液装在透析袋内，然后将透析袋扎紧置于水或缓冲液中进行透析，小分子物质不断扩散到袋外，大分子物质则被截留在袋内，一段时间后，袋内外的浓度达到平衡，这时可以更换袋外的透析液，恢复浓度差，继续透析，直至达到分离要求。另外，为了提高透析效率，可以在达到平衡前就多次更换透析液或者连续更换。还可使用磁力搅拌或采用透析装置来提高透析效率。此外，需要注意的是，商品透析袋都用 10%（体积分数）的甘油处理过，并含有极微量的硫化物、重金属和一些具有紫外吸收的杂质，它们对蛋白质和其他生物活性物质有害，用前必须除去。可先用 50%（体积分数）乙醇煮沸 1 h，再依次用 0.01 mol/L 碳酸氢钠和 0.001 mol/L EDTA 溶液洗涤，最后用蒸馏水冲洗即可使用。使用后的透析袋洗净后可储存于 4 ℃蒸馏水中，若长时间不用，可加少量 NaN_3，以防长菌。透析技术设备简单，操作容易，主要用于蛋白质、酶等生物大分子分离纯化过程的脱盐。但是，长时间透析后，透析袋内的溶液体积增大，物质浓度降低，经常需要浓缩后才能进行下一步实验。

膜分离技术是一种重要的生物化学实验技术，广泛用于蛋白质、酶等生物大分子的分离纯化和浓缩。它的优点是操作简便，实验条件温和，无相态变化，无需添加任何化学试剂，无污染，不引起温度、pH 的变化，可防止生物活性分子的变性和降解。但是，通过膜分离技术不能制得干粉，只能得到浓缩的溶液。在生物大分子的制备中，主要用于生物大分子的脱盐、脱水、浓缩和去除小分子杂质等。

（三）分离纯化方案的选择

生物体的组织和细胞经过破碎、提取之后，得到含有目的蛋白质、酶等生物活性物质的提取液。由于生物体是含有各种物质的复杂体，因此，该提取液中除了含有我们需要的生物活性物质以外，还不可避免地存在着其他物质，包括其他具有活性的生物大分子和小分子物质。因此，能否高效率地制得所需的生物活性物质，关键在于分离纯化方案的正确选择和具体实验条件的探索。而这些都是建立在目的物与杂质的生物、物理、化学性质差异上的。

根据分离物质之间的不同性质差异，可以将分离纯化方法大体分类如下：以分子大小和形态的差异为分离原理的方法，包括离心分离、膜分离和凝胶过滤等；以溶解度的差异为分离原理的方法，包括盐析等沉淀技术、分配层析、结晶等；以电荷差异为分离原理的方法，包括电泳、吸附层析、离子交换层析、聚焦层析、等电点沉淀、电渗析等；以稳定性的差异为分离原理的方法，如选择性变性沉淀技术；以生物学功能专一性为分离原理的方法，如亲和层析。

蛋白质和酶的分离纯化过程分为两个阶段。首先是初分离阶段（富集阶段），要将大部分杂质从蛋白质、酶的提取液中去除，这时可以采用盐析、有机溶剂沉淀、超滤等简单且处理量较大的方法，还可以采用吸附层析和离子交换层析进行批量吸附和交换，利用这些方法除去大部分与目的蛋白质或酶的性质差异比较大的杂质；接下来是进一步分离阶段（精纯阶段），主要是将目的蛋白或酶从杂蛋白中分离出来或者将杂蛋白除去。经过初步分离后，大部分杂质已被除去，剩下与目的蛋白性质比较接近的杂质，需要采用分辨力更高的分离技术，比如凝胶层析、亲和层析、HPLC 以及凝胶电泳、等电点聚焦电泳等。此外，分离纯化过程中需要注意的是，具体实验步骤要科学安排，前后衔接，尽可能减少工序，提高分离效率，必要时可以重复用一种分离纯化方法；蛋白质、酶等生物活性物质容易变性失活，各个工序要连续、紧凑，并且要尽可能在低温条件下操作；经过分离纯化得到的目的蛋白或酶，可以浓缩或干燥制成粉末，在一定条件下保存，保证其活性。

总之，为了达到纯化活性蛋白的目的，基本的准则是要将酶活性（蛋白活性）与总蛋白的比率提高至极限。因此在整个蛋白纯化的过程中，必须严格地记录每一个操作步骤和每一个阶段中蛋白质的活性单位及数量。通过建立简明的纯化简表，可以轻松评估每个纯化过程，发现其中特别有效或无效的纯化步骤。假如在某步骤发生大的活性丢失也能够很容易被发现。一个合理的纯化简表应包括以下要素：纯化步骤、总蛋白质含量（mg）、目的蛋白的总质量或总活性（mg 或 U）、比活性（U/mg）、总得率（%）、提纯倍数等。通过分析评估纯化简表，可确定每个纯化步骤（方法）的有效性和合理性，对进一步调整纯化策略、提高蛋白质纯化的效率有很好的指导意义。典型的纯化简表将在本书蔗糖酶提取纯化的综合性实验中出现，此处不详述。

参考文献

[1] 郭勇. 现代生化技术［M］. 2版. 北京：科学出版社，2005.
[2] 何忠效. 生物化学实验技术［M］. 北京：化学工业出版社，2004.
[3] 郭蔼光，郭泽坤. 生物化学实验技术［M］. 北京：高等教育出版社，2007.
[4] 陈毓荃. 生物化学实验方法和技术［M］. 北京：科学出版社，2002.
[5] 丛峰松. 生物化学实验［M］. 上海：上海交通大学出版社，2005.
[6]（美）伯吉斯（Burgess，R. R.），等. 蛋白质纯化指南［M］. 陈薇主译. 2版. 北京：科学出版社，2013.

第三章　活性分子及其活性检测

第一节　含量分析

用于生物活性分子分析、检测的方法很多，根据分析的目的、检测原理与方法、检测样品及其用量和要求不同，选用的分析检测方法亦不同。对于种类繁多、结构复杂的生物活性分子，需要根据其分子结构、理化性质、功能特性、干扰成分的性质以及对准确度和精确度的要求等各种因素进行综合考虑，对各种分析方法进行仔细的对比，再进行选择。随着现代仪器分析和计算机技术的迅速发展，还推出了将一种分离手段和一种鉴定方法结合的多种联用分析技术，集分离、分析与鉴定于一体，提高了方法的灵敏度、准确度以及对复杂未知物的分辨能力。

一、多糖含量的分析

多糖含量的测定多采用比色法，在样品中加入适当的显色剂显色后在可见光区进行比色测定。

1．3，5－二硝基水杨酸（DNS）比色法

在碱性溶液中，DNS与还原糖共热后反应生成棕红色氨基化合物，在540 nm波长处有特征吸收。在一定范围内，还原糖量与反应液的颜色呈比例关系。该方法为半微量定量法，操作简便、快速，杂质干扰小，尤其适合于批量测定。

2．苯酚－硫酸法

在硫酸作用下，多糖先水解成单糖，并迅速脱水生成糖醛衍生物，再与苯酚缩合。其中，戊糖及糖醛酸的缩合物在480 nm波长处有特征吸收，已糖缩合物在490 nm波长处有特征吸收，其吸光度与糖含量呈线性关系。

3．蒽酮－硫酸法

在硫酸作用下，糖发生脱水反应生成糠醛或其衍生物，与蒽酮试剂缩合生成蓝绿色化合物，在620 nm波长处吸光度与糖含量呈线性关系。

二、有机酸类化合物含量的分析

总有机酸含量可采用酸碱滴定的方法来测定。如果酸性较弱的话，可采用非水溶液滴定法，或用电位法指示终点。

对于有紫外吸收的有机酸，可以在特征吸收波长处测定吸光度来计算含量。或者将有机酸与显色剂反应显色后，进行测定。不具有紫外吸收的有机酸类物质可利用薄层色谱分离，再经显色剂显色后测定。阿魏酸、绿原酸等具有荧光的有机酸类物质，可采用薄层扫描荧光法进行测定。

采用高效液相色谱法测定有机酸含量，需根据化合物的不同性质来选择紫外检测器、荧光检测器、蒸发光散射检测器等不同的检测器。如阿魏酸、绿原酸、丹参素等可采用紫外检测器检测，熊果酸、齐墩果酸可采用蒸发光散射检测器。

具有挥发性的有机酸类成分，可采用气相色谱法测定，如桂皮酸。有些非挥发性的有机酸，可经衍生反应成具有挥发性衍生物后，再进行气相色谱法测定，如γ-亚麻酸可衍生为γ-亚麻酸甲酯。

三、生物碱含量的分析

生物碱的定量分析方法大多是根据其含有的氮原子或双键或分子中官能团的理化性质而设计的。早期常用酸碱滴定法、比色法、沉淀法等化学方法，近年来更多采用薄层色谱法、气相色谱法以及高效液相色谱法、毛细管电泳法（capillary electrophoresis，CE）等。

（一）紫外分光光度法

生物碱分子结构中大都含有共轭双键或芳香环，在紫外区域有特征吸收。由于取代基团和测定时所用溶剂不同，以及受整个分子结构的影响，其特征吸收波长会有所改变。当被测样品中无干扰成分时，可通过直接测定生物碱在最大吸收波长处的吸光值来计算含量。紫外分光光度法的优点在于操作简便、快速，样品用量少，专属性强，准确度高。缺点是抗干扰能力差，样品测定前一般要经萃取法或色谱法进行处理。

（二）比色法

通过加入适当的显色剂与生物碱反应之后，在可见光区测定其最大吸收波长处的吸光值，计算出含量，这种分析方法叫比色法。该方法的灵敏度高，所需样品量少，并且有一定的专属性和准确性，是生物碱类成分重要的分析方法之一。

比色法测定生物碱通常包括：①加酸性染料（如溴麝香草酚蓝、溴甲酚绿等）比色法；②与生物碱沉淀剂（如苦味酸盐、雷氏盐等）反应产生有色沉淀，定量分离溶解后再进行比色；③根据生物碱自身的性质或分子中所含官能团，与某些试剂发生显色反应，再进行比色，如异羟肟酸铁比色法。

1. 酸性染料比色法

在一定pH条件下，某些生物碱类成分能与H^+结合成阳离子，而酸性染料在此条件下解离为阴离子，两者可定量结合成有色离子对，再以有机溶剂定量提取，测定一定波长下提取液的吸光值或经碱化后释放的染料的吸光值，即可计算出生物碱的含量。此方法测定的关键在于，介质的pH值、酸性染料的种类和有机溶剂的选择，其中尤以pH的选择更为重要。

2. 雷氏盐比色法

雷氏盐又称雷氏铵盐或硫氰酸铬铵，其组成为$NH_4[Cr(NH_3)_2(SCN)_4]\cdot H_2O$，为红色至深红色结晶，微溶于冷水，易溶于热水，可溶于乙醇。在酸性水溶液或酸性稀醇中，雷氏铵盐可与生物碱类成分定量反应生成难溶于水的红色络合物。含2个或2个以上氮原子的生物碱，则可与雷氏铵盐进一步作用生成双盐、三盐等沉淀。生物碱雷氏盐沉淀易溶于丙酮，其丙酮溶液所呈现的吸收特征是来自于分子结构中硫氰酸铬铵部分，而不是结合的生物碱部分。测定时，可将此沉淀过滤洗净后溶于丙酮（或甲醇），于525 nm（溶于甲醇时，427 nm）处直接比色测定，再换算成生物碱含量；或者，精密加入过量雷氏盐，滤除生成的生物碱雷氏盐沉淀，测定滤液中残存的过量雷氏盐含量，从而间接计算出生物碱含量。

应用雷氏盐法进行比色测定时应注意：①雷氏盐的水溶液在室温下可分解，使用时应新鲜配制，沉淀反应也需在低温下进行；②雷氏盐的丙酮或丙酮－水溶液的吸光值随时间而变化，应快速测定。

3. 苦味酸盐比色法

在弱酸性或中性溶液中，生物碱可与苦味酸定量生成苦味酸盐沉淀，该沉淀可溶于氯仿等有机溶剂，在碱性条件下则可解离释放出苦味酸和生物碱。在含量测定时可采用三种方法：①在 pH 4 ～ 5 的缓冲溶液中加氯仿溶解生物碱苦味酸盐后，在 360 nm 处直接比色；②在 pH 7 条件下使生物碱生成苦味酸盐沉淀，用氯仿溶解提取，再用 pH 11 的缓冲溶液将其解离，将苦味酸转溶到碱性水溶液中进行比色；③滤出生物碱苦味酸盐沉淀，加碱使其解离，以有机溶剂萃取游离出的生物碱，将含苦味酸的碱性水溶液进行比色测定。

4. 异羟肟酸铁比色法

含有酯键的生物碱，在碱性介质中加热使酯键水解，产生的羧基与盐酸羟胺反应生成异羟肟酸，再与 Fe^{3+} 反应生成紫红色的异羟肟酸铁，在 530 nm 处有最大吸收。由于含有酯键结构（包括内酯）的成分均能发生上述反应，因此测定的样品溶液中必须不存在其他酯类成分，以免影响分析结果。

（三）薄层色谱法

薄层色谱法测定生物碱类成分的优点在于操作简单而快速，在选用的条件下能对不同的组分有较好的分离，抗干扰能力较强。但是，如果样品成分太复杂，且含量很低，则在层析之前应进行纯化处理。常用的定量方法有薄层色谱－分光光度法和薄层色谱扫描法，其中后者多采用双波长反射式锯齿扫描，若被测成分本身具有荧光，也可采用荧光扫描。

（四）高效液相色谱法

高效液相色谱法是生物碱类成分定量分析最常用的方法，尤其适用于单体生物碱成分的含量测定。由于生物碱类化合物种类繁多、酸碱性强弱不同、存在形式不同，采用高效液相色谱法进行含量测定时，必须全面考虑各种因素，包括固定相、流动相、检测方法及样品前处理等，可选用的方法包括吸附色谱、正相色谱、反相色谱及离子交换色谱法等，其中以反相色谱法最为常用。

在反相色谱法中，多采用非极性化学键合固定相，如十八烷基硅烷键合硅胶（简称 ODS 或 C_{18}）、辛烷基硅烷键合硅胶（C_8）；流动相常用甲醇－水、乙腈－水系统。

（五）气相色谱法

气相色谱法测定生物碱含量，只适用于有挥发性且热稳定的生物碱类成分，如麻黄碱、槟榔碱、苦参碱等。某些挥发性生物碱的盐类在约 325 ℃急速加热下，变成游离生物碱，可直接进行气相色谱分析。但是必须注意，生物碱盐在急速加热器中产生的酸对色谱柱和检测器不利。样品溶液在提取、纯化过程中要避免加热，以防成分被破坏或挥发，最后需用氯仿等低极性有机溶剂来制备供试液。

（六）毛细管电泳法

大多数生物碱分子结构中含有的氮原子呈碱性，在酸性环境下电离成阳离子，而具有不同的荷质比，可采用区带毛细管电泳法进行分离。分析时，可根据生物碱 p*K*a 值的不同选择缓冲液 pH 值，还可根据结构上的细微差异适当加入一些试剂以增强选择性和分离度。部分生物碱（如吲哚类生物碱）由于碱性较弱而较难电离，可选择胶束毛细管电泳法。但由于生物碱本身带正电荷，容易与管壁上的固定电荷（负电荷）发生作用，因此常需加入乙腈、甲醇等改性剂，以改善拖尾现象。

四、黄酮类化合物含量的分析

黄酮类化合物的定量分析方法主要有紫外分光光度法、比色法、薄层色谱法和高效液相色谱法等。

1. 紫外分光光度法

黄酮类化合物结构中都含有 α – 苯基色原酮基本结构，羰基与 2 个芳香环形成 2 个较强的共轭系统吸收，在紫外光区有 2 个较强的特征吸收。大多数黄酮类化合物在甲醇中有 2 个主要紫外吸收光谱带：出现在 300 ～ 400 nm 之间的吸收带称为吸收带Ⅰ，来自于 B 环共轭；出现在 240 ～ 280 nm 之间的吸收带称为吸收带Ⅱ，来自于 A 环。根据黄酮类化合物结构的不同，其最大吸收波长也不同，可以通过特征吸收波长处的吸光值来计算含量。

某些试剂的加入，能使黄酮类化合物的特征吸收峰发生一定程度的位移。例如，黄酮醇类化合物在中性乙醇介质中与 Al^{3+} 络合，使吸收带向长波移动；在醋酸钠乙醇溶液中，吸收带Ⅱ向长波移动 8 ～ 20 nm；在乙醇钠溶液、硼酸钠溶液中，其特征吸收均发生位移。

2. 比色法

比色法一般用于样品中总黄酮含量的测定。黄酮类化合物母核中 3、5 位上的羟基、B 环上任何相邻的羟基，均能与 Al^{3+}、Fe^{3+}、Sb^{3+}、Cr^{2+} 等金属离子反应形成络合物，呈现出黄色或橙色，且多数在紫外光下有显著荧光，常被用于定量分析。最常用的方法是以芦丁为对照品，加亚硝酸钠和硝酸铝显色来测定含量。

此外，1，2 – 萘醌 – 4 – 磺酸（Folin 试剂）等一些酚类试剂，也可与黄酮类化合物呈色。

3. 薄层色谱法

薄层色谱法是测定样品中单体黄酮类成分的有效方法。可用硅胶、纤维素或聚酰胺进行色谱分离，再将含有待测组分的色斑刮下，以适当溶剂洗脱后用紫外分光光度法测定；也可以用薄层扫描仪直接在薄层板上测定。

五、醌类化合物含量的分析

醌类化合物是指分子内具有不饱和环二酮（醌式结构）或容易转变成这样结构的天然有机化合物，主要有苯醌、萘醌、菲醌和蒽醌等四种类型，以蒽醌类比较多见。其中，萘醌、菲醌类总成分定量分析常用重量法、分光光度法；萘醌、菲醌单体成分定量分析常用薄层色谱法、高效液相色谱法；蒽醌类成分的定量分析方法主要有比色法、薄层色谱法和高效液相色谱法。

1. 比色法

蒽醌类化合物结构中有带芳环的共轭体系及酚羟基、甲氧基等助色团时，通常在可见光区有最大吸收，可选择适当的波长测定吸光值计算含量。若分子结构中没有助色团，可将蒽醌与碱液、醋酸镁试液反应生成红色，于 500 ～ 550 nm 处进行比色测定。

2. 薄层色谱法

薄层色谱法具有同时分离和测定的优点，如果选择适当的层析条件，可将样品中的醌类成分分成单一的组分后分别测定，因此主要用于分离测定单体醌类成分的含量。

3. 高效液相色谱法

虽然醌类成分的定量分析方法很多，但都显得繁琐、费时，尤其是样品的制备与分离更是复杂、费时。薄层色谱法虽能分离单一成分，但分离度欠佳，实际色谱过程需要展开数次才能测定，比较适合于蒽醌苷元的分离。气相色谱法则需要先将蒽醌制成相应的衍生物，操作步骤繁琐。而 HPLC 则克服了上述缺点，并能获得令人满意的结果。

HPLC 色谱条件通常选择 C_{18} 柱、紫外检测器；流动相常用乙腈 - 水或甲醇 - 水，并调整 pH，使其呈偏酸性以避免酸性基团的解离。

六、萜类化合物含量的分析

萜类是指由异戊二烯聚合而成的一系列化合物及其衍生物。含有 1 个异戊二烯单位的萜类称为半萜，含有 2 个异戊二烯单位的萜类称为单萜，含有 4 个异戊二烯单位的萜类称为二萜。另有一类特殊的单萜，其母核都为环状，多具有半缩醛及环戊烷环的结构特点，称为环烯醚萜。其母环 2 位上有醚键，3 位上有烯键，C1 位可能连接有羟基、甲氧基或酮基，但 C1 位羟基不稳定，常与糖结合成环烯醚萜苷类而存在。

1. 紫外分光光度法

对于有紫外吸收的萜类化合物，可直接测定。环烯醚萜苷的 3 位上有双键，4 位上通常有羧基或酯键，分子中有 α、β 不饱和酸、酯的结构，在紫外光区有较强的特征吸收。没有紫外吸收的萜类，可加入适当的显色剂反应再测定。

2. 气相色谱法

低级萜类多为易挥发成分，采用气相色谱法具有较好的分离效率和灵敏度。单萜类成分的沸点往往很接近，用极性固定相分离效果较好。倍半萜以及含氧的萜类衍生物（含醇、酮、酯及酚类成分等），也以极性固定相分离较好。对于仅含碳、氢元素的单萜和倍单萜类成分，基本上采用氢焰离子化检测器。此外，也可采用气相色谱 - 质谱、气相色谱 - 红外光谱联用进行分析。

3. 薄层色谱法

薄层色谱法测定萜类含量，优点在于设备简单、操作方便，但没有气相色谱法有效、快速。吸附剂常用硅胶、氧化铝。展开剂可用正己烷、石油醚分离弱极性成分，极性大的成分可加乙酸乙酯。显色剂包括 10% 硫酸乙醇溶液、0.5% 香草醛硫酸乙醇溶液、5% 对 - 二甲氨基苯甲醛乙醇溶液、5% 茴香醛 - 浓硫酸试剂等。含量测定可用薄层扫描法和斑点面积法等。

4. 高效液相色谱法

大多数三萜皂苷类成分无明显的紫外吸收，或仅在 200 nm 附近有末端吸收，采用高效液相色谱蒸发光散射检测器有较好的效果。有紫外吸收的环烯醚萜苷类成分，可选择紫外检测器，用反相高效液相色谱法测定含量。

七、皂苷类化合物含量的分析

皂苷（saponins）是广泛存在于植物界的一类特殊的苷类，其水溶液经振摇后可产生持久性的泡沫，类似肥皂而得名。皂苷是由皂苷元和糖、糖醛酸或其他有机酸组成。根据其苷元结构，可分为甾体皂苷和三萜皂苷两大类。甾体皂苷的苷元基本骨架为含 27 个碳原子的螺旋甾烷或其异构体异螺旋甾烷，多以单糖链苷形式存在，极性较大。三萜皂苷由 6 个异戊二烯以头尾相接或尾尾相接而成。由于其分子结构中常连有羧基，故多为酸性皂苷。

1. 紫外 - 可见光分光光度法

皂苷类成分与强氧化性的强酸试剂（如浓硫酸、高氯酸、醋酐 - 硫酸或硫酸 - 冰醋酸、芳香醛 - 硫酸等）会发生氧化、脱水、脱羧、缩合等反应，生成具有多烯结构的缩合物而呈色，可在紫外 - 可见光区进行比色测定。这种测定方法一般用于测定样品中总皂苷或总皂苷元的含量。

2. 薄层色谱法

皂苷大多无紫外吸收，可经薄层色谱分离后，用适当的显色剂显色，再进行定量分析。薄层色谱法是皂苷类成分定性、定量分析的最常用方法。其中，吸附剂常用硅胶和氧化铝，有时为了分离的需要加入一定的硝酸银。显色剂常用三氯醋酸、氯磺酸 - 醋酸、浓硫酸或 50% 及 20% 硫酸、三氯化锑、磷钼酸、浓硫酸 - 醋酸酐、碘蒸气等。极性较大的皂苷，一般用分配薄层效果较好。皂苷元极性较小，用吸附薄层或分配薄层均可，具体方法包括薄层扫描法和薄层 - 比色法。

3. 高效液相色谱法

高效液相色谱法测定皂苷类成分的关键在于测定波长和流动相的选择。流动相常用的有乙腈 - 水和甲醇 - 水系统。对于有较强紫外吸收的皂苷，可用紫外检测器检测。多数皂苷在紫外区无明显吸收，可采用蒸发光散射检测器（ELSD）进行检测，其优点在于灵敏度高、基线稳定、稳定性好和应用范围广泛，但要注意流动相中不挥发物质对检测的干扰。蒸发光散射检测器通常不允许使用含不挥发盐组分的流动相。

八、香豆素类化合物含量的分析

香豆素类（coumarins）成分是一类具有苯并 α－吡喃酮母核的天然成分的总称，常以游离状态或与糖结合成苷的形式存在。由于其苯并 α－吡喃酮共轭结构的存在，香豆素类化合物在紫外光区有较强的特征吸收，结构中的酚羟基、内酯键等有特殊的显色反应。

1. 荧光分光光度法

香豆素类化合物在紫外光的照射下显蓝色荧光，且因其环上所带取代基的不同及取代位置的不同，荧光的颜色也明显不同，因此可用荧光分光光度法进行定量分析。其优点在于灵敏度高，选择性高，方便快捷，重现性好，取样容易，样品需要量少。当样品中干扰成分过多时，可先利用薄层色谱进行分离。

2. 紫外－可见光分光光度法

香豆素类成分都具有紫外吸收，当样品较纯净时，可直接进行比色测定。也可通过显色反应显色后，在可见光区域进行比色。如异羟肟酸铁、4－氨基安替比林或氨基比林、三氯化铁、三氯化铁－铁氰化钾、磷钼酸、磷钨酸等，都可与香豆素类成分发生显色反应。当干扰成分较多时，可先用薄层色谱分离，在紫外灯下定位找出相关香豆素类成分，将其斑点完全刮下，用溶剂洗脱后加入显色剂显色、比色测定。

3. 薄层扫描法

薄层扫描法是香豆素类成分常用的测定方法之一，其优点是方法简便、准确。可将样品经薄层色谱分离后，喷洒显色剂显色后扫描。也可利用香豆素的荧光特性，在紫外灯下定位后直接扫描。

4. 高效液相色谱法

HPLC 测定香豆素类成分，常用 C_{18} 固定相，流动相为不同比例的甲醇－水。对于极性小的香豆素类，可用正相色谱或反相色谱；对于香豆素苷类，一般用反相色谱。检测器常选择紫外检测器。

5. 气相色谱法

一些相对分子质量小的香豆素类成分具有挥发性，可利用气相色谱法进行含量测定，可用 SE－30 石英毛细管柱、FID 检测器。

第二节 生物活性的评价

生物活性的评价方法有很多。随着科学技术的发展，评价方法不断改进，各种新技术的诞生更是极大地提高了研究的效率。生物活性的评价包括体外实验、动物实验和人体实验三个阶段。体外实验通常用于生物活性的初步筛选，包括分子水平、细胞水平和组织器官水平评价。然后，通过动物实验和人体实验阶段，才可能真正应用到保健食品或者药品之中。我国卫生部在《保健食品检验与评价技术规范》（2003）中详细规定了27 项保健功能评价的基本要求和具体方法，在经过动物实验和（或）人体试食实验证实有效之后，方可判定该食品具有某项保健功能。在动物实验和人体实验中，由于个体之间存在着一定的差异，为了获得准确、可靠的结果，在实验设计中必须遵循随机、对照、重复三个基本原则，严格控制各种影响因素，确保实验结果的准确和客观。

一、抗氧化活性的检测

除厌氧生物以外，所有的动物和植物都需要氧。氧不但促进生命的起源和进化，而且影响着细胞的分化和个体的发育。同时，人体在氧的利用过程中，会因各种内因性或外因性原因而产生各种活性氧和自由基（free radical），它们与机体的衰老和某些疾病的病理过程密切相关。

自由基是指能独立存在的、含有一个或一个以上不配对电子的任何原子或原子团。活性氧是指氧的某些代谢产物和一些反应的含氧产物，其化学性质比氧（基态氧）更为活泼，包括氧自由基和非自由基的含氧物。机体自由基的种类有很多，主要包括氧自由基（超氧阴离子、羟自由基、氢过氧基、烷氧基、烷过氧基）、非氧自由基（氢自由基、有机自由基）和氮自由基（一氧化氮、二氧化氮）等。同时，机体内也有一个完整的抗氧化防御体系，通过体内各种抗氧化酶（如超氧化物歧化酶 SOD、谷胱甘肽过氧化物酶 GPx、过氧化氢酶 CAT 等）和非酶抗氧化剂（如抗坏血酸、维生素 E、辅酶 Q 等），分别在预防、阻断和修复等不同水平上进行防御。

正常情况下，机体内的自由基总是处于不断产生和消除的动态平衡中。但是，当自由基产生过多或清除过少时，则会造成对组织的伤害。各种氧自由基所引发的氧化作用，是导致身体中各组织器官损伤、病变的重要原因之一。现已证实，动脉硬化、心脏病、肿瘤、肾病、肝病、糖尿病、白内障等百余种疾病的发生和发展以及衰老均与氧化有关。因此，抗氧化活性成分的开发与应用成为食品、医药领域的一个研究热点。

生物活性成分抗氧化能力的测定方法有许多种，包括直接的、间接的以及简便的试剂盒检测方法等。这些方法的测定原理各不相同，各有优缺点或局限性。因此，为获得确切的评价结论，需要用多种方法进行测定才能获得满意的评价。

1. 自由基清除能力的测定

通过直接测定抗氧化剂对反应体系所产生自由基的清除情况，来了解其抗氧化的能力。对于发色性自由基（如 DPPH、ABTS/正肌铁红蛋白/H_2O_2、ABTS/ABAP、ABTS/过氧化物酶），可以直接通过分光光度法来测定。有些自由基可通过氧化反应使反应体系产生颜色变化，通过测定抗氧化剂对反应体系吸光度的影响，即可知道自由基被清除的情况，如脱氧核糖-铁体系法测定羟自由基清除率实验。某些荧光试剂会被自由基氧化而消光，可通过测定其荧光的变化来了解自由基的清除率，如荧光素/AAPH 法、荧光素/辅酶（Ⅱ）法、β-藻红蛋白法等都是利用这个原理。

2. 脂质过氧化反应的测定

氧自由基能攻击生物膜磷脂中的多不饱和脂肪酸引发脂质过氧化而导致细胞损伤。同时，脂质过氧化反应所产生的脂氢过氧化物，在有氧条件下易分解生成一系列复杂产物，其中某些分解产物还能引起细胞代谢和功能障碍。通过分析抗氧化剂影响脂质过氧化反应的情况，即可了解其抗氧化活性。采用氧电极测定氧的消耗量，或者通过检测脂质过氧化反应产物（如醛、脂氢过氧化物、共轭二烯等）量的变化，均可分析脂质过氧化反应情况。

3. 细胞氧化损伤的检测

自由基可以攻击细胞组织中的脂质、蛋白质、糖类和DNA等物质，引起脂质和糖类的氧化、蛋白质的变性、酶的失活、DNA结构的切断或碱基变化等，从而导致细胞膜、遗传因子等的损伤。一般以AAPH、ABAP、AMVN等自由基引发剂引发细胞氧化损伤，分析抗氧化剂对细胞的保护作用，来了解其抗氧化能力。具体包括：通过MTT比色法来检测细胞活力，通过二苯胺法、荧光分光光度法或Comet法来分析DNA损伤断裂的情况，通过差示扫描量热法、X射线衍射、电子自旋共振（ESR）、核磁共振及荧光偏振等方法从不同角度分析细胞膜流动性等。

4. 其他体外检测方法

铁过载可增加活性氧的毒性，加速自由基反应，造成细胞氧化应激损伤。测定抗氧化剂螯合铁离子的能力，可从另一个方面反映其抗氧化活性。此外，还可测定抗氧化剂的还原能力，如FRAP法检测还原Fe^{3+}能力等。

5. 食品抗氧化功能的检测

根据卫生部《保健食品检验与评价技术规范》（2003）的规定，检验保健食品抗氧化功能需要进行动物实验和人体试食试验，检测项目包括过氧化脂质（丙二醛或脂褐质）含量和抗氧化酶（SOD、GPx）活性，过氧化脂质含量减少、抗氧化酶活力提高则说明具有抗氧化功能。

二、对微生物菌群的影响

生物活性成分对微生物菌群的影响，包括对有害菌的抑制作用和对有益菌的增殖作用。根据试验设计原理的不同，可分为稀释法、比浊法和琼脂扩散法。表3－1为三类方法的对比。琼脂扩散法包括垂直扩散法（直线扩散）和平面扩散（点滴法、纸片法、管碟法）。其中，管碟法是国际药典中抗生素药品检定的经典方法，也是中国药典收载的方法。其原理是，利用抗生素在摊布特定试验菌的固体培养基内呈球面形扩散，形成含有一定浓度抗生素的球形区，抑制了试验菌的繁殖而呈现出透明的抑菌圈。

表3－1 稀释法、比浊法和扩散法的比较

	稀释法	比浊法	扩散法
实验方法	等量的试验菌菌液在不同浓度样品的液体培养基中的生长情况		不同浓度样品溶液在含有试验菌固体培养基中的扩散情况
评判标准	液体培养基中有无细菌生长	光度法测定液体培养基的浊度	固体培养基表面抑菌圈的大小
目的	最低抑菌浓度（MIC）的测定	抑菌效力的测定	

根据我国卫生部《保健食品检验与评价技术规范》（2003）的规定，保健食品调节肠道菌群功能的检验，需要进行动物实验和人体试食试验，比较实验前后其粪便菌群的

变化情况。具体检测方法是，取一定量粪便以 10 倍系列稀释，选择合适的稀释度分别接种在各培养基上，然后以菌落形态、革兰氏染色镜检、生化反应等鉴定计数菌落，分别计算双歧杆菌、乳杆菌或其他益生菌以及肠球菌、肠杆菌、拟杆菌、产气荚膜梭菌等有害菌群的数量。

三、抗肿瘤活性的检测

体外细胞培养法是检测抗肿瘤活性的一种常用方法，体外培养肿瘤细胞，检测受试样品对肿瘤细胞的影响情况。采用的细胞包括人体肿瘤细胞和动物肿瘤细胞，培养方法包括单层细胞培养、琼脂平板培养、细胞集落培养、组织块培养、器官培养和悬浮培养等，检测指标有细胞形态、分裂相计数、脱氢酶活性、细胞染色、呼吸测定、荧光显微镜下染色反应、核酸蛋白质等生化测定以及同位素技术等。体外抗肿瘤活性试验一般选用人癌细胞株，按常规细胞培养法进行培养，通过四氮唑蓝还原法（MTT 法）、磺酰罗丹明 B 染色法或集落形成法等来进行检测。

移植性肿瘤整体动物实验法，是评价一个化合物是否具有有效的抗肿瘤活性的最主要方法。把人的肿瘤细胞移植到合适的宿主体内，建立一个移植宿主的体内模型，通过该模型对受试样品的抗肿瘤效果进行观察。具体评判指标包括肿瘤的重量、体积或直径以及动物的存活时间等。

四、降血糖活性的检测

我国卫生部颁布的《保健食品检验与评价技术规范》（2003）规定，保健食品辅助降血糖功能的检验包括动物实验和人体试食实验。以四氧嘧啶（或链脲霉素）诱导建立高血糖动物模型，进行空腹血糖实验和糖耐量实验。人体试验以 I 型糖尿病病人为对象，检测受试样品对志愿者空腹血糖、餐后 2 h 血糖和尿糖的影响，以及临床症状的变化情况。

可以从细胞水平和分子水平上对化合物的降血糖活性进行检测和筛选。细胞水平降血糖活性成分检测方法包括脂肪细胞、骨骼肌细胞－葡萄糖消耗及葡萄糖转运实验，HepG2 细胞－葡萄糖消耗实验，胰岛 β 细胞－促胰岛素分泌实验。分子水平降血糖活性成分检测方法包括 α－糖苷酶抑制活性、蛋白酪氨酸磷酸酶－1B（PTP－1B）抑制活性、二肽基肽酶Ⅳ（DPPⅣ）抑制活性以及醛糖还原酶抑制活性的测定。

五、降血脂活性的检测

保健食品辅助降血脂功能的检验包括动物实验和人体试食实验。以高脂饲料喂饲大鼠建立脂代谢紊乱模型，检测受试样品对实验动物的血清总胆固醇（TC）、甘油三酯（TG）、高密度脂蛋白胆固醇（HDL－C）水平的影响。人体实验以单纯高血脂患者为实验对象，采用自身和组间两种对照设计，检测血清 TC、TG 和 HDL－C 的变化情况。

此外，降血脂活性的筛选和评价指标还包括载脂蛋白（apolipoprotein，Apo）含量、低密度脂蛋白受体活性、脂质过氧化物 LPO 含量以及血液黏度等。

六、降血压活性的检测

保健食品辅助降血压功能的检验包括动物实验和人体试食实验。以受试样品给予遗传型高血压动物或通过实验方法造成的高血压动物为模型，检测血压、心率等指标的变化情况，评价受试样品的降血压作用。人体试食实验以原发性高血压患者为受试对象，采用自身和组间两种对照设计，检测受试样品对志愿者舒张压和收缩压的影响情况。

实验性高血压模型有很多种，包括遗传性高血压模型、神经源性高血压模型、肾动脉狭窄性高血压模型、易卒中型肾血管性高血压模型、妊高症模型等。降血压活性的筛选和评价指标还包括血浆降钙素基因相关肽（CGRP）含量、内皮素（ET）含量、心钠素（ANP）含量、血管紧张素Ⅱ含量、醛固醇含量、β－肾上腺素能受体含量以及丝裂原活化蛋白激酶活性等。

七、其他生物活性的检测

除上述保健功能之外，《保健食品检验与评价技术规范》（2003）还规定了其他22项保健功能的检验和评价方法，包括增强免疫力功能、辅助改善记忆功能、缓解视疲劳功能、促进排铅功能、清咽功能、改善睡眠功能、促进泌乳功能、缓解体力疲劳功能、提高缺氧耐受力功能、对辐射危害有辅助保护功能、减肥功能、改善生长发育功能、增加骨密度功能、改善营养性贫血功能、对化学性肝损伤有辅助保护功能、祛痤疮功能、祛黄褐斑功能、改善皮肤水分功能、改善皮肤油分功能、促进消化功能、通便功能以及对胃黏膜损伤有辅助保护功能等。经动物实验和（或）人体试食实验证实有效之后，才被认为具有该项保健功能。

参考文献

[1] 毕开顺. 实用药物分析 [M]. 北京：人民卫生出版社，2011.
[2] 王强，罗集鹏. 中药分析 [M]. 北京：中国医药科技出版社，2005.
[3] 陈晓青，蒋新宇，刘佳佳. 中草药成分分离技术与方法 [M]. 北京：化学工业出版社，2006.
[4] 时维静，王甫成. 中药分析与检测 [M]. 北京：化学工业出版社，2010.
[5] 凌关庭. 抗氧化食品与健康 [M]. 北京：化学工业出版社，2004.
[6] 庞战军，周玫，陈瑗. 自由基医学研究方法 [M]. 北京：人民卫生出版社，2000.
[7] 陈瑗，周玫. 自由基医学基础与病理生理 [M]. 北京：人民卫生出版社，2002.
[8] 司书毅，张月琴. 药物筛选——方法与实践 [M]. 北京：化学工业出版社，2007.
[9] 刘建文. 药理实验方法学——新技术与新方法 [M]. 2版. 北京：化学工业出版社，2008.
[10] 胡昌勤，刘炜. 抗生素微生物检定法及其标准操作 [M]. 北京：气象出版社，2004.

第二部分　实验

第四章　普通实验

实验一　果胶的提取及果酱的制备

一、实验目的

了解果胶的基本结构、果胶的分类及提取原理和方法；了解果胶的性质和用途，掌握果酱的制备方法。

二、实验原理

果胶物质可分为三类，分别是原果胶、果胶及果胶酸，其基本结构是不同程度甲酯化和被钠、钾离子中和的 α－半乳糖醛酸以1,4－苷键形成的聚合物，相对分子质量高达200 000左右。原果胶不溶于水，主要存在于初生细胞壁中，经稀酸长时间加热，果皮层细胞壁的原果胶发生水解，由于甲酯化程度降低及部分苷键断裂而转变成水溶性果胶。水溶性果胶经脱水干制有利于保藏和运输，果胶干制有直接干燥法和沉淀脱水法两种方法。直接干燥法通常是把浓缩的果胶水溶液通过喷雾干燥获得。沉淀脱水法则是根据果胶不溶于高浓度乙醇的特性，采用乙醇沉淀提取。使用乙醇沉淀提取果胶，控制乙醇浓度极为关键，浓度太高或太低对果胶的提取都是不利的。乙醇浓度过高相当于果胶溶液中的水分减少，水溶性的非胶物质没有机会溶解在水中，将伴随果胶一起沉淀，使果胶纯度降低；反之，乙醇浓度太低，水分含量过高，果胶沉淀不完全，得率偏低。因此，溶液中乙醇体积分数控制在55%～60%之间较为适宜。果胶溶液中存在微量电解质时，加入乙醇后果胶将以海绵絮状沉淀析出，反之不易聚集析出。因此，果胶滤液醇沉前，可加碱调整滤液的pH值至3～4。

柑橘类果皮是提取果胶的优良原料，新鲜果皮含果胶1.5%～3%，干果皮则含9%～18%。柠檬皮果胶含量更多，新鲜果皮内含2.5%～5.5%，干果皮内含量高达30%～40%。

果胶是亲水性多糖，在pH 3～3.5、蔗糖质量分数为65%～70%，0.7%～1%的果胶水溶液经煮沸冷却后，可形成具有一定强度的三维网状结构凝胶。其主要作用力是分子间的氢键及静电引力。在凝胶过程中，溶液中的水含量对凝胶影响很大，过量的水阻碍果胶形成凝胶。果胶水化后和水分子形成稳定的溶胶，由于氢键的作用，水分子与果胶紧紧地结合在一起不易分离。向果胶溶液中添加糖类，其目的在于脱水，糖溶解时形成夺取水分的势能，促使果胶粒周围的水化层发生变化，使原来果胶表面吸附水减少，胶粒与胶粒易于结合成为链状胶束，促进果胶形成凝胶。在果胶－糖溶液分散体系内添加一定量的酸，可起到中和果胶所带的负电荷，减少果胶分子变成阴离子的作用，促进它聚结成网状结构，而形成凝胶。果酱、果冻等食品就是根据其凝胶特性生产的。

三、试剂及材料

（1）0.5%盐酸溶液。量取12 mL浓盐酸，加水稀释至1000 mL。

（2）1 mol/L氢氧化钠溶液。称取40 g氢氧化钠，用水溶解并稀释至1000 mL。

（3）柑桔皮、柚子皮、香蕉皮等。

（4）无水乙醇、白砂糖、柠檬酸、柠檬酸钠。

四、实验步骤

（1）称取50～100 g果皮，切分，把果皮放入沸水中煮沸3 min，然后用清水漂洗，以除去色素、苦味等非胶物质，并把多余水分除去。

（2）把上述处理后的果皮放入600 mL烧杯中，加入0.5%盐酸200～300 mL，一般以浸没果皮为度，在搅拌条件下保持微沸提取20 min。

（3）趁热用4层纱布过滤，用少量50 ℃的热水分次将滤渣洗涤2～3次，合并滤液，冷却至室温。

（4）用1 mol/L氢氧化钠调整滤液的pH值至3～4。

（5）缓缓向提取液中加入适量无水乙醇，使果胶溶液中乙醇的体积分数为55%左右，并略加搅拌，待果胶呈棉絮状沉淀后，用四层纱布过滤，压干除去大量水分，滤渣则为粗制的果胶产品。

（6）配方：蔗糖70 g、柠檬酸0.5 g、柠檬酸钠0.4 g、水20 g，全部自制果胶；将柠檬酸、柠檬酸钠溶解于20 g水中，用蔗糖把果胶充分拌匀，加入柠檬酸水溶液。

（7）在不断搅拌下，小火加热至沸，保温熬煮10～15 min，待水分含量为一定时（以溶胶糖液挂珠为度）冷却，观察及描述果胶形成凝胶的形态。

五、实验结果记录

（1）果胶提取记录表：

果皮/g	
加入0.5%盐酸/mL	
提取温度/℃	
提取时间/min	
果胶滤液体积/mL	
调整果胶滤液pH值	
加入乙醇体积/mL	
果胶醇沉提取情况描述	

（2）观察及描述果胶形成凝胶的形态。

六、思考题

（1）提取果胶前，用沸水处理果皮的目的是什么？

（2）提高果皮果胶得率，与哪些实验因素有关？

（3）若提取的果胶溶液含水量过大，应采用何种方法浓缩果胶提取液，以减少乙醇用量？

（4）提取果胶后，采用何种方法回收乙醇？正确绘制回收乙醇的实验装置图。

（5）用什么简易方法测定回收乙醇的浓度？

（6）果胶形成凝胶所需的条件是什么？

实验二　果胶总半乳糖醛酸和酰胺化度的测定

一、实验目的

学习滴定法测定果胶总半乳糖醛酸和酰胺化度的实验方法。

二、实验提要

本实验检测方法适用于以柚子、柠檬、柑橘、苹果等水果的果皮或果渣以及其他适当的可食用的植物为原料，经提取、精制而得到的食品添加剂果胶。果胶总半乳糖醛酸含量的高低反映提取果胶产品的质量，即反映果胶产品的纯度。果胶产品酰胺化度的含量，与果胶产品的凝胶性和流变特性有关。

三、试剂及材料

（1）无水乙醇。

（2）盐酸标准滴定溶液：0.5 mol/L 和 0.1 mol/L。

（3）氢氧化钠标准滴定溶液：0.1 mol/L 和 0.05 mol/L。

（4）盐酸－乙醇溶液：5 mL 盐酸溶液（2.7 mol/L）与 100 mL 乙醇溶液（3＋2）混合。

（5）乙醇溶液：3＋2。

（6）氢氧化钠溶液：0.5 mol/L 和 0.125 mol/L。

（7）氢氧化钠溶液：100 g/L。

（8）克拉克溶液：称取 100 g 硫酸镁（$MgSO_4 \cdot 7H_2O$）于烧杯中，加入 0.8 mL 硫酸定容至 180 mL。

（9）甲基红指示剂：1 g/L。

（10）酚酞指示剂：10 g/L。

四、实验步骤

（1）称取5 g 试样（精确至0. 0001 g），置于烧杯中，加入100 mL 盐酸 - 乙醇溶液，搅拌10 min。用干燥至恒重（m_0）的G3 砂芯漏斗过滤，真空抽吸滤干后用盐酸 - 乙醇溶液洗涤6 次，每次用15 mL，再用乙醇溶液冲洗数次直至滤出物不含氯离子，最后用20 mL 无水乙醇冲洗滤干，在105 ℃下干燥2 h，冷却后称重（m_1）。

（2）准确称取1/10 干燥后的样品，移入一个250 mL 具塞锥形烧瓶中，用2 mL 无水乙醇湿润。加入100 mL 新煮沸并冷却的水，加上瓶塞，不时转动至试样完全溶解，加5 滴酚酞指示剂，用0. 1 mol/L 氢氧化钠标准滴定溶液滴定，滴定至粉红色30 s 不褪色为终点，记录下所消耗的0. 1 mol/L 氢氧化钠标准滴定溶液的体积 V_1（初始滴定度）。加入20 mL 0. 5 mol/L 氢氧化钠溶液，加上瓶塞，用力振摇后静置15 min，加入20 mL 0. 5 mol/L 盐酸标准滴定溶液，振摇至粉红色消失，然后用0. 1 mol/L 氢氧化钠标准滴定溶液滴定，用力振摇至弱粉红色30 s 不褪色为终点，记录所消耗的0. 1 mol/L 氢氧化钠标准滴定溶液的体积 V_2（皂化滴定度）。定量移烧瓶中内容物至带有凯氏定氮球和水冷冷凝器的500 mL 蒸馏瓶中，冷凝器的导出管伸到装有150 mL 去除二氧化碳的水和20 mL 0. 1 mol/L 盐酸标准滴定溶液的混合液的接收瓶的液面下。向蒸馏瓶中加入20 mL 氢氧化钠溶液（100 g/L），封住连接处。先小心加热以避免产生过量泡沫，继续加热至收集到80 ～ 120 mL 的馏出液为止。向接收瓶中加入几滴甲基红指示剂，然后用0. 1 mol/L 氢氧化钠标准滴定溶液滴定过量的酸，滴定至亮黄色30 s 不褪色为终点，记录下所消耗的0. 1 mol/L 氢氧化钠标准滴定溶液的体积 S。用20 mL 0. 1 mol/L 盐酸标准滴定溶液做空白测定，记录所用0. 1 mol/L 盐酸标准滴定溶液的体积 B。记录酰胺滴定度 V_3（$=B-S$）。

（3）准确称取1/10 干燥后的样品于50 mL 烧杯中，用2 mL 无水乙醇湿润，加25 mL 0. 125 mol/L 氢氧化钠溶液使之溶解。静置1 h，在室温下搅拌，将此皂化样品移到50 mL 容量瓶中，以水定容。量取20 mL 此稀释液于蒸馏装置中，加入克拉克溶液20 mL（蒸馏器的蒸汽发生器与圆底烧瓶连接并连有冷凝管，蒸汽发生器与烧瓶带有加热装置）。先加热装有样品的蒸馏烧瓶，用量筒收集最初15 mL 馏出液，然后提供蒸汽继续蒸馏并用200 mL 烧杯收集150 mL 馏出液。定量混合两次馏出液，用0. 05 mol/L 氢氧化钠标准滴定溶液滴定至pH 为8. 5，记录所消耗的0. 05 mol/L 氢氧化钠标准滴定溶液的体积 A。同时以20 mL 水为空白，用0. 05 mol/L 氢氧化钠滴定标准溶液滴定至pH 为8. 5，记录所消耗的0. 05 mol/L 氢氧化钠标准滴定溶液的体积 A_0。记录醋酸酯滴定度 V_4（$=A-A_0$）。

（4）结果计算。

五、结果计算

（1）总半乳糖醛酸的含量 X 按公式（4 - 1）计算，非酰胺化果胶 V_3、V_4 为零。

$$X=\frac{19.41\times(V_1+V_2+V_3-V_4)}{m}\times100\% \tag{4-1}$$

式中　X——总半乳糖醛酸的质量分数，%；

V_1——初始滴定度，mL；

V_2——皂化滴定度，mL；

V_3——酰胺滴定度（$B-S$），mL；

V_4——醋酸酯滴定度（$A-A_0$），mL；

m——试样干燥并去灰分后的总质量的1/10，即$\frac{1}{10}$（m_1-m_0），mg。

（2）对于酰胺化果胶，酰胺化度X_3按公式（4-2）计算：

$$X_3=\frac{V_3}{V_1+V_2+V_3-V_4}\times 100\% \tag{4-2}$$

式中　X_3——酰胺化果胶占总量的质量分数（酰胺化度），%；

V_3——酰胺滴定度（$B-S$），mL；

V_1——初始滴定度，mL；

V_2——皂化滴定度，mL；

V_4——醋酸酯滴定度（$A-A_0$），mL。

实验结果以平行测定结果的算术平均值为准。在重复性条件下获得的两次独立测定结果的绝对差值不大于算术平均值的10%。

实验三　焦糖的制备及其性质

一、实验目的

通过实验了解非酶促褐变反应中的羰氨反应和焦糖化反应的作用机制，以及焦糖的性质和用途。

二、实验原理

焦糖色又称酱色，为一种浓红褐色的胶体物质，溶于水，水溶液呈红褐色，透明无浑浊或沉淀，具有特殊的焦糖风味。产品有液体和固体两种，是食品工业上用量最大、应用最广泛的食品着色剂之一，常用于调味品、罐头、糖果饼干及饮料等的着色。生产酱色的主要原料为淀粉糖、蔗糖、葡萄糖、糖蜜等。

焦糖色反应主要有两个途径：一是羰氨反应，又称美拉德反应（Maillard reaction），是指糖（含羰基化合物）与氮（含氨基）化合物共热所引起的反应。反应中褐变产色机理主要是羰氨缩合反应，包括分子重排、降解、脱水，反应体系中的中间产物发生醇醛缩合、生成的褐红色素随机缩合，最终形成结构复杂的高分子类黑色素三个阶段。二是焦糖化反应，是指糖类在没有含氨基化合物存在的情况下，加热至熔点以上，生成深红褐色色素物质的反应。在此反应中，糖类物质经一系列脱水、降解、分子重排及环构化作用、分子间缩聚等，最后生成相对分子质量较大的深红褐色物质。

食品加工与贮存过程中，常发生由于美拉德反应所形成的色泽：如酿造酱油在生产过程中色泽的形成，长时间贮存的酿造甜糯米酒、肉干、鱼干、脱水蔬菜色泽的褐变等。

焦糖色色率用 EBC 单位表示。根据欧洲啤酒酿造学会（European Brewery Convention，EBC）规定：用0.1%焦糖色（标准色），使用1 cm 比色皿，用可见光分光光度计于610 nm 波长处的吸光度为0.076时，相当于20 000 EBC 单位。

焦糖色具有等电点，其等电点随不同的制备条件而不同，当把焦糖色添加到不同性质的食品时，由于介质的酸碱度不同而导致液体出现絮凝、浑浊等现象。本实验通过把焦糖色添加到不同性质的介质溶液中，通过色率的检测比较，了解焦糖色的性质。

三、试剂及材料

（1）蔗糖、葡萄糖。

（2）5%甘氨酸：称取10 g 甘氨酸，加水溶解定容至100 mL。

（3）12%醋酸溶液：量取冰醋酸12 mL，加水稀释至100 mL。

（4）80%乙醇。

四、仪器设备

可见光分光光度计。

五、实验步骤

1. 焦糖制备

（1）称取蔗糖20.0 g 放入瓷蒸发皿中，加水1 mL，使用500 W 电炉，加垫石棉网，搅拌下缓慢加热糖液至170 ℃左右关闭电炉，利用电炉的余热使物料温度继续上升，在190～195 ℃温度下保温10 min（若温度下降则重新开启电炉），观察糖液颜色的变化。然后在加热的条件下，把约30 mL 的热水分多次慢慢加入焦糖液中，不断搅拌使之溶解（加水速度不宜过快，以免焦糖液结成硬块），冷却，加水定容至200 mL，可制得含10%焦糖的稀释液，过滤，编号为Ⅰ号。

（2）称取葡萄糖20 g 放入瓷蒸发皿中，加水2 mL，搅拌下缓慢加热糖液至125 ℃左右关闭电炉，待糖液温度上升至140 ℃时，小心加入1 mL 5%甘氨酸溶液，然后继续搅拌加热至155 ℃时，关闭电炉。借助电炉在155～165 ℃条件下保温10 min。按上述方法加热溶解，加水定容至200 mL。可制得含10%的焦糖稀释液，过滤，编号为Ⅱ号。

2. 焦糖色率（EBC 单位）测定

（1）用吸管分别吸取Ⅰ、Ⅱ号焦糖色1.0 mL，分别移入100 mL 容量瓶，加水稀释至刻度，配成0.1%样品稀释液，编号为Ⅲ、Ⅳ号。

（2）用分光光度计，以蒸馏水调零，用1 cm 比色皿，分别测定610 nm 波长处吸光值。

（3）结果计算：

$$X = \frac{A_{610} \times 20\,000}{0.076}$$

式中　X——焦糖色率（EBC 单位）；

A_{610}——波长 610 nm 时测定样品的吸光值；

0. 076——0. 1% 焦糖标准色在波长 610 nm 的吸光值。

（4）实验结果记录

样 品	A_{610}	EBC 单位
Ⅲ 号		
Ⅳ 号		

3. 不同条件下焦糖的色率比较试验

（1）吸取上述制备的Ⅰ、Ⅱ号焦糖稀释液 10 mL，分别定容至 100 mL，配成 1% 焦糖液Ⅴ号、Ⅵ号。

（2）取 8 根试管，按下表编号加入试剂。

管 号	1% 焦糖 Ⅴ/mL	1% 焦糖 Ⅵ/mL	水/mL	30% NaCl/mL	12% 醋酸/mL	80% 乙醇/mL	A_{510}
1	10		10				
2	10			10			
3	10				10		
4	10					10	
5		10	10				
6		10		10			
7		10			10		
8		10				10	

（3）把上表配置好的溶液以蒸馏水调零，在 510 nm 波长条件下测定其吸光值，比较不同介质条件下焦糖色的增色效果。

六、思考题

（1）何为酶促褐变和非酶促褐变？

（2）比较非酶促褐变过程中，焦糖化反应与美拉德反应形成色素的异同点。

（3）焦糖色作为食品添加剂可能用于哪方面食品中？

（4）举例说明食品加工过程中哪些工艺或措施是为了防止非酶促褐变发生的。

实验四 卵磷脂提取、鉴定及乳化特性实验

一、实验目的

学习提取卵磷脂的方法，了解卵磷脂的乳化特性性质。

二、实验原理

磷脂是分子中含磷酸的复合脂，分为磷酸甘油酯和鞘氨醇磷脂类，其醇类物质分别为甘油和鞘氨醇。磷脂酰胆碱属磷酸甘油酯，俗名为卵磷脂，在生物体内以及食品工业应用中起着重要的作用。卵磷脂是一种在动植物中分布很广的磷脂，植物的种子，动物的卵、脑及神经组织均含有，其中大豆中含量约为2.0%、卵黄中含量高达8%～10%。卵磷脂在细胞中以游离态或与蛋白质结合成不稳定的化合物存在，易溶于乙醇、乙醚、氯仿等有机溶剂，不溶于丙酮。本实验采用乙醇提取蛋黄中的卵磷脂。纯卵磷脂为白色的蜡状物，与空气接触后，因结构含不饱和脂肪酸被氧化后而呈黄色至黄棕色，粗制品中色素的存在可使之呈淡黄色。卵磷脂中的胆碱基在碱性条件下可分解成三甲胺，三甲胺有特异的鱼腥味，利用此性质可鉴别卵磷脂。卵磷脂在生物体中的作用是保持细胞膜的通透性，控制动物体内脂肝代谢，防止脂肪肝的形成。在食品工业中，卵磷脂广泛充当乳化剂、抗氧化剂和营养添加剂。

使互不相溶的两种液体中的一种呈微滴状分散在另一种液体中的作用称为乳化作用。这两种不同的液体称为“相”，在体系中量大的称为连续相，量小的为分散相，能使互不相溶的两相中的一相分散在另一相中的物质称为乳化剂。由卵磷脂的分子结构：

```
                                      O
                                      ‖
             O          CH2 — O — C — R1
             ‖           |
      R2 — C — O — CH            O
                         |            ‖
                        CH2 — O — P — O — CH2CH2 — N(CH3)3
                                      |                   |
                                      OH                  OH
```

可知卵磷脂分子中的 R_1 脂肪酸为硬脂酸或软脂酸，R_2 脂肪酸为油酸、亚油酸、亚麻酸及花生四烯酸等不饱和脂肪酸。脂肪酸残基端具有憎水性，其胆碱残基端具有亲水性，因此是一种天然的乳化剂。在乳化过程中，当少量的油与乳化剂一起在大量水中用高速搅拌混合机混合，油滴将以微滴状分散在水相中，在油滴的表面上乳化剂以亲油的非极性端相对，而以其亲水的极性端伸向水中。由于极性相斥，体系中微滴之间的斥力比相互间的引力要大，因而形成稳定的乳浊液。乳浊液的稳定性与系统中各组分间的比例、乳化剂种类及其用量、乳化的机械条件等密切相关。食品工业中，可从大豆油精炼过程

中获得廉价的卵磷脂。

三、试剂及材料

（1）95%乙醇。

（2）10%氢氧化钠溶液：称取10 g氢氧化钠固体，用蒸馏水溶解并稀释至100 mL。

（3）鸡蛋、花生油。

四、仪器设备

（1）电热恒温水浴锅。

（2）磁力搅拌器。

（3）高速电动搅拌机。

（4）摄像显微系统（由电脑、摄像头、显微镜、摄像控制软件组成）。

五、实验步骤

1. 卵磷脂的提取

选取新鲜鸡蛋一个，轻轻在鸡蛋一头击破一小孔，让蛋清从小孔流出，破壳取出蛋黄置小烧杯内，捣烂，搅拌下加入50 ℃ 95%乙醇60 mL，保温提取5 min，冷却过滤，将滤液移入瓷蒸发皿，水浴蒸干，残留物即为卵磷脂。

2. 卵磷脂的鉴定

（1）三甲胺试验。取少量本实验提取的卵磷脂于试管内，加入2 mL 10%氢氧化钠溶液，混匀，水浴加热，嗅之是否产生鱼腥味。

（2）丙酮溶解试验。加入约5 mL丙酮于装有卵磷脂提取物的瓷蒸发皿中，不断用玻璃棒搅拌，观察其在丙酮中的溶解情况。同时，这也是提纯卵磷脂的过程。

3. 乳化试验

（1）乳化液制备。按下表进行乳化液的制备。

序 号	蒸馏水/mL	花生油/mL	卵磷脂	乳化处理方法及处理时间
1	100	1	—	
2	100	1	适量	

（2）乳化效果摄像操作步骤。利用显微摄像系统观察油脂在水中的乳化效果并对乳化液与非乳化液进行摄像，根据油脂在水相中的分散情况，评价油脂乳化试验的效果。

①水平放置显微镜，开启并调节照明光源，装上合适的目镜，旋上适当的低倍物镜。

②用点滴管取少量乳化液滴在载玻片上，小心把盛有样品的载玻片放在光学显微镜的物台上，用标本固定夹固定。移动标本移动器，使观察的部位对准聚光器上面的透镜中心。

③上下移动显微镜的粗调旋钮，使物镜镜面至距离标本片最低的位置，但不能接触载玻片，以免损坏镜头或标本。

④用眼睛在目镜上观察，两手向上慢慢旋动粗调旋钮使显微镜上升至视野中出现较清晰的被检物。

⑤移动载片标本，寻找具有代表性的被检物点放在视野中心，反复调整微调旋钮使被检物至最清晰为止。

⑥把摄像头放入摄像连接管，拉开摄像光路开关，进入电脑摄像软件应用程序，把鼠标移至“USB2.0 相机”菜单，出现“连接”按钮，点击“连接”调整显微镜微粗细调旋钮至要检测的图像在视屏中清晰为止，点击“捉捕图像键”对图像进行摄像并保存图像。再点击“视屏键”可以返回图像观察状态，重新对另一图像进行摄像。

⑦测量摄像图中物体的大小：进入 DN－2 应用软件调出所存图片文件，点击“测量菜单”选择“线测量”键从测定物的起点拉动鼠标把测量连线连至测定物终点，从屏幕中可直接读出物体相关长度值（单位：μm），点击“融合”键将测量值标注在图片中，保存测量图片结果。

⑧打印分析摄像图谱。

（3）乳化结果记录。乳化液处理静置 15 min 后，观察比较各乳化实验结果并记录于下表。

乳化剂种类	油水分散处理方法及条件	描述油水乳化体系感官分析	描述显微镜观察油水乳化体系情况（油滴分散、大小等）
空白对照			
卵磷脂			

六、思考题

（1）向卵磷脂粗品添加丙酮的作用是什么？可去除何种杂质？

（2）乳化过程要形成稳定的乳浊液，可采用什么仪器方法实现？

（3）使用生物显微镜的操作要点是什么？

实验五　油脂过氧化物值的测定

一、实验目的

了解油脂过氧化物值测定的实验原理，学习其测定方法。

二、实验原理

油脂中的氧化物是油脂酸败的产物之一，生成的过氧化物将继续分解产生低级的醛和羧酸，这些物质使脂肪产生令人不愉快的臭感和味感，继续食用可能对机体产生不良影响。因此，过氧化物值是反映油脂酸败程度的重要卫生指标之一。

油脂过氧化物值的测定是根据油脂中所含过氧化物与碘化钾作用，生成游离碘，以硫代硫酸钠标准溶液滴定游离的碘，根据滴定消耗硫代硫酸钠标准溶液的体积，定量计算油脂中过氧化物值的含量。反应式如下：

$$R-CH=CH-\underset{\displaystyle COOH}{\underset{|}{CH}}-CH_2-R'+2KI \xrightarrow{H^+} R-CH=CH-\underset{\displaystyle OH}{\underset{|}{CH}}-CH_2-R'+I_2+K_2O$$

$$I_2+2Na_2S_2O_2 \longrightarrow Na_2S_2O_2+2NaI$$

三、试剂及材料

（1）饱和碘化钾溶液：称取 14 g 碘化钾，加 10 mL 水溶液。必要时微热加速溶解，冷却后贮存于棕色瓶中。

（2）三氯甲烷冰醋酸混合液：量取 40 mL 三氯甲烷，加 60 mL 冰醋酸，混匀。

（3）0. 002 mol/L 硫代硫酸钠标准溶液（临用时用 0. 1 mol/L 硫代硫酸钠标准溶液稀释配置）。

（4）1 g/100 mL 淀粉指示剂：将可溶性淀粉 1 g 加 20 mL 水调成浆状，倒入 80 mL 沸水中，连续煮沸至溶液呈透明，冷却备用。

四、实验步骤

准确称取 2 ～ 3 g 混匀的待测油样，置于 250 mL 碘量瓶中，加 30 mL 三氯甲烷冰醋酸混合液，使样品完全溶解，加入 0. 1 mL 饱和碘化钾溶液。紧密盖好瓶盖并轻轻振摇 0. 5 min，然后暗处放置 3 min，取出加水至 100 mL，摇匀。立即用 0. 002 mol/L 硫代硫酸钠标准溶液滴定，至淡黄色时，加 1 mL 淀粉指示剂。继续滴定至蓝色消失为终点。

取相同量三氯甲烷冰醋酸溶液、碘化钾溶液、水按同一方法，做试剂空白实验。

五、结果计算

$$X = \frac{(V_1 - V_2) \times c \times 0.1269}{m} \times 100$$

式中 X——样品过氧化值，g/100 g；

V_1——样品消耗硫代硫酸钠标准溶液的体积，mL；

V_2——试剂空白消耗硫代硫酸钠标准溶液的体积，mL；

c——硫代硫酸钠标准溶液之物质的量的浓度，mol/L；

m——样品质量，g；

0.1269——1 mol/L 硫代硫酸钠 1 mL 相当于碘的质量，g。

结果表述为算术平均值，保留两位有效数字。

六、问题讨论与说明

滴定终点出现回退现象，如果不是很快变蓝（5 ～ 10 min），可以认为是空气中的氧化作用所造成，不影响结果；如果很快变蓝，说明硫代硫酸钠和碘的反应进行得不完全，需继续补加硫代硫酸钠的量或重做实验。

实验六　油脂酸价的测定

一、实验目的

了解油脂酸价测定的实验原理，学习油脂酸价测定的实验方法。

二、实验原理

脂肪在空气中暴露较久，或长期贮存于不适宜条件下，部分脂肪被水解产生游离的脂肪酸及醛类，某些小分子的游离脂肪酸（如丁酸）及醛类都有酸臭味，这种现象称为油脂的酸败。油脂酸败的程度是以游离脂肪酸的多少为指标，每克油脂消耗氢氧化钾的毫克数，称为酸价。油脂工业常用酸价来表示油料作物及油脂的新鲜、优劣程度。

油脂中的游离脂肪酸与氢氧化钾发生中和反应，从氢氧化钾标准溶液消耗的量可计算出游离脂肪酸的含量。反应如下：

$$RCOOH + KOH \longrightarrow RCOOK + H_2O$$

三、试剂

（1）酚酞指示剂：1% 乙醇溶液。

（2）乙醚 - 乙醇混合液：按乙醚、乙醇体积比 2∶1 混合。用 0.1 mol/L 氢氧化钾溶液中和直到酚酞指示剂呈中性。

（3）0.1 mol/L 氢氧化钾标准溶液。

四、实验步骤

准确称取 3 ～ 5 g 样品，置于锥形瓶中，加入 50 mL 中性乙醚 - 乙醇混合液，振摇使油脂溶解，必要时可置热水中，温热促其溶解。冷至室温，加入酚酞指示剂 2 ～ 3 滴，以 0. 1 mol/L 氢氧化钾标准溶液滴定至初现淡红色，且 0. 5 min 内不褪色为终点。

五、结果计算

$$X = \frac{V_1 \times c \times 56.11}{m}$$

式中　X——样品的酸价；

V_1——样品消耗氢氧化钾标准溶液的体积，mL；

c——氢氧化钾标准溶液浓度，mol/L；

m——样品质量，g；

56. 11——氢氧化钾的摩尔质量，g/mol。

结果表述为算术平均值，保留两位有效数字。

实验七　蛋白质的盐析透析

一、实验目的

了解蛋白质的沉淀作用，加深对影响蛋白质胶体分子稳定性因素的认识。学习透析的基本原理和方法。

二、实验原理

水溶液中蛋白质分子由于表面生成水化层及蛋白质分子上某些基团离子化而使蛋白质分子表面带有电荷，增加了水化层的厚度而成为稳定的亲水胶体颗粒，水膜和电荷一旦被除去，蛋白质颗粒将由于失去电荷和脱水而发生沉淀。

向蛋白质溶液中加入无机盐（如硫酸铵、硫酸镁、氯化钠等）后，蛋白质便从溶液中沉淀析出，这种沉淀作用称为蛋白质盐析。其过程是一个可逆过程，当除去引起蛋白质沉淀的因素后，被盐析的蛋白质可重新溶于水中，其天然性质不发生变化。

用不同浓度的盐可将不同种类蛋白质从混合溶液中分别沉淀的过程，称为蛋白质的分级盐析。例如，蛋清溶液中的球蛋白可被半饱和的硫酸铵溶液沉淀提取，饱和的硫酸铵溶液可使清蛋白沉淀析出。因此，盐析法常被用于分离和提取各种蛋白质及酶制剂。

透析是利用小分子能通过而大分子不能透过半透膜的原理，把不同性质的物质彼此分开的一种手段。透析过程中因蛋白质分子体积很大，不能透过半透膜，而溶液中的无机盐小分子则能透过半透膜进入水中，不断更换透析用水即可将蛋白质与小分子物质完全分开。蛋白质和酶的盐析提取过程，常用此法使之脱盐。

如果透析时间过长，可在低温条件下进行，以防止微生物滋长、样品变质或降解。透析袋材料通常为火棉胶，现已有商品化透析袋。

利用硝酸银对透析用水的结果进行检验，如果没有了白色沉淀，则可以停止透析。其反应式为

$$Cl^- + Ag^+ \longrightarrow AgCl\downarrow$$

（来源于透析用水）（加入试剂）

利用双缩脲反应可以检测蛋白质是否被透析出来：

$$\text{蛋白质} + CuSO_4 \xrightarrow{OH^-} \text{有色复合物} + Na_2SO_4$$

（二肽以上） （紫红色）

三、试剂及材料

（1）10%蛋清溶液：选取新鲜鸡蛋，轻轻在蛋壳上击破一小孔，取出蛋清，按新鲜鸡蛋清1份，0.9%氯化钠溶液9份的比例稀释配制蛋清液，混匀，用四层纱布过滤后备用。

（2）饱和硫酸铵溶液：称取76.6 g硫酸铵溶于100 mL 25 ℃蒸馏水中。

（3）固体硫酸铵。

（4）氯化钠蛋清溶液：取一个鸡蛋清蛋白，加入100 mL 30%氯化钠溶液、250 mL蒸馏水混合均匀后，四层纱布过滤。

（5）1%硝酸银：称取1 g硝酸银，溶解于100 mL水中，贮存于棕色瓶。

（6）透析袋。

四、实验步骤

1. 蛋白质盐析

（1）取两支试管，分别加入10%蛋清溶液5 mL，饱和硫酸铵5 mL，静置5 min，观察有无沉淀物产生，判断沉淀物为何物。

（2）取其中一支试管，用点滴管弃去上清液，加水至沉淀物中，观察沉淀是否会再溶解，说明沉淀反应是否可逆。

（3）用滤纸把另一支试管的沉淀混合物过滤，向滤液中添加固体硫酸铵至溶液饱和，注意观察溶液是否有蛋白质沉淀产生，此沉淀又为何物？注意：把溶液中硫酸铵固体沉淀与蛋白质沉淀区别开来。

2. 蛋白质透析

（1）透析。把10 mL氯化钠蛋清液注入透析袋内，扎紧透析袋顶部，系于一横放在盛有蒸馏水的烧杯的玻璃棒上，调节水位使透析袋完全浸没在蒸馏水中。

（2）透析情况检验。

①无机盐透析检验：透析10 min后，自烧杯中取透析用水2 mL于试管中，用1%硝酸银检验氯离子是否被透析出。

②蛋白质透析检验：自烧杯中另取透析用水 2 mL 于试管中，加入 2 mL 10% 氢氧化钠溶液，摇匀，再加 1% 硫酸铜数滴，进行双缩脲反应，检验蛋白质是否被透析出。

③不断更换烧杯中的蒸馏水以加速透析进行，经数小时，至烧杯中的水不再检出氯离子为止，表明透析完成。因为蛋清溶液中的清蛋白不溶于纯水，此时可观察到透析袋中有蛋白沉淀出现。

五、思考题

（1）制作透析袋时能否采用热风干燥加速其成膜？为什么？

（2）高浓度的硫酸铵对蛋白质溶解度有何影响？为什么？

（3）试述盐析与透析在蛋白质、生物酶提取纯化中的意义。

（4）蛋白质可逆沉淀反应与不可逆沉淀反应的区别在哪里？举例说明。

实验八　氨基酸纸电泳分离鉴定

一、实验目的

通过电泳分离氨基酸，了解氨基酸的性质以及电泳分离技术的应用。

二、实验原理

带电粒子（胶体或分子）在直流电场作用下，能向异性电极迁移，这种现象称为电泳。带电粒子之所以能在电场的作用下迁移，是因为在一定 pH 环境条件下，不同的物质所带的电荷种类、数量不同，在一定的电场作用下，就以不同的速度向不同的电极方向移动，从而达到分离混合物和鉴定未知物的目的。带电粒子在电场内移动的方向及电泳速度，除了取决于粒子的相对分子质量和电荷量外，还与电场强度、溶液 pH、缓冲溶液的离子强度以及电渗等因素有关。

电泳是离子在电场中通过介质的移动，按支持介质的不同可分为：①纸电泳：以滤纸、玻璃纤维等为支持物；②凝胶电泳：以聚丙烯酰胺凝胶、琼脂糖凝胶、淀粉凝胶等为支持物；③薄膜电泳：以醋酸纤维素为支持物。氨基酸分离选用滤纸为支持介质进行电泳。

氨基酸在水溶液中通常解离成两性离子，它在酸性和碱性介质中的变化可用下式表示：

$$\underset{\displaystyle |\atop \displaystyle NH_2}{\mathrm{R-CH-COO^-}} \underset{OH^-}{\overset{H^+}{\rightleftharpoons}} \underset{\displaystyle |\atop \displaystyle {}^+NH_3}{\mathrm{R-CH-COO^-}} \underset{OH^-}{\overset{H^+}{\rightleftharpoons}} \underset{\displaystyle |\atop \displaystyle {}^+NH_3}{\mathrm{R-CH-COOH}}$$

在酸性介质中，氨基酸主要以阳离子状态存在，电泳时向负极移动；在碱性介质中，氨基酸主要以阴离子状态存在，电泳时向正极移动。当介质的 pH 值为氨基酸的等电点时，氨基酸以中性偶极离子存在，电泳时不向正、负电极移动。

实验在 pH 5.9 的缓冲溶液中进行，在一张被 pH 5.9 缓冲溶液所湿润的滤纸的两端加上直流电压，在电场的作用下，加在滤纸支持介质上的各种氨基酸样品，由于所带电荷性质不同，分别向正负极方向移动，电泳体系缓冲溶液偏离氨基酸的等电点越远，氨基酸所带的电荷越多，离子移动的速度也就越快，因各氨基酸迁移的速度均不相同，从而达到分离的目的。

三、试剂及材料

（1）pH 5.9 的 0.025 mol/L 邻苯二甲酸氢钾－氢氧化钠缓冲溶液：称取邻苯二甲酸氢钾 5.1 g，加水至 950 mL，用氢氧化钠溶液调整 pH 为 5.9，补水至 1000 mL。

（2）氨基酸溶液：0.5% 亮氨酸、0.5% 赖氨酸、0.5% 天门冬氨酸。

（3）氨基酸混合液。

（4）氨基酸显色液：0.1% 茚三酮丙酮溶液。

四、仪器设备

中压电泳仪、电泳槽。

五、实验步骤

（1）电泳滤纸的裁剪。取层析滤纸裁成 250 mm × 25 mm 的滤纸条，用铅笔在滤纸的中心位置标记样品电泳时的起始位置，在滤纸的两端标上正负极符号。如下图所示。

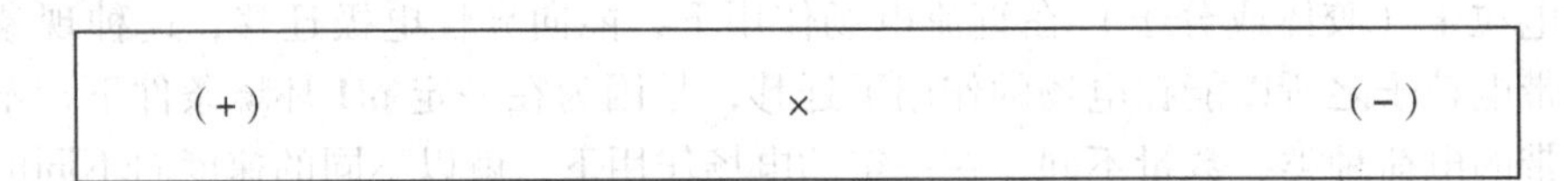

（2）向电泳槽添加适量的缓冲溶液，要求两槽缓冲液液面保持同一水面。

（3）接上电泳仪主机，中压条件下预热 10 min。关闭电泳仪电源。

（4）用 pH 5.9 缓冲液湿润滤纸条，然后用电吹风把多余的缓冲液吹干，把滤纸条按正负极方向横架于电泳槽的支位上，滤纸面尽量绷直，滤纸两端下垂紧贴在定位板，末端浸入缓冲液约 10 mm 深。注意：滤纸条不应接触电极，两滤纸间应保持一定间距。

（5）用微量进样器吸取氨基酸样品 4 μL，一次把样品点在滤纸的起始点（×）上，然后正确连接主机与电泳槽的正负极连线，盖上电泳槽盖子。

（6）开启主机电源，调整电泳电压至 300 V，记录电泳初始电压。注意电泳过程电流的变化，如电泳电流接近仪器的最大额定工作电流时，可把电压略调低使电流不超过 20 mA。

（7）30 min 后电泳结束，记录电泳终止电压，关闭电源，迅速把滤纸条从电泳槽中取出，用电吹风吹干滤纸上的缓冲溶液。

（8）用喷雾器对滤纸均匀喷洒茚三酮显色剂，立即用热风吹干，在滤纸上可显示清晰的氨基酸显色斑点。

标记电泳图谱氨基酸斑点位置，分析判断为何种氨基酸。

注：在纸电泳中，由于滤纸常含有一定量的羧基而带负电荷，采取措施使与纸相接

触的水溶液带正电荷，使液体向负极移动。此时，粒子实际电泳的速度是粒子本身电泳速度与由于水溶液移动而产生电渗速度的叠加。因此，若粒子原来向负极移动，则表面速度将比电泳速度快；若原来向正极移动，则表面速度将比电泳速度慢。所以，中性物质有时在电场中也可能向负极移动。

六、实验结果讨论分析

要求绘出电泳谱图，分析各氨基酸向正负极移动的原理。

七、思考题

（1）实验中若电泳缓冲液的 pH 改变为 2.9，电泳图谱各氨基酸斑点的位置将发生什么变化？

（2）蛋白质 A 的 pI = 5.5，蛋白质 B 的 pI = 6.9，电泳介质 pH = 7.0，电泳时各蛋白向哪个电极方向迁移？为什么？

（3）记录电泳过程中电参数的变化有何意义？

（4）实验中哪些步骤须除去滤纸多余的缓冲液或须对滤纸进行热风干燥，其目的是什么？

实验九　Folin－酚法测定蛋白质含量

一、实验目的

了解 Folin－酚法测定蛋白质含量的原理，掌握 Folin－酚法测定蛋白质含量的分析方法。

二、实验原理

用化学法测定蛋白质含量的方法主要有凯氏定氮法、双缩脲比色法、Folin－酚比色法、考马斯亮蓝比色法等。凯氏定氮法多用于贮存蛋白的测定；其余几种方法常用于可溶性蛋白的含量分析，它们具有操作简便、迅速，可适合一般实验要求的特点。其中，Folin－酚法比双缩脲法灵敏 100 倍，与考马斯亮蓝比色法灵敏度相似，但选用时应考虑干扰物对检测方法的影响。

Folin－酚试剂由甲、乙两部分组成，其作用机理是：首先蛋白质中的肽键与碱性铜盐产生双缩脲反应，生成铜－蛋白质复合物；然后该复合物还原磷钼酸－磷钨酸试剂，产生蓝色反应，其呈色强度与蛋白质含量成正比。

所测定蛋白质样品中若含有酚及柠檬酸均会对实验产生干扰。浓度较低的尿素（约 0.5%）、三氯乙酸（约 0.5%）、乙醇（5%）、丙酮（0.5%）等溶液对显色无影响。若样品酸度较高，需提高碳酸钠－氢氧化钠溶液浓度 1 ～ 2 倍。

三、试剂和仪器

（一）试剂

1. 酪蛋白标准溶液

称取 50 mg 酪蛋白（预先用凯氏定氮法测定蛋白质含量），加 30 mL 0.05 mol/L 氢氧化钠溶液，于磁力搅拌器下溶解，补加 0.05 mol/L 氢氧化钠溶液至 100 mL。酪蛋白含量 0.5 mg/mL。

2. Folin－酚试剂

试剂甲：①4%（质量分数，下同）碳酸钠；②0.2 mol/L 氢氧化钠；③ 1% 硫酸铜；④ 2% 酒石酸钾钠溶液。使用前，将①与②以等体积混合配制成碳酸钠－氢氧化钠溶液；③与④以等体积混合，配成硫酸铜－酒石酸钾钠溶液；然后将这两种溶液以 50∶1 的体积混合，即为 Folin－酚试剂甲。该试剂只能用一天，过期失效。

试剂乙：在 1000 mL 磨口回流装置内加入 50 g 钨酸钠（$Na_2WO_4 \cdot 2H_2O$）、12.5 g 钼酸钠（$Na_2MoO_4 \cdot 2H_2O$）、350 mL 85% 磷酸、50 mL 浓盐酸，混匀。用 1000 W 可调电炉加热，保持微沸回流 10 h。回流完毕，稍冷，加入 75 g 硫酸锂、25 mL 蒸馏水，混匀溶解后，加入 6 ～ 7 滴溴，开口继续沸腾 15 min，以便驱除过量的溴。冷却后补水至 500 mL，溶液呈金黄色，存于棕色瓶中备用。4 ℃中冷藏可长期使用。

使用时，需以酚酞为指示剂，用标准 1 mol/L 氢氧化钠标定，而后适当稀释，使最后酸浓度为 1 mol/L，此试剂为 Folin－酚试剂乙。4 ℃中冷藏可长期使用。

（二）仪器

分光光度计；电热恒温水浴锅。

四、实验步骤

1. 样品处理

提取的酶液或可溶性蛋白质溶液，经过滤或离心处理，上清液备用。

2. 酪蛋白标准曲线绘制

管 号	0	1	2	3	4	5
蛋白质标准溶液/mL	0	0.2	0.4	0.6	0.8	1.0
相当于蛋白质质量/mg	0	0.1	0.2	0.3	0.4	0.5
蒸馏水/mL	1.0	0.8	0.6	0.4	0.2	0
Folin－酚甲/mL	5.0	5.0	5.0	5.0	5.0	5.0
摇匀，室温下放置 10 min						
Folin－酚乙/mL	0.5	0.5	0.5	0.5	0.5	0.5
立即摇匀，30 ℃保温 30 min						
A_{500}						

使用1 cm比色皿，在500 nm波长条件下，以试剂空白调零，测定各管的吸光值。

以A_{500}为纵坐标，标准蛋白质含量为横坐标，绘制标准曲线；并用回归法计算，求出以A_{500}为自变量、酪蛋白质量浓度为因变量的直线方程。

3．样品测定

采用上述蛋白质标准曲线的测定方法，同时测定样品蛋白质质量浓度。

五、结果计算

$$蛋白质质量浓度 = \frac{m}{V}\ (mg/mL)$$

式中　m——检测样品A_{500}值对应标准曲线的蛋白质质量，mg；

V——相当于检测样品的体积，mL。

六、注意事项

（1）Folin－酚试剂乙配制时，烧瓶内应加沸石，防止暴沸，反应过程中溶液呈黄绿色，加溴后，溶液呈黄色。

（2）标定Folin－酚试剂乙时，用氢氧化钠滴定Folin－酚试剂乙的终点不易掌握。可用Folin－酚乙试剂滴定标准氢氧化钠溶液，以酚酞为指示剂，当被滴定的溶液颜色由红色变为紫红、灰色，再突然转变为墨绿色时，即为滴定终点。

（3）比色测定时，加Folin－酚试剂乙要特别注意，因为Folin－酚试剂乙仅在酸性条件下稳定，但显色还原反应是在pH 10的情况下发生的，故当Folin－酚试剂乙加到碱性的铜－蛋白质溶液中时，必须立即混匀，以便在磷钼酸－磷钨酸试剂被破坏之前，还原反应即能发生。

（4）检验过程中，添加试剂次数较多，应注意加量的准确性，使最终体积保持一致，以避免实验误差。

七、思考题

（1）哪些因素可干扰Folin－酚法测定蛋白质含量？

（2）作为标准蛋白的酪蛋白在应用时有何要求？为什么？

（3）测定时应使待测样品的蛋白质含量在标准曲线范围内，若超出此范围，样品需做何处理？

实验十　考马斯亮蓝染料比色法测定蛋白质含量

一、实验目的

了解考马斯亮蓝法（Bradford）测定蛋白质含量的原理，掌握其测定方法。

二、实验原理

考马斯亮蓝 G250 是一种蛋白质染料，在酸性溶液中为黄褐色，当它与蛋白质的碱性氨基酸（特别是精氨酸）和芳香族氨基酸结合，并通过疏水相互作用与蛋白质结合后，变为蓝色，且在一定的蛋白质浓度范围内符合比尔定律，在 595 nm 波长处有最大吸收峰，可用于可溶性蛋白质的定量测定。此法不受酚类、游离氨基酸和小分子肽的影响。在 0.01 ～0.1 mg/mL 蛋白质含量范围内均可使用。

三、试剂

（1）牛血清蛋白标准溶液：配制 0.5 mg/mL 牛血清蛋白溶液。

（2）考马斯亮蓝染色液：称取考马斯亮蓝 G250（Coomassic Brilliant Blue G250）100 mg 溶于 50 mL 95% 乙醇中，加 100 mL 85% 磷酸，加水稀释至 1000 mL，滤去不溶物，置于 4 ℃环境中保存。若不加水可长期保存，用前稀释。

四、仪器

分光光度计。

五、实验步骤

1. 牛血清标准蛋白标准曲线绘制

管 号	0	1	2	3	4	5
牛血清蛋白/μL	0	20	40	60	80	100
相当于蛋白质质量/mg	0	0.01	0.02	0.03	0.04	0.05
补蒸馏水至 0.5 mL						
考马斯亮蓝染色液/mL	3	3	3	3	3	3
摇匀，室温下放置 10 min，用 1 cm 比色皿，在 595 nm 波长测定吸光值						
A_{595}						

2. 样品测定

吸取一定体积未知浓度的蛋白质溶液，用测定标准曲线的方法测定其 595 nm 波长处的吸光值，与标准曲线作对照，求出样品蛋白质含量。

六、结果计算

以 A_{595} 为横坐标、牛血清蛋白质量（mg）为纵坐标，作标准曲线；或用回归法计算，求出以 A_{595} 为自变量、牛血清蛋白质量（mg）为因变量的回归方程。

$$\text{蛋白质质量浓度} = \frac{m}{V} \ (\text{mg/mL})$$

式中 m——检测样品 A_{595} 值对应标准曲线的蛋白质质量，mg；

V——测定时吸取的样品体积，mL。

七、注意事项

（1）高浓度的 Tris、EDTA、尿素、甘油、蔗糖、丙酮、硫酸铵和去污剂对测定有干扰。

（2）样品缓冲液浓度过高时，改变测定液的 pH 值会影响显色。

（3）考马斯亮蓝染色能力强，所用比色皿应及时清洗，否则会污染比色皿，影响吸光值测定。切不可使用石英比色皿测定。

（4）本法亦适用于微孔板测定，测定时可用 20 μL 蛋白样品与 200 μL 考马斯亮蓝染色液混合，加入微孔板中测定。对基于滤光器的酶标仪，可用 560 ~ 610 nm 波长进行检测。

八、思考题

（1）做好本实验的关键是什么？

（2）与 Folin-酚测定蛋白质含量的方法相比较，两者的使用范围有何差异？

实验十一　紫外吸收法测定蛋白质浓度

一、实验目的

了解紫外吸收法测定蛋白质浓度的原理，学习其测定方法。

二、实验原理

由于蛋白质存在含有共轭双键的酪氨酸和色氨酸，因此具有吸收紫外光的性质，在 280 nm 波长处有最大吸收峰，一定浓度的蛋白质溶液的吸光值与其浓度呈正比，可作定性定量测定。

紫外吸收法操作简便快捷，低浓度的盐类对测定无干扰，在生化研究中应用广泛。尤其适合监测柱层析分离酶、蛋白质样品的洗脱情况。

三、试剂和仪器

（一）试剂

标准蛋白质溶液，任选一种。

（1）牛血清白蛋白标准溶液：用水配成 1 mg/mL 溶液。必要时用凯氏定氮法校正其纯度。

（2）卵清蛋白标准溶液：用 0.9% NaCl 溶解卵清蛋白配成 1 mg/mL 溶液。必要时用凯氏定氮法校正其纯度。

（二）仪器

紫外分光光度计。

四、实验步骤

取一定体积待测样品，以相应的溶液作为空白对照，选用1 cm石英比色皿，于280 nm波长下测定吸光值。与蛋白质标准样对照，计算样品的蛋白质浓度。

五、注意事项

（1）蛋白质的紫外吸收峰因pH的改变而有变化，故测定时应注意pH的控制。

（2）对于测定与标准蛋白质中酪氨酸和色氨酸含量差异较大的蛋白质，会产生一定误差。所以进行定量测定时，本法适用于测定与标准蛋白质氨基酸组成相似的蛋白质。

实验十二 测定蔗糖酶活力

一、实验目的

了解蔗糖酶的性质及3,5-二硝基水杨酸比色法测定蔗糖酶活力的实验原理，熟练掌握其测定方法。

二、实验原理

蔗糖酶是水解酶。蔗糖在蔗糖酶的作用下，水解为*D*-葡萄糖与*D*-果糖。酵母细胞含丰富的蔗糖酶（胞内酶），细胞破壁后释放出的蔗糖酶可以从果糖末端切开蔗糖的糖苷键，使蔗糖水解生成葡萄糖和果糖。葡萄糖和果糖是还原糖，可通过3,5-二硝基水杨酸比色法进行定量测定。

蔗糖酶活力定义为：在35 ℃实验缓冲液条件下，每3min释放1mg还原糖的酶量为1酶活单位。酶活力高，单位时间内水解蔗糖生成还原糖的量就大。根据还原糖生成量的大小，可度量酶活力的高低。由于蔗糖酶在碱性条件下极易失活，所以可用碱终止酶解反应。

3,5-二硝基水杨酸定糖法实验原理：利用3,5-二硝基水杨酸试剂和还原糖共热后被还原成棕红色的氨基化合物，在520 nm波长处有最大吸收峰，并在一定范围内其吸光度与还原糖含量呈线性关系，可用于还原糖的定量测定。

三、试剂

（1）3,5-二硝基水杨酸试剂（DNS）。

甲液：溶解6.9 g结晶酚于15.2 mL 10% NaOH中，并用水稀释至69 mL，在此溶液中加 6.9 g $NaHSO_3$。

乙液：称取 255 g 酒石酸钾钠置于 300 mL 10% NaOH 中，再加入 880 mL 1% 的 3,5－二硝基水杨酸溶液。

将甲、乙两溶液混合即得到颜色呈黄色的使用液，贮于棕色瓶中，室温下放置 7 ～ 10 天后使用。

（2）葡萄糖标准使用液（1 mg/mL）：称取干燥的葡萄糖 0.1 g，溶于水并定容至 100 mL。

（3）5% 蔗糖溶液：称取 5 g 蔗糖，用 pH 5.5 的 0.1 mol/L 醋酸－醋酸钠缓冲溶液配置成 100 mL。

（4）1 mol/L NaOH 溶液。

四、主要仪器

（1）电热恒温水浴锅。

（2）封闭电炉。

（3）可见光分光光度计。

（4）秒表或手表。

五、实验步骤

1. 葡萄糖标准工作曲线绘制

比色管号	0	1	2	3	4	5
葡萄糖标准溶液/mL	0	0.15	0.30	0.45	0.60	0.75
相当于葡萄糖质量/mg	0	0.15	0.30	0.45	0.60	0.75
水/mL	1.0	0.85	0.70	0.55	0.40	0.25
DNS 试剂/mL	1.50	1.50	1.50	1.50	1.50	1.50
摇匀，于沸水浴中加热 5 min，迅速冷却，加水定容至 25 mL						
A_{520}						

使用 1 cm 比色皿，在 520 nm 波长条件下，以试剂空白管溶液为参比，测定各管吸光值。以 A_{520} 为纵坐标，葡萄糖质量为横坐标绘制标准曲线；并用回归法计算求出以 A_{520} 为自变量、葡萄糖质量（mg）为因变量的直线方程。

2. 酶解反应液制备

（1）吸取待测样品 2.0 mL 于试管 1 中，加入 1 mL 1 mol/L NaOH 灭酶，为对照管酶液。

（2）另吸取待测样品 2.0 mL 于试管 2。

（3）将 1、2 号试管，以及 5% 蔗糖试剂放入 35 ℃水浴中预热 10 min。

（4）分别吸取 2.0 mL 经预热的 5% 蔗糖溶液加入试管 1、2 中，立即计时，酶解反应 3 min，然后迅速向试管 2 加入 1 mol/L NaOH 1 mL 灭酶，摇匀，为酶解反应制备液。

3. 比色法测定酶解反应液还原糖的含量

分别从上述酶解反应试管 1 和试管 2 中吸取等体积的溶液，置于 25 mL 比色管 1 和 2 中，补加蒸馏水至 1.0 mL，加入 DNS 试剂 1.5 mL，摇匀，于沸水中加热 5 min，冷却，加水定容至 25 mL，以 1 号比色管溶液为参比，测定 2 号比色管溶液的 A_{520} 值（若测定的 A_{520} 值超出葡萄糖标准曲线取值范围，则应重新取样测定）。与葡萄糖标准曲线比较，求出酶解反应液中蔗糖酶水解蔗糖产生的还原糖含量。

实验结果记录：

实验序列	比色管 1 号	比色管 2 号
对照管酶液/mL		—
酶解反应制备液/mL	—	
补加蒸馏水至 1 mL		
DNS 试剂/mL	1.5	1.5
摇匀，于沸水浴中加热 5 min，迅速冷却，加水定容至 25 mL		
A_{520}	0	
蔗糖酶活力/(U · mL^{-1})	0	

六、结果计算

$$蔗糖酶活力 = \frac{A_{520}\text{相当的葡萄糖毫克数}}{2 \times V} \times 5 \ (\text{U/mL})$$

式中 V——比色测定时样品取样体积（mL）。

七、注意事项

在定糖实验中，不当的操作易引起较大的误差，所以加入 DNS 试剂时，应尽量准确无误地加至试管底部，并控制沸水浴加热反应时间。

八、思考题

（1）蔗糖酶活力测定时，1 号试管溶液并未进行酶促反应，但加入定糖试剂加热后，溶液仍呈现红棕色，原因何在？

（2）酶活测定时以 1 号比色管溶液为参比调节分光光度计零点的目的是什么？用测葡萄糖标准曲线的试剂空白管为参比可以吗？为什么？酶活力计算公式有何差异？

实验十三 果蔬中过氧化物酶活力测定

一、实验目的

了解过氧化物酶的生物氧化作用，学习过氧化物酶的测定方法。

二、实验原理

过氧化物酶属氧化还原酶，能催化底物过氧化氢对某些物质的氧化。反应中的供氢体可为各种多元酚（对－甲酚、愈创木酚、间苯二酚）或芳香族胺（苯胺、联苯胺、邻苯二胺）以及 $NADH_2$、$NADFH_2$。其作用机理可分为以下几步：

第一步　形成酶－底物复合物Ⅰ

过氧化物酶 + H_2O_2 ⟶酶·复合物Ⅰ

第二步　酶·复合物Ⅰ转变成褐色的酶·复合物Ⅱ

酶·复合物Ⅰ + AH ⟶酶·复合物Ⅱ + A

注：AH 表示还原型供氢体。

第三步　酶·复合物Ⅱ被还原，释放酶

酶·复合物Ⅱ + AH ⟶过氧化物酶 + A + H_2O_2

在一定条件下，酶·复合物Ⅱ可生成产物（P）同时释放出酶，亦可与过量的过氧化氢形成稳定的复合物Ⅲ：

酶·复合物Ⅱ + H_2O_2 ⟶酶·复合物Ⅲ

本实验以愈创木酚为供氢体，H_2O_2 为氢的受体，愈创木酚在过氧化物酶催化作用下被氧化后，生成褐色的产物，由于酶活力大小与产物颜色的深浅成正比，在 470 nm 波长下测定其吸光值，可求出过氧化物酶的活力。

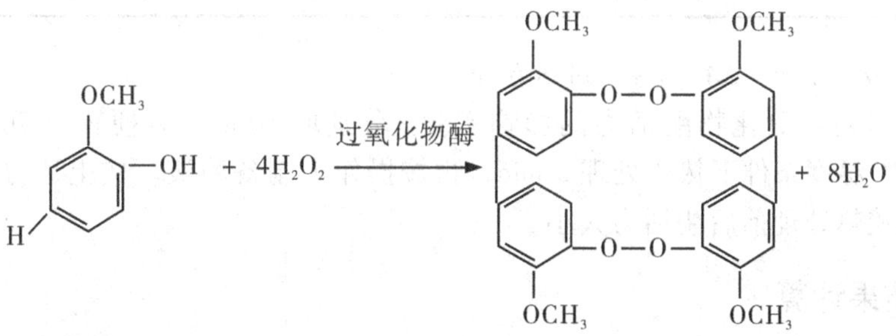

愈创木酚 + $4H_2O_2$ ⟶（过氧化物酶）四邻甲氧基联酚 + $8H_2O$

愈创木酚　　四邻甲氧基联酚

以每分钟吸光度的变化值表示过氧化物酶活力大小，即以每克每分钟吸光度变化值 A_{470} 计算。测定过氧化物的实际意义在于，过氧化物广泛存在于植物组织中，在果蔬加工过程中的主要作用包括两个方面：①过氧化物酶氧化作用与果蔬原料特别是非酸性蔬菜在保藏期产生不良风味有关；②过氧化物酶属最耐热的酶类，在果蔬加工时果蔬中过氧化物酶活力大小常被用作衡量果蔬热处理灭酶是否充分的指标，因为当果蔬中的过氧化物酶在热烫中失活时，表明其他酶以活性形式存在的可能性已达到最小。

三、试剂及材料

（1）30% 过氧化氢。

（2）愈创木酚。

（3）20 mmol/L 磷酸二氢钾溶液：称取 2.72 g 磷酸二氢钾，用蒸馏水溶解并定容至 1000 mL。

（4）100 mmol/L 磷酸（pH 6.0）缓冲溶液：吸取6.3 mL磷酸加水至100 mL，用氢氧化钠调整至所需的pH。

（5）反应混合液。取25 mL磷酸缓冲溶液于烧杯中，加入愈创木酚140 μL，于磁力搅拌器中搅拌至愈创木酚溶解，加入30%过氧化氢95 μL，混匀置冰箱保存备用。

（6）新鲜白菜梗。

四、仪器

可见光分光光度计。

五、实验步骤

（1）酶液提取。取白菜梗10 g，加入磷酸盐溶液30 mL，置于研钵中充分研磨，用磷酸盐溶液定容至100 mL，过滤备用。

（2）吸光度测定。取两支试管，其中一支试管加入反应混合液3.0 mL，磷酸盐溶液1.0 mL，作为光度计调零对照；另一试管加入反应混合液3.0 mL，酶液0.1 mL，补充磷酸盐溶液至总体积为4.0 mL，迅速混匀。1 min后使用1 cm玻璃比色皿，在470 nm波长条件下测定其吸光值，连续测定5次，间隔时间均为1 min。记录测试结果。

测试时间/min	0	1	2	3	4	5
A_{470}	0					

（3）求吸光值 $y = \Delta A_{470}\ t + b$ 回归方程。

（4）温度对过氧化物酶活力的影响实验。分别取10 g白菜梗置于70 ℃、80 ℃、90 ℃、100 ℃温度条件下热烫处理3 min，再按操作1制备酶液。按上述方法2测定各吸光值，比较热处理前后酶活力大小。

六、结果计算

$$\text{过氧化物酶活力} = \frac{\Delta A_{470} \times 100}{m \times V_1}$$

式中 V_1——测定时吸取供试酶液的体积，mL；

m——提酶样品质量，g；

100——酶液稀释总体积，mL。

七、思考题

（1）过氧化物酶的作用机制是什么？测定其酶活力对食品果蔬加工有何实际意义？

（2）本实验操作要点是什么？

实验十四　酶催化转氨基反应的纸层析鉴定

一、实验目的

了解生物体的转氨基作用，学习应用纸层析法鉴定氨基转移的方法。

二、实验原理

转氨基作用是氨基酸分子的氨基转移到 α - 酮酸分子上的反应，它是氨基酸脱去氨基的一种重要方式，是氨基酸代谢的重要反应之一，催化转氨基反应的酶称为转氨酶，广泛分布于机体的各器官及组织中。在转氨基生物反应中，一种 α - 氨基酸的氨基通过转氨酶催化反应，转移到 α - 酮酸的酮基位置上，结果是原来的氨基酸生成相应的酮酸，而原来的酮酸则形成相应的氨基酸。例如，谷丙转氨酶可催化以下反应：

$$H_2N-CH(CH_3)-COOH + HOOC-C(=O)-CH_2-CH_2-COOH \overset{GPT}{\rightleftharpoons} HOOC-C(=O)-CH_3 + HOOC-CH(NH_2)-CH_2-CH_2-COOH$$

L-丙氨酸　　α-酮戊二酸　　丙酮酸　　*L*-谷氨酸

新生成的谷氨酸可以与标准氨基酸同时在滤纸上通过层析被检出。

三、试剂

（1）0.01 mol/L pH 7.4 磷酸缓冲溶液：吸取 0.68 mL 磷酸加水至 95 mL，用氢氧化钠溶液调整 pH 至 7.4，再补水至 100 mL。

（2）0.1 mol/L 丙氨酸溶液：称取 *L* - 丙氨酸 0.891 g，用少量 0.01 mol/L pH 7.4 磷酸缓冲溶液溶解，用氢氧化钠溶液调整 pH 至 7.4，再用磷酸缓冲溶液定容至 100 mL。

（3）0.1 mol/L 谷氨酸溶液：称取谷氨酸 1.47 g，如上法配制成 100 mL。

（4）0.1 mol/L α - 酮戊二酸：称取 α - 酮戊二酸 1.46 g，如上法配制成 100 mL。

（5）层析展开剂：取无色结晶酚，连瓶一起放入约 60 ℃水浴中溶化。按苯酚液：蒸馏水（体积比）为 1∶1 的比例，移入分液漏斗，剧烈振荡后，在暗处静置过夜。待混合液分层后，分离下层清液，贮存于棕色瓶中备用。

（6）0.1% 茚三酮：称取 0.1 g 茚三酮溶解于 100 mL 丙酮中。

四、实验步骤

1. 酶液的制备

称取新鲜鸡肝 10 g，加 20 mL 磷酸缓冲液，用组织捣碎机捣碎成糊状备用。

2. 酶促反应

取两支试管分别按下表配制酶促反应液。

添加试剂	对照管	测定管
0.1 mol/L 丙氨酸/mL	1.0	1.0
0.1 mol/L α-酮戊二酸/mL	1.0	1.0
0.01 mol/L pH 7.4 磷酸缓冲液/mL	1.0	1.0
酶液/mL	2.0*	2.0

* 加入对照管中的酶液预先在沸水浴中加热灭酶 10 min。

然后把对照管与测定管同时放入 37 ℃恒温水浴锅中保温，酶促反应 50 min，反应中摇动试管数次。反应结束迅速将试管放入沸水中加热 10 min，终止酶促反应。冷却，分别将试管的反应液过滤到洁净干燥试管中以备层析用。

3. 层析

取 ϕ12.5 定性滤纸一张，定位圆心后，作一直径为 2 cm 的圆，再作两条互相垂直、交点通过圆心的直线，两直线与圆周的交点分别作为测定管样品、对照管样品及丙氨酸、谷氨酸进行层析的基准始点，如图 1 所示。

用毛细管分别吸取对照管上清液 5 μL、测定管上清液 5 μL、丙氨酸 1 μL、谷氨酸 1 μL，少量多次（借助电吹风吹干）把样品全部点在滤纸相应的位置上，尽量控制点样斑点的直径为 2 ～ 3 mm，不能刮伤滤纸。

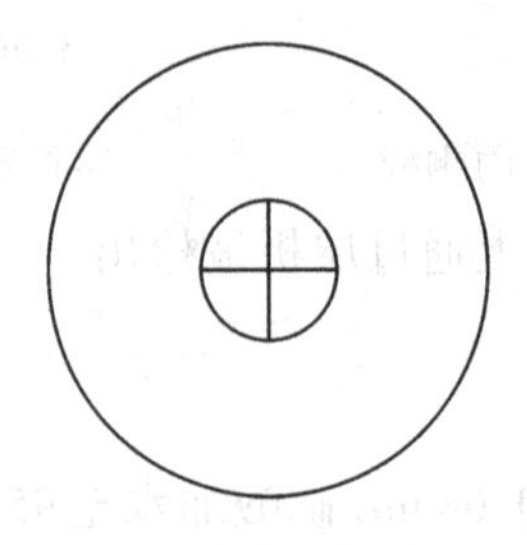
图 1 定位层析滤纸

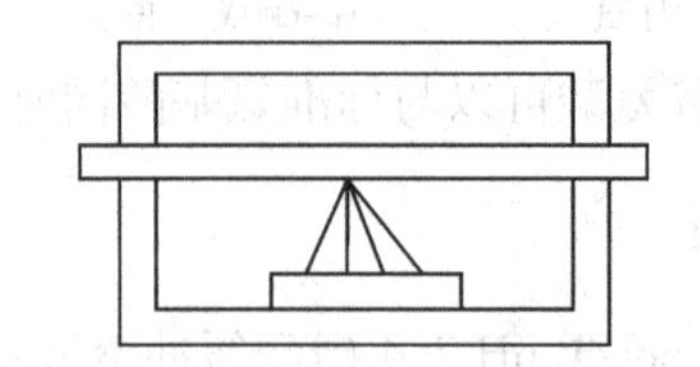
图 2 层析装置示意图

在滤纸的圆心打一直径为 3 ～ 4 mm 的小孔，另取一张小纸将其下端剪成须状，卷成“灯芯”，插入中心小孔，尽可能使“灯芯”不突出纸面，然后将该层析圆滤纸平放在盛有层析展开剂的培养皿上，纸芯下端须状部分浸入溶液中，把一个大小合适的培养皿罩在层析滤纸上方，如图 2 所示。

待层析溶剂到达培养皿边缘 0.5 ～ 1 cm 处时，取出层析滤纸，用镊子弃除纸芯，用铅笔在滤纸上标记溶剂前沿，在通风橱用电吹风吹干苯酚溶剂。

用喷雾器向滤纸均匀喷洒 0.1% 茚三酮丙酮溶液，然后热风吹干，即可看到滤纸上有几个紫红色氨基酸斑点，计算各斑点层析展开的迁移率 R_f，根据 R_f 值定性分析转氨基反应实验结果。

五、结果分析

根据层析图谱结果，进行转氨基反应分析。

六、思考题

（1）转氨基反应的实验机理是什么？实验中进行对照管试验的目的是什么？
（2）如何根据实验结果分析转氨基反应是否发生？
（3）做好纸层析实验的操作要点是什么？

实验十五　激活剂、抑制剂、温度及 pH 对酶活性的影响

一、实验目的

通过实验加深对酶性质的认识，了解测定 α－淀粉酶活力的方法。

二、实验原理

酶是生物体内具有催化作用的蛋白质，通常称为生物催化剂。酶催化的反应称为酶促反应。生物催化剂催化生化反应时，具有催化效率高、有高度的专一性、反应条件温和，催化活力与辅基、辅酶、金属离子有关等特点。

能提高酶活力的物质称为激活剂。激活剂对酶的作用有一定的选择性，其种类多为无机离子和简单的有机化合物。使酶的活力中心的化学性质发生变化，导致酶的催化作用受抑制或丧失的物质称为酶抑制剂。氯离子为唾液淀粉酶的激活剂，铜离子为其抑制剂。应注意的是，激活剂和抑制剂不是绝对的，有些物质在低浓度时为某种酶的激活剂，而在高浓度时则为该酶的抑制剂。如氯化钠达到约 30% 浓度时可抑制唾液淀粉酶的活性。

酶促反应中，反应速度达到最大值时的温度和 pH 值称为某种酶作用时的最适温度和 pH 值。温度对酶反应的影响是双重的：一方面随着温度的增加，反应速度也增大，直至最大反应速度为止；另一方面随着温度的不断升高，酶逐步变性从而使反应速度降低。同样，反应中某一 pH 范围内酶活力可达最高，在最适 pH 的两侧活性骤然下降，其变化趋势呈钟形曲线变化。

食品级 α－淀粉酶是一种由微生物发酵而制备的微生物酶制剂，主要由枯草芽孢杆菌、黑曲霉、米曲霉等微生物产生。但不同菌株产生的酶在耐热性、酶促反应的最适温度、pH、对淀粉的水解程度，以及产物的性质等均有差异。α－淀粉酶属水解酶，作为生物催化剂可随机作用于直链淀粉分子内部的 α－1,4糖苷键，迅速地将直链淀粉分子切割为短链的糊精或寡糖，使淀粉的黏度迅速下降，淀粉与碘的反应逐渐消失，这种作用称为液化作用，因此生产上又称 α－淀粉酶为液化淀粉酶。α－淀粉酶不能水解淀粉支链的 α－1,6糖苷键，因此最终水解产物是麦芽糖、葡萄糖和 α－1,6键的寡糖。

本实验通过淀粉遇碘显蓝色，糊精按其相对分子质量的大小遇碘显紫蓝、紫红、红棕色，相对分子质量较小的糊精（少于6个葡萄糖单位）遇碘不显色的呈色反应，追踪α－淀粉酶作用于淀粉基质的水解过程，从而了解酶的性质以及动力学参数。

三、试剂及材料

（1）1:30唾液淀粉酶配制：用蒸馏水漱口，1 min后收集唾液，以蒸馏水稀释30倍。

（2）0.2%可溶性淀粉：称取可溶性淀粉0.2 g，预加20 mL蒸馏水调匀，然后倒入80 mL沸水中，继续煮沸至溶液透明，冷却后补水至100 mL。

（3）1%氯化钠溶液：称取1.0 g氯化钠，加水溶解稀释至100 mL 。

（4）1%硫酸铜溶液：称取1.0 g硫酸铜，加水溶解稀释至100 mL。

（5）标准稀碘液：称取11 g碘，22 g碘化钾，置于研钵中，加入适量的水研磨至碘完全溶解，并加水稀释定容至500 mL。吸取2 mL上述碘液，加入10 g碘化钾，用水稀释至500 mL。

（6）pH 4.0 、6.0、7.0、8.0磷酸氢二钠－柠檬酸缓冲溶液：

①0.2 mol/mL Na_2HPO_4：称取35.60 g $Na_2HPO_4 \cdot 2H_2O$，用水溶解定容至100 mL。

②使用酸度计，用柠檬酸调整至所需的pH值。

（7）供试酶液的制备：称取固体α－液化淀粉酶1.0 g，加入pH 6.0磷酸氢二钠－柠檬酸缓冲溶液200 mL（缓冲液的加入量视酶活力大小而定，控制酶解反应在5～10 min内完成），于40 ℃恒温水浴中活化0.5 h，然后用3000 r/min离心机离心分离5 min，酶提取液置于冰箱保存备用。

（8）标准比色液。

甲液：称取氯化钴（$CoCl \cdot 6H_2O$）40.24 g、干燥重铬酸钾0.47 g，溶解并定容至500 mL。

乙液：称取铬黑T 40.00 mg，溶解并定容至100 mL。

使用时取甲液40.0 mL、乙液5.0 mL，混合。混合比色液宜放置冰箱保存，使用7天后重新配置。

四、仪器设备

电热恒温水浴锅。

五、实验步骤

1. 测定激活剂和抑制剂对唾液淀粉酶活力的影响

取3支试管，编号后按下表配制实验样液。

试管序号	0.2%可溶性淀粉溶液/mL	1% NaCl溶液/mL	1% $CuSO_4$溶液/mL	蒸馏水/mL		1:30唾液淀粉酶/mL
1	2.0	1.0	—	—	混匀，放入37 ℃水浴中保温10 min。立即加入唾液淀粉酶	1.0
2	2.0	—	1.0	—		1.0
3	2.0	—	—	1.0		1.0

向比色白瓷板孔穴中加入稀碘液，用点滴管定时从试管中吸取样液置于比色白瓷板，通过淀粉与碘液的显色反应，检验试管内淀粉被淀粉酶水解的程度，记录各试管淀粉样液遇碘不显蓝色的先后顺序，解释实验现象。如反应超过15 min仍未完成，则可认为酶被钝化或失活，可结束反应。

2. 测定温度与pH值对α-液化淀粉酶活力的影响

（1）不同温度对α-液化淀粉酶活力的影响。取4支ϕ25 mm ×200 mm试管，按下表配制反应溶液。加入供试酶液后，立即用秒表或手表计时，充分摇匀，定时用点滴管从各反应试管中分别吸取1～2滴反应液，滴入预先盛有2/3稀碘液的比色白瓷板孔穴内，根据淀粉遇碘显色的变化情况，跟踪淀粉在淀粉酶作用下被水解的过程，当穴内颜色反应由紫色逐渐变为红棕色，与标准比色液的颜色相同时，即达反应终点，记录酶解反应完成所需时间。

溶液	序号			
	1	2	3	4
2%可溶性淀粉/mL	10.0	10.0	10.0	10.0
pH 6.0缓冲液/mL	2.5	2.5	2.5	2.5
把四根试管分别放入50 ℃、60 ℃、70 ℃、80 ℃恒温水浴中预热10 min				
分别加供试酶液/mL	0.5	0.5	0.5	0.5
反应完成时间记录/min	50 ℃	60 ℃	70 ℃	80 ℃

（2）不同pH值对α-液化淀粉酶活力的影响。取4支ϕ25 mm×200 mm试管，按下表配制反应溶液。

试管序号	2%可溶性淀粉/mL	缓冲溶液/mL		供试酶液/mL	反应完成时间记录/min
1	10.0	pH 4.0，2.5	恒温水浴60 ℃预热10 min	0.5 mL	
2	10.0	pH 6.0，2.5		0.5 mL	
3	10.0	pH 7.0，2.5		0.5 mL	
4	10.0	pH 8.0，2.5		0.5 mL	

其他操作与温度对酶活力影响实验相同。

五、结果计算和讨论

淀粉酶活力单位定义为：在一定条件下，1 g酶制剂1 h内液化可溶性淀粉的克数。

$$酶活力单位=\frac{60}{t}\times 10\times 0.02\times\frac{1}{0.5}\times n\ (\mathrm{U/g})$$

式中　10——可溶性淀粉的用量，mL；

t——酶解反应完成所需的时间，min；

0.5——测定时稀释酶液用量，mL；

0.02——可溶性淀粉溶液的质量浓度，g/mL；

n——酶制剂稀释倍数，200。

（1）不同温度对 α－液化淀粉酶活力影响的结果记录：

实验结果	50 ℃	60 ℃	70 ℃	80 ℃
酶活力/（$U \cdot g^{-1}$）				

（2）不同 pH 值对 α－液化淀粉酶活力影响的结果记录：

实验结果	pH 4.0	pH 6.0	pH 7.0	pH 8.0
酶活力/（$U \cdot g^{-1}$）				

分别以 pH 值、温度为横坐标，以酶活力单位为纵坐标，绘制 pH 值－酶活力单位、温度－酶活力单位曲线。讨论分析实验结果。

六、思考题

（1）从实验操作技能方面考虑，做好本实验的操作要点是什么？

（2）实验过程中，若激活剂或抑制剂的作用不明显，应如何调整实验方案？

（3）进行酶的生化实验必须控制哪些条件？为什么？

（4）用酶前对酶活力进行测定，对实验有何实际指导意义？

（5）酶在干燥状态下与在水溶液中保存，它的活性受温度的影响是否相同？

实验十六 多酚酶的提取及酶抑制剂的抑制作用

一、实验目的

1. 了解多酚酶在植物中的分布及其酶活力的测定。

2. 研究酶抑制剂对多酚氧化酶的抑制效果，为果蔬加工过程酶促褐变的抑制奠定理论基础。

二、实验原理

多酚氧化酶（PPO，EC. 1. 10. 3. 1）是动植物体内普遍存在的可被分离得到的酚酶，其结构为每个亚基含有一个铜离子作为辅基，以氧作为受氢体的一种末端氧化酶。酚酶能催化两类反应：一类是羟基化作用，产生酚的邻羟基化；二类是氧化作用，使邻二酚氧化为邻醌。

多酚氧化酶又称儿茶氧化酶、酪氨酸酶、苯酚酶、甲酚酶、邻苯二酚氧化还原酶，是六大酶类中的第一大氧化还原酶。多酚氧化酶广泛存在于哺乳动物和植物中，植物多

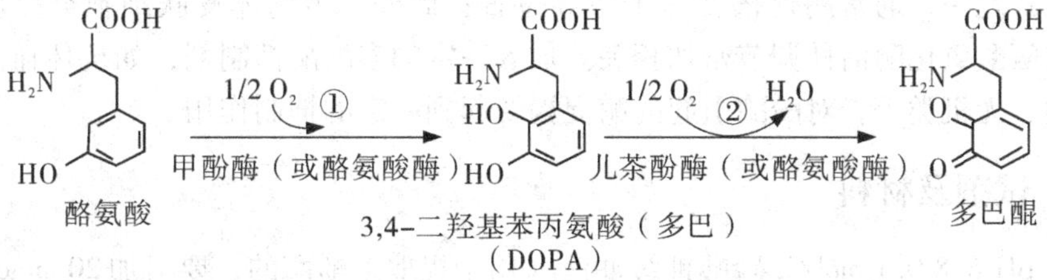

酪氨酸 —(1/2 O_2 ①，甲酚酶（或酪氨酸酶）)→ 3,4-二羟基苯丙氨酸（多巴）（DOPA）—(1/2 O_2 ② H_2O，儿茶酚酶（或酪氨酸酶）)→ 多巴醌

酚氧化酶与一些水果和蔬菜加工过程中的褐变有关；哺乳动物多酚氧化酶（也叫酪氨酸酶）常见于黑色素细胞中，如皮肤、发囊和眼睛，并具有产生类黑色素的高度特异性。酪氨酸酶在生物体合成黑色素的途径是：在氧气存在的条件下，酪氨酸酶能够催化单酚羟基化合物（如酪氨酸）成二酚羟基化合物（单酚酶活性），然后把邻二酚羟基氧化成邻醌（双酚酶活性），醌经过聚合反应形成类黑色素。

多酚氧化酶的作用底物具有一定的广泛性，但对底物邻位羟基催化生成醌类化合物具有高度的特异性。

自然界含多种酚类化合物，但只有一部分可以作为多酚氧化酶的底物，如儿茶素、多巴（3,4－二羟基苯丙氨酸）、3,4－二羟基肉桂酸酯（绿原酸）、酪氨酸、氨基苯酚和邻苯二酚等，如下图所示：

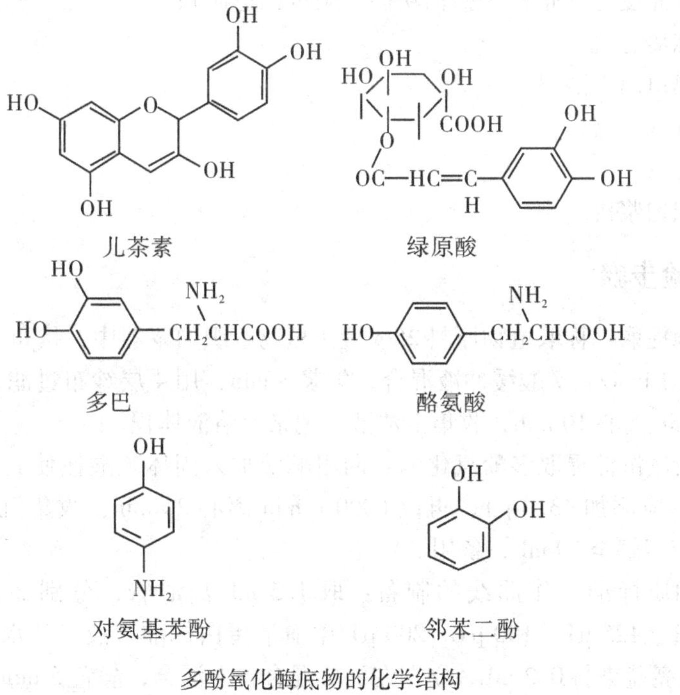

儿茶素　绿原酸　多巴　酪氨酸　对氨基苯酚　邻苯二酚

多酚氧化酶底物的化学结构

在测定多酚氧化酶活力时，向含有多酚氧化酶的磷酸盐缓冲提取液中，加入底物邻苯二酚或多巴，在390 nm波长条件下，以磷酸缓冲液为参比，测定1min酶促反应液吸光值的变化 ΔA_{390}，酶活力大小以每毫升酶液催化底物反应变化值 ΔA_{390} 除以酶液蛋白质总量表示。

鉴于植物体内含有丰富的多酚氧化酶催化底物，褐变是果蔬及其产品加工过程的主要劣变形式之一，通常酶促褐变占了主导位置；此外，生物体皮肤细胞类黑色素的形成，与酪氨酸氧化酶活性调节密切相关。加入一定的多酚酶抑制剂，如抗坏血酸类、植物黄酮类、无机类等，对酚酶引起的酶促褐变起到一定的抑制作用。

三、试剂及材料

（1）pH 6.8 0.1 mol/L 磷酸钾缓冲液（用于提取多酚酶的，要另加20 mmol/L 抗坏血酸）。

（2）0.025 mol/L 邻苯二酚溶液。

（3）1.0 mg/mL 牛血清蛋白标准溶液。

（4）考马斯亮蓝试剂：准确称取 100 mg 考马斯亮蓝 G－250，溶于 50 mL 95% 的乙醇后，再加入 120 mL 85% 的磷酸，加水至 1000 mL。

（5）酶提取原料：茄子、蘑菇、苹果等。

（6）酶抑制剂：二氢杨梅素、芦丁溶液（用 50% 乙醇配置成所需的浓度）；抗坏血酸、异抗坏血酸溶液（用纯净水配置成所需的浓度）。

四、仪器设备

（1）分光光度计（带自动扫描功能，微量比色皿）；

（2）冷冻离心机；

（3）电热恒温水浴锅；

（4）涡旋混合器；

（5）pH 计；

（6）组织匀浆机。

五、实验步骤

（1）粗酶提取：称取植物原料 25 g 置于植物组织匀浆器中，按每克原料加 2 mL 的比例与冷的 0.1 mol/L 磷酸缓冲液混合，匀浆 3 min，用 4 层纱布过滤，滤液冷冻离心，转速 6500 r/min 离心 10 min，收集上清液。记录上清液体积。

（2）盐析法沉淀提取多酚氧化酶：向粗酶液加入固体硫酸铵使其达到 65% 饱和度（25 ℃ 100 mL 应添加 43.0 g），再以 6000 r/min 离心 20 min，收集沉淀。将沉淀物用 pH 6.8 缓冲液溶解至 10 mL，备用。

（3）蛋白质标准工作曲线的制备：取 1.5 mL 离心管，分别加入 0 μL、25 μL、50 μL、100 μL、125 μL、150 μL、200 μL 牛血清蛋白标准溶液，补水至 200 μL，再分别加入考马斯亮蓝染料 0.2 mL，立即在涡旋混合器上混合，静置 5 min 后，以试剂空白为参比，在 595 nm 波长处测定各管的吸光值。记录实验结果。

（4）吸取 100 μL 酶溶解液，用测定蛋白标准工作曲线的方法，测定酶液中的蛋白质含量。要求 A_{595} 值应在蛋白标准工作曲线内。记录检测结果。

（5）多酚氧化酶活力测定：取一小试管，加入 pH 6.8 的 0.1 mol/L 磷酸钾缓冲液 0.93 mL、0.025 mol/L 邻苯二酚溶液 50 μL，最后加入 20 μL 酶液，混匀，以试剂空白为参比，用分光光度计在 390 nm 波长处，测定 1 min 时间内吸光值变化的扫描值 ΔA_{390}。记录检测结果。酶活力大小以每毫升酶液催化底物反应变化值 ΔA_{390} 除以酶液蛋白质含量表示。

（6）抑制剂对多酚氧化酶活力抑制反应。取 6 支样品管，分别加入 pH 值为 6.8 的 0.1 mol/L 磷酸钾缓冲液 880 μL，按顺序加入 0 μL、5 μL、10 μL、20 μL、40 μL、50 μL 抑制剂溶液（不足 50 μL 的，用溶解酶抑制剂的溶液补足 50 μL），再加入 20 μL 多酚氧化酶溶液（不同酶活力，取样的体积可以不同，减少或增加磷酸钾缓冲液体积即可）混匀，于 37 ℃保温 10 min，立即加入 50 μL 邻苯二酚溶液，用涡旋混合器混匀，以 950 μL 磷酸缓冲溶液和 50 μL 酶抑制剂溶解试剂混合液为参比，测定酶反应液在 390 nm 波长处 1 min 内吸光值的变化值 ΔA_{390}。记录测定结果，计算不同抑制剂浓度下的酶活力，求出各抑制剂对多酚氧化酶的 IC_{50}（使多酚氧化酶活性降低 50% 时的抑制剂浓度）。

六、结果计算

（1）蛋白质含量测定：根据标准工作曲线蛋白质溶液测定的吸光值，建立线性回归方程，根据酶样品测定的吸光值，计算酶液蛋白质含量。

$$蛋白质含量 = \frac{m}{V}\ (\mu g/mL)$$

式中 m——检测样品 A_{595} 值对应标准曲线的蛋白质质量，μg；

V——相当于检测样品的量，mL。

$$多酚酶活力 = \frac{\Delta A_{390}}{c_{蛋白}}$$

式中 ΔA_{390} 值——在 390 nm 波长下，每毫升酶作用底物 1 min 吸光值的变化量；

$c_{蛋白}$——催化反应酶液的蛋白质质量，μg。

（2）比较不同原料多酚氧化酶活力的大小。

原料名称	酶液蛋白质含量	ΔA_{390} 值	多酚氧化酶活力

（3）酶抑制剂实验结果记录及酶抑制效果评价。

抑制剂名称					
IC_{50} 值					

七、思考题

（1）抑制剂对多酚氧化酶的抑制类型有哪些？通过什么实验可以知道该抑制剂的类型？

（2）温度对酶的活力有很大的影响，在实验过程中，如何控制及消除温度变化的影响？

实验十七 果蔬加工过程中酶促褐变的抑制

一、实验目的

了解酶促褐变的原理，学习抑制酶促褐变的方法。

二、实验原理

植物组织中常含有一元酚和邻二酚等酚类物质，如桃、苹果中含有绿原酸，马铃薯中含有酪氨酸，香蕉含有氮酚类衍生物3,4－二羟基苯乙胺，它们均为多酚氧化酶的底物。这些酚类物质在完整的细胞中作为呼吸作用中质子的传递物质，在酚－醌之间保持着动态平衡，因此，褐变不会发生。但在果蔬加工过程中，当组织细胞受损，氧气进入，酚类物质将在多酚氧化酶的催化作用下氧化成为红色醌类物质，继而快速地通过聚合作用形成红褐色素或黑色素，影响食品色泽及风味。因此，氧化酶类、酚类物质以及氧气是发生酶促褐变的必要条件，缺一不可。

酶促褐变的程度主要取决于酚类物质的含量，而氧化酶类的活性强弱似乎没有明显的影响，但去除食品中的酚类物质不现实，比较有效的方法是抑制氧化酶类的活性，防止酚类底物的氧化。控制酶促褐变的方法主要有热烫处理法、酸处理法、驱氧法等。热烫处理法是利用短时高温破坏酶的细胞结构，达到钝化酶乃至酶失活的目的；酸处理法，则是用降低pH值的方法使酶失活，是果蔬加工最常用的一种方法；驱氧法是用真空方法将糖水、盐水渗入果蔬组织内部，驱除空气，或使用高浓度的除氧剂如抗坏血酸溶液浸泡以达到除氧的目的。本实验采用酸处理护色方法，通过对比实验了解酶促褐变的抑制原理。

三、试剂及材料

（1）0.5%柠檬酸与0.3%抗坏血酸混合液：称取0.5 g柠檬酸、0.3 g抗坏血酸，加水溶解至100 mL。

（2）苹果、马铃薯、茄子等

四、仪器设备

紫外－可见分光光度计。

五、实验步骤

1. 样品处理

（1）称取去皮果蔬20.0 g，迅速切碎后在研钵中充分研磨10 min，加水15 mL，液汁离心分离或过滤至透明，备用。

（2）另称取去皮果蔬20.0 g，切碎置于研钵中，迅速加入0.5%柠檬酸与0.3%抗坏血酸混合液15 mL，研磨10 min，液汁离心分离或过滤至透明，备用。

注意观察记录两个对比实验过程中汁液颜色的变化。

2. 汁液褐变色率测定

用1 cm比色皿以蒸馏水为空白，在470 nm波长条件下测定汁液的吸光值，以吸光值的大小表示褐变程度，随着褐变程度的增大，吸光值增加。

六、结果记录与讨论

	无护色汁液	护色汁液
汁液颜色		
A_{470}		

七、思考题

食品加工过程中酶促褐变的控制方法有哪些？举例说明。

实验十八　叶绿素的性质

一、实验目的

了解叶绿素的分子结构以及性质，学习纸层析法分离色素。

二、实验原理

叶绿素是以4个吡咯环组成的卟啉共轭体系，其卟啉结构中的金属原子是镁原子，由于连接卟啉结构侧基的差异，分为叶绿素a和叶绿素b，为植物叶绿体色素的主要组成。利用叶绿素不溶于水，而溶于乙醇、乙醚、丙酮等有机溶剂的特性，本实验用乙醇作为提取叶绿素的溶剂。

游离的叶绿素很不稳定，对光、热、酸都很敏感，很容易脱色、变色等。如在酸性条件下，叶绿素分子中的镁离子可为氢离子取代，生成脱镁叶绿素，颜色呈暗绿色甚至黄褐色；向脱镁叶绿素加入铜盐，在加热情况下，分子结构中的铜离子取代了氢原子的位置，生成铜叶绿素，色泽呈亮绿色。

叶绿素在碱性条件下加入铜盐，经加热可生成叶绿素铜钠盐，色泽鲜亮且对光热均较稳定，在食品工业中可用作食品添加剂。其主要反应为：

$$\text{叶绿素} \xrightarrow[\text{裂解}]{\text{光照}} \text{无色产物}$$

$$\underset{\text{叶绿素}}{C_{55}H_{72}O_5N_4Mg} \xrightarrow[\triangle]{H^+} \underset{\text{脱镁叶绿素}}{C_{55}H_{74}O_5N_4} + Mg^{2+}$$

$$\underset{\text{叶绿素}}{C_{55}H_{72}O_5N_4Mg} \xrightarrow[\triangle]{OH^-} \text{叶绿素醇} + \text{叶绿酸钠} + \text{甲醇}$$

$$\text{叶绿酸钠} \xrightarrow[\triangle]{Cu^{2+}} \underset{\text{（鲜亮绿色）}}{\text{叶绿素铜钠}} + Mg^{2+}$$

分离色素的方法有很多种，其中纸层析是最简便的一种，当溶剂不断地从层析滤纸上流过时，由于混合物中各种成分在流动相和固定相间具有不同的分配系数，所以它们在层析过程中的移动速度不同，从而使样品中的混合物得以分离，如右图所示。

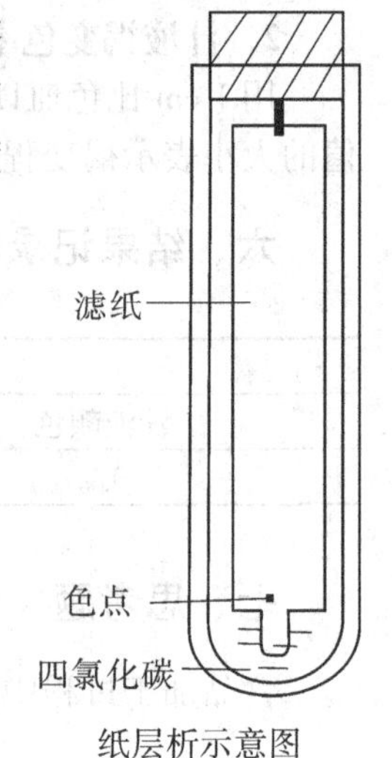

纸层析示意图

三、试剂及材料

(1) 0.01 mol/L HCl；
(2) 乙醇；
(3) 碳酸钙；
(4) 1% NaOH；
(5) 石英砂；
(6) 醋酸铜；
(7) 四氯化碳；
(8) 新鲜绿色植物叶片；
(9) 牛皮纸。

四、仪器设备

紫外－可见分光光度计（带光谱扫描功能）。

五、实验步骤

1. 色素的提取

称取新鲜叶片 7 g，去除叶脉，切碎后放入研钵，加入 0.1 g $CaCO_3$，2 g 石英砂，10 mL 乙醇，研磨成匀浆，再加乙醇 25 mL，混匀，过滤，即为叶绿素提取液。

2. 叶绿素的性质

(1) 光对叶绿素的破坏作用：取叶绿素提取液数毫升，分别置于 2 支试管中，其中一支试管放在黑暗处（或用牛皮纸包裹），另一试管放在强太阳光下，经 3 ～ 4 h 后，观察两试管中色素颜色的变化。记录并说明原因。

(2) 脱镁叶绿素的形成及铜原子的取代反应：取叶绿素提取液 5 mL，边摇动边滴加 0.01 mol/L HCl，直至溶液出现褐绿色的脱镁叶绿素。然后向溶液中加入醋酸铜结晶 1 小块（芝麻粒大小即可），在沸水浴中加热 2 ～ 3 min，生成叶绿素铜，观察溶液颜色的变化。

(3) 叶绿素铜钠盐制备：取叶绿素提取液 5 mL，加入 1% NaOH 0.5 mL，将试管置于 80 ℃水浴中加热 2 ～ 3 min，然后加入醋酸铜结晶 1 小块（芝麻粒大小即可），在沸水浴中加热 2 ～ 3 min，观察溶液颜色的变化。同时与脱镁叶绿素、叶绿素提取液色泽进行比较，记录各种样品的色泽。

样品	叶绿素提取液	叶绿素铜	叶绿素	叶绿素铜钠
颜色				

3. 色素的分离

(1) 取层析滤纸，裁剪成2.0 cm×1.8 cm（长×宽），将其一末端剪去两侧，中间留一长约1.5 cm ×0.5 cm的窄条。

(2) 用毛细管吸取10 μL叶绿素提取液，少量多次全部点于离窄条上方0.5 cm位置，注意点样品的直径应控制在3～5 mm，必要时可借助电吹风边吹风边点样。但不能造成局部过热，以免影响层析展开效果。

(3) 在层析试管中加入四氯化碳5 mL及少量无水硫酸钠，然后将滤纸条固定于胶塞挂钩，放入试管内，要求滤纸窄条下端伸入四氯化碳展开剂中（但不能浸没色素样品点，滤纸条边缘不要接触试管壁），盖紧胶塞，将试管直立于暗处进行层析。

(4) 层析约0.5 h后，取出滤纸条观察色素带分布情况。

4. 不同叶绿素溶液可见光光谱特性扫描

对叶绿素提取液、脱镁叶绿素、叶绿素铜钠盐溶液用乙醇稀释8～10倍，离心或滤膜过滤，用1 mL比色皿，以乙醇作为参照液，对清液进行可见光光谱扫描，了解其光谱特性。比较及分析三种叶绿素溶液吸收光谱特性。

六、实验结果讨论分析

讨论叶绿素颜色的变化与结构变化、吸收光谱变化的关系，指出叶绿素保持相对稳定的条件。

七、思考题

(1) 比较分析相关实验内容，说明保持叶绿素色素相对稳定的条件有哪些。

(2) 叶绿素提取时，加入少量碳酸钙的作用是什么？

(3) 简述叶绿素提取液光谱扫描的意义。

实验十九　超临界二氧化碳流体萃取花椒精油实验

一、实验目的

了解超临界二氧化碳流体萃取花椒精油的基本原理和超临界二氧化碳流体萃取装置的操作技术。

二、实验原理

超临界萃取技术是现代化工分离的最新技术，是目前国际上兴起的一种先进的分离工艺。所谓超临界流体是指热力学状态处于临界点 CP（P_c、T_c）之上的流体。临界点是气、液界面刚刚消失的状态点。超临界流体具有十分独特的物理化学性质，它的密度接近于液体，而黏度接近于气体，具有扩散系数大、黏度小、介电常数大等特点，其分离效果较好，是很好的溶剂。超临界萃取即高压、合适温度下在萃取缸中溶剂与被萃取物接触，溶质扩散到溶剂中，再在分离器中改变操作条件，使溶解物质析出以达到分离目的。

超临界装置由于选择了 CO_2 介质作为超临界萃取剂，因而其具有以下特点：

（1）操作范围广，便于调节。

（2）选择性好，可通过控制压力和温度，有针对性地萃取所需成分。

（3）操作温度低。在接近室温条件下进行萃取，这对于热敏性成分尤其适宜，萃取过程中排除了遇氧氧化和见光反应的可能性，萃取物能够保持其自然风味。

（4）从萃取到分离一步完成，萃取后的 CO_2 不残留在萃取物上。

（5）CO_2 无毒、无味、不燃、价廉易得，且可循环使用。

（6）萃取速度快。

近几年来，超临界萃取技术在国内外得到迅猛发展，先后在啤酒花、香料、中草药、油脂、食品保健等领域得到广泛应用。

三、试剂及材料

（1）二氧化碳气体（食品级，纯度≥99.9%）。

（2）花椒（市售）。

四、仪器设备

（1）超临界二氧化碳流体萃取装置；

（2）电子天平；

（3）电动粉碎机。

五、实验步骤

1. 原料预处理

取干燥后的花椒，用多功能粉碎机破碎，过 20 目筛。

2. 萃取

取过 20 目筛后的花椒粉，置入萃取釜 E。CO_2 由高压泵 H 加压至 30 MPa，经过换热器 R 调整温度至 35 ℃左右，使其成为既具有气体的扩散性而又有液体密度的超临界流体。该流体通过萃取釜萃取出花椒精油后进入第一级分离柱 S_1，经减压至 4 ～ 6 MPa，升温至45 ℃，由于压力降低使 CO_2 流体密度减小，溶解能力降低，花椒精油便被分离出来。CO_2 流体在第二级分离柱 S_2 中经进一步减压，花椒精油中残留的水分便全部析出，纯 CO_2 由冷凝器 K 冷凝进入储罐 M 后，再由高压泵 H 加压回到萃取釜 E，如此循环萃取 2 h，如下图所示。

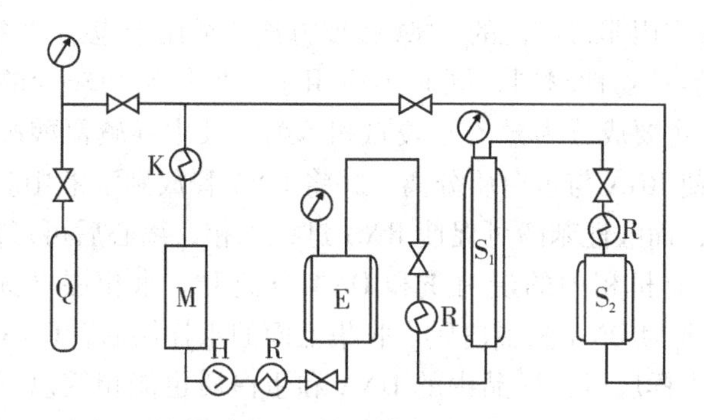

超临界CO_2萃取装置工艺流程图

Q—CO_2钢瓶；M—储罐；S_1—第一级分离柱；S_2—第二级分离柱；
K—冷凝器；R—换热器；E—萃取釜；H—高压泵

六、花椒精油得率的计算

$$w_1 = \frac{m_1}{m} \times 100\%$$

式中　w_1——花椒精油的得率，%；
m_1——所得花椒精油的质量，g；
m——被提取花椒粉的质量，g。

七、思考题

（1）简述超临界流体的概念。
（2）超临界流体有哪些特性？
（3）食品加工中采用超临界流体技术为什么选择二氧化碳作为超临界萃取剂？

实验二十　果蔬核糖核酸（RNA）提取及定性定量分析

一、实验目的

了解Trizol法提取果蔬RNA的基本原理，掌握琼脂糖凝胶电泳及紫外分光光度法检测RNA纯度的方法。

二、实验原理

1. Trizol法提取果蔬RNA原理

RNA是以DNA的一条链为模板，以碱基互补配对原则，转录而形成的一条单链，主要功能是实现遗传信息在蛋白质上的表达，是遗传信息传递过程中的桥梁。研究基因的表达和调控时常常要从组织和细胞中分离和纯化RNA，而RNA质量的高低决定了cDNA库、RT－PCR和Northern Blot等分子生物学实验的成败。

Trizol 法是一种应用非常广泛的 RNA 提取方法，适用于包括动物组织、微生物、培养细胞等在内的各类动物性材料，同时还适用于次生代谢物较少的植物性材料，如幼苗、幼叶等。Trizol 主要成分为异硫氰酸胍和苯酚。其中异硫氰酸胍可裂解细胞，促使核蛋白体的解离，使 RNA 与蛋白质分离，并将 RNA 释放到溶液中。当加入氯仿时，它可抽提酸性的苯酚，而酸性苯酚可促使 RNA 进入水相，离心后可形成水相层和有机层，这样 RNA 与仍留在有机相中的蛋白质和 DNA 分离开。水相层（无色）主要为 RNA，有机层（黄色）主要为 DNA 和蛋白质。收集上面的水样层后，RNA 可以通过异丙醇沉淀来还原。在除去水样层后，样品中的 DNA 和蛋白质也能相继以沉淀的方式还原。乙醇沉淀能析出中间层的 DNA，在有机层中加入异丙醇能沉淀出蛋白质。

2. 琼脂糖凝胶电泳

琼脂糖凝胶电泳是用琼脂糖作支持介质的一种电泳方法。其分析原理与其他支持物电泳最主要的区别是它兼有“分子筛”和“电泳”的双重作用。琼脂糖凝胶具有网络结构，物质分子通过时会受到阻力，大分子物质在涌动时受到的阻力大，因此在凝胶电泳中，带电颗粒的分离不仅取决于净电荷的性质和数量，而且还取决于分子大小，这就大大提高了分辨能力。但由于其孔径相比于蛋白质太大，因此对大多数蛋白质来说其分子筛效应微不足道。现广泛应用于核酸的研究中。

蛋白质和核酸会根据 pH 不同带有不同电荷，在电场中受力大小不同，因此跑的速度不同，根据这个原理可将其分开。电泳缓冲液的 pH 在 6 ~ 9 之间，离子强度 0.02 ~ 0.05 为最适。常用 1% 的琼脂糖作为电泳支持物。琼脂糖凝胶约可区分相差 100 bp 的核酸片段，其分辨率虽比聚丙烯酰胺凝胶低，但它制备容易，分离范围广。普通琼脂糖凝胶分离核酸的范围为 0.2 ~ 20 kb，利用脉冲电泳，可分离高达 10^7 bp 的核酸片段。

核酸分子在琼脂糖凝胶中泳动时有电荷效应和分子筛效应。核酸分子在高于等电点的 pH 溶液中带负电荷，在电场中向正极移动。由于糖 - 磷酸骨架在结构上的重复性质，相同数量的核酸几乎具有等量的净电荷，因此它们能以同样的速率向正极方向移动。

Gelview 是一种新型核酸染料，当用琼脂糖电泳检测核酸时，Gelview 与核酸结合后能产生极强的荧光信号，在紫外透射光下核酸呈现出极其鲜明的绿色荧光，由此可以判断核酸的纯度。

3. 紫外分光光度法测定核酸含量

核酸、核苷酸及其衍生物的分子结构中的嘌呤、嘧啶碱基具有共轭双键系统（—C ═C—C ═C—），能够强烈吸收 250 ~ 280 nm 波长的紫外光。核酸（DNA，RNA）的最大紫外吸收值在 260 nm 处。遵照 Lambert - Beer 定律，可以从紫外光吸收值的变化来测定核酸物质的含量。一般在 260 nm 波长下，每 1 mL 含 1 μg RNA 溶液的光吸收值为 0.022 ~ 0.024，每 1 mL 含 1 μg DNA 溶液的光吸收值约为 0.020，故测定未知浓度 RNA 或 DNA 溶液在 260 nm 的光吸收值即可计算出其中核酸的含量。

通常蛋白质的吸收高峰在 280 nm 处，在 260 nm 处的吸收值仅为核酸的十分之一或更低，故核酸样品中蛋白质含量较低时对核酸的紫外测定影响不大。RNA 在 260 nm 与 280 nm 处的吸收比值在 2.0 以上，DNA 的比值 >1.8；当样品中蛋白质含量较高时比值即下降。

三、试剂及材料

（一）试剂

Trizol 试剂、无水乙醇、氯仿、异丙醇、75% 乙醇、ddH_2O（RNase－free）、糖、酸染料（Gelview）、DL2000 DNA Marker。

50×TAE 电泳缓冲液：称量 Tris 242 g、$Na_2EDTA \cdot 2H_2O$ 37.2 g 于 1 L 烧杯中，向烧杯中加入约 800 mL 去离子水，充分搅拌均匀；加入 57.1 mL 的冰乙酸，充分溶解；加去离子水定容至 1 L 后，室温保存。

1×TAE 电泳缓冲液：取 2 mL 50×TAE 电泳缓冲液加去离子水稀释至 100 mL。

6×上样缓冲液

（二）实验材料

一次性手套、手术剪、一次性研磨棒（RNase－free）、1.5 mL Eppendorf 管（RNase－free）、1 mL 移液枪头（RNase－free）、200 uL 移液枪头（RNase－free）、擦镜纸。

四、仪器

移液枪、微波炉、涡旋振荡器、小型高速离心机、紫外分光光度计、微量石英比色皿、水平电泳槽、制胶板、电泳仪、紫外透射检测仪。

五、实验步骤

1. 操作前准备

RNase 酶非常稳定，是导致 RNA 降解最主要的物质。它在一些极端的条件下可以暂时失活，但限制因素去除后即迅速复性。常规的高温高压蒸汽灭菌方法和蛋白抑制剂都不能使 RNase 完全失活。它广泛存在于人的皮肤上，因此，在进行与 RNA 制备有关的分子生物学实验时，必须戴手套。RNase 的另一污染源是取液器，必须根据取液器制造商的要求对取液器进行处理。一般情况下采用 DEPC 配制的 70% 乙醇擦洗取液器的内部和外部，可基本达到要求。取 RNase－free 的物品时必须戴手套。

2. 核酸提取操作步骤

（1）将组织样品剪碎，称取 0.1 g 左右组织样品放入 Eppendorf 管，加入 500 μL Trizol 试剂，使用一次性研磨棒室温研磨 5 min。注意，组织体积不能超过 Trizol 体积的 20%，否则研磨效果会不好。

（2）12 000 r/min 离心 5 min，弃沉淀，小心将上清液转移到一个新的 Eppendorf 管中。

（3）加入 100 μL 氯仿，振荡混匀后室温放置 15 min。

（4）12 000 r/min 离心 5 min，弃沉淀，小心将上清液转移到一个新的 Eppendorf 管中。

（5）加入 250 μL 异丙醇混匀，室温放置 5 ～ 10 min。

（6）12 000 r/min 离心 5 min，弃上清液，沉淀加入 1 mL 75% 乙醇悬浮洗涤。

（7）12 000 r/min 离心 5 min，尽量弃上清液，室温晾干 10 min，加入 50 μL ddH_2O

溶解 RNA 样品。

3. 琼脂糖凝胶电泳检测 RNA 质量

（1）称取 0.2 g 琼脂糖于 250 mL 三角瓶中（1% 琼脂糖胶），加入 20 mL 1 × TAE 电泳缓冲液，用 8 层纱布封好瓶口，微波炉中高火加热 1 min。

（2）将透明胶板平行放入制胶槽内，并将合适的梳子插入制胶架的定位槽中。

（3）待胶溶液冷却至 50 ～ 60 ℃时，加入 2 μL Gelview，轻轻摇匀，避免产生气泡。

（4）倒胶，室温静置至琼脂糖胶凝固。

（5）轻轻拔掉梳子（注意：先拔一侧，垂直拔出会使胶孔产生真空，导致部分凝胶被带出），将凝胶盘从制胶槽中取出，移入电泳槽内的胶盘托架上。

（6）向电泳槽内加入 1 × TAE 电泳缓冲液，以刚好没过凝胶约 1 mm 为宜。

（7）在超净工作台上，用移液枪吸取 5 μL RNA 样品于封口膜上，加入 1 μL 的 6 × 上样缓冲液，混匀后，小心加入点样孔。

（8）打开电源开关，调节电压至 100 V，使 RNA 由负极向正极电泳，约 30 min 后将凝胶放在紫外透射检测仪上观察 RNA 电泳结果。

4. 紫外分光光度法测定核酸含量

（1）取两个微量石英比色皿，一个加蒸馏水做空白对照，一个用来加 RNA 样品。

（2）取 10 μL 的 RNA 样品，加入 90 μL 的蒸馏水稀释 10 倍，进行含量测定。

（3）按照紫外分光光度计操作指南进行测定。

（4）仪器使用完毕，取出比色皿，洗净、晾干。

六、结果分析与讨论

（1）将凝胶放在紫外透射检测仪上，观察并记录 RNA 电泳结果。与 DL2000 进行比较，判断 RNA 相对分子质量大小。

（2）根据公式计算 RNA 的质量浓度，判断 RNA 的纯度。

$$\text{RNA 的质量浓度} = \frac{A_{260} \times N}{0.024 \times L} \ (\mu g/mL)$$

式中 L——比色皿的厚度，1 cm；

N——样品测定时的稀释倍数。

七、思考题

（1）比较琼脂糖凝胶电泳与 SDS－聚丙烯酰胺凝胶电泳的不同点及适用范围。

（2）RNA 提取纯度与哪些因素有关？做好本实验的关键是什么？

实验二十一 食品中叶酸的酶解法提取与微生物法测定

一、实验目的

了解微生物法测定叶酸的基本原理，掌握食品中叶酸提取及测定的基本技能。

二、实验原理

叶酸也叫维生素 B_9，是一种水溶性维生素，是维持生物体正常生命过程所必需的一类有机物质。叶酸作为人体必需维生素，需要从食物中摄取。蔬菜、水果与谷物中天然叶酸含量丰富，但其通常与多种营养组分结合，使得天然叶酸的提取具有一定的难度。

酶是一种生物催化剂，作用条件温和且高效、专一、可调控。酶解法就是利用酶这种生物催化剂特点，控制其催化条件，以得到系列目标酶解产物。本实验中用到的酶有：木瓜蛋白酶、α-淀粉酶和鸡胰腺中的酶。

木瓜蛋白酶是一种含巯基肽链的内切酶，能够将大分子蛋白质水解成小分子肽和氨基酸，使与蛋白质大分子结合的叶酸释放出来。

α-淀粉酶可以水解淀粉内部的 α-1,4-糖苷键，水解产物为糊精、低聚糖和单糖，使与淀粉大分子结合的叶酸释放出来。

鸡胰腺内含 γ-谷氨酰水解酶，能够将天然叶酸水解为叶酰单谷氨酸或叶酰双谷氨酸，被微生物利用。

叶酸是粪链球菌（*Streptococcus faecalis*, S. F. ATCC 8043）生长所必需的营养素。叶酸测试培养基是一种缺乏叶酸的培养基，通过添加样品叶酸提取物，其营养状况得到完善。在一定条件下，S. F. 的生长繁殖与培养基中叶酸含量呈正比关系，细菌增殖的量以光密度值计，通过与标准曲线比较，计算出样品中叶酸的含量。

三、试剂及材料

（一）试剂

（1）磷酸缓冲溶液 A：称取 14.2 g 磷酸氢二钠，用 1000 mL 水溶解。临用前按 100 mL 中加入抗坏血酸 1.0 g，用稀释的氢氧化钠或磷酸溶液调 pH 至 6.8 ±0.1。

（2）磷酸缓冲溶液 B：称取 5.85 g 磷酸二氢钾，1.22 g 磷酸氢二钾，用 1000 mL 水溶解。

（3）木瓜蛋白酶溶液：0.1 g 蛋白酶（活力≥6000U/mg，pH 6.0 ±0.1，40 ℃）溶于 10 mL 磷酸缓冲液 B 中。临用前配制。

（4）α-淀粉酶溶液：0.1 mL α-淀粉酶（1.5U/mg）溶于 10 mL 磷酸缓冲液 B 中。临用前配制。

（5）鸡胰腺：质量浓度为 5mg/mL（例如，称取 100 mg 干燥鸡胰腺，加 20 mL 蒸馏水），搅拌 15 min，8000 r/min 离心 10 min，取上清液。临用前按需配制。

（6）叶酸标准储备液 A（100μg/mL）：溶解 50 mg 干燥至恒重的叶酸标准品于 30 mL 0.01 mol/L 的氢氧化钠溶液和 300 mL 超纯水中，用稀盐酸调节 pH 至 7.5 ±0.5，然后定容至 500 mL。储存于 500 mL 棕色试剂瓶中，添加 3mL 甲苯覆盖液面，最长可以保存 6 个月。

（7）叶酸标准储备液 B（2 μg/mL）：吸取 2 mL 叶酸标准储备液 A 溶解于 50 mL 超纯水，用稀盐酸调节 pH 至 7.5 ±0.5，定容至 100 mL。注意避光，现配现用。

（8）叶酸标准工作液（2ng/mL）：吸取 1 mL 叶酸标准储备液 B，然后定容至 1000 mL。注意避光，现配现用。

(9) 叶酸测定培养基的配制：参照药瓶标签。

(10) 脑心浸液肉汤培养基的配制：参照药瓶标签。

(11) ATCC8043 菌种的复苏：在无菌环境中，用接种环挑取 ATCC8043 平板上一颗单斑，接种至装有 30 mL 已灭菌的脑心浸液肉汤培养基的 50 mL 离心管中，旋上螺盖，但不要旋紧，置于 37 ℃摇床培养 5 ~ 6 h，溶液肉眼可见变浑浊即可。

(12) ATCC8043 菌悬液的制备：菌种复苏完毕后，8000 r/min 离心 2 min，在无菌环境中，倒去上清液，再添加 30 mL 0.85% 无菌生理盐水。盖好螺盖，振荡至底部沉淀全部分散，然后 8000 r/min 离心 2 min，再倒去上清液。重复以上步骤，用无菌生理盐水清洗菌体 3 次后用适当 0.85% 的生理盐水重新溶解，在 660 nm 吸光值下调整光密度至 0.8 左右，即得到实验用菌悬液。现配现用。

(二) 实验材料

一次性手套，接种环，2 mL、15 mL、50 mL 离心管，1 mL 移液枪头，200 μL 移液枪头，擦镜纸，50 mL、100 mL、1000 mL 容量瓶，1 L 烧杯，玻璃棒，蓝盖试剂瓶，0.45 μm 水相滤头，10 mL 注射器，石棉网。

四、仪器

移液枪、离心机、石英比色皿、恒温摇床、恒温水浴锅、灭菌锅、超净工作台、酒精灯、电热炉、分析天平。

五、实验步骤

1. 叶酸提取

(1) 称取适量样品（样品不要超过 1 g，如甜玉米 0.5 g）于 15 mL 离心管中。

(2) 加 9.4 mL 磷酸缓冲液 A，盖上盖子，充分振荡。

(3) 121 ℃灭菌 15 min，注意灭菌时要拧松盖子，然后迅速冷却。

(4) 分别加 0.1 mL 木瓜蛋白酶溶液、0.1 mL α－淀粉酶溶液和 0.4 mL 鸡胰腺清液，于 200 r/min 摇床，36 ℃ ±1 ℃保温 16 h。

(5) 100 ℃加热 3 min 以灭酶，冷却。

(6) 5000 r/min 离心 15 min 后取上清液，用 0.45 μm 滤膜过滤。

(7) 滤液保存于 4 ℃冰箱中待测。不宜长期保存，最好立刻进行叶酸的测定。如确实需要，可以每管 1 mL 分装至 1 mL 离心管中，置于 －20 ℃冰箱中保存待用。

(注意配制空白管，即不加样品，其余步骤完全一样。)

2. 叶酸测定

(1) 标准曲线离心管的准备：取 15 mL 离心管，按下表配制标准曲线培养管。

试管编号	0	1	2	3	4	5	6	7	8	9
叶酸测定培养基/mL	5	5	5	5	5	5	5	5	5	5
叶酸标准工作液/mL	0	0.25	0.5	0.75	1	1.5	1.75	2	2.5	3
超纯水/mL	5	4.75	4.5	4.25	4	3.5	3.25	3	2.5	2
每管含有的叶酸量/ng	0	0.5	1	1.5	2	3	3.5	4	5	6

（2）样品管和空白管的制备：取 15 mL 离心管，按下表配制样品管和空白管。

离心管	样品管	空白管
叶酸测定培养基/mL	5	5
叶酸提取液/mL	0.1	0.1
超纯水/mL	4.9	4.9

（3）灭菌：将标准管、样品管和空白管置于 121 ℃灭菌 20 min 后冷却备用。

（4）接种：在无菌操作的条件下，吸取 50 μL 生理盐水菌悬液至每支测定离心管中，上下颠倒混匀。

（5）培养：将接种后的测定离心管置于 37 ℃、摇速 100 的摇床中培养 19 h，注意测定离心管的盖子要适当松开。

（6）测定：将培养完毕后的测定管置于 4 ℃冰箱中静置 30 min。于 660 nm 处测量吸光值，记录数据。注意测量吸光值的时候不要剧烈振荡测定离心管，轻轻上下颠倒混匀即可，以免产生气泡而干扰结果。计算结果时，注意：样品管的叶酸含量 = 样品管的测量值 - 空白管的测量值。

六、结果计算与讨论

根据实验结果，绘制标准曲线并计算出样品中的叶酸含量。

试样中叶酸含量按下式计算：

$$X = \frac{m_X - m_K}{0.1} \times 10 \times \frac{100}{m} \times \frac{1}{1000}$$

式中　X——试样中叶酸含量，微克每百克鲜重；

m_X——通过标准曲线计算所得的样品平均值，ng；

m_K——通过标准曲线计算所得的空白管中叶酸含量，ng；

m——样品的质量，g。

以重复性条件下获得的三次独立测定结果的算术平均值表示，结果保留三位有效数字。

七、思考题

（1）测出的叶酸含量过低的原因可能有哪些？

（2）影响测定准确性的因素可能有哪些？

实验二十二　二喹啉酸法（BCA 法）测定蛋白质含量

一、实验目的

了解二喹啉酸法（BCA 法）测定蛋白质含量的原理，掌握其测定方法。

二、实验原理

Bicinchoninic acid（二喹啉酸，BCA）法是近年来广为应用的蛋白定量方法。其原理与 Folin－酚法（亦称 Lowry 法）蛋白定量相似，即在碱性环境下蛋白质与 Cu^{2+} 络合并将 Cu^{2+} 还原成 Cu^{+}。BCA 与 Cu^{+} 结合形成稳定的紫蓝色复合物，该水溶性的复合物在 562 nm 处显示强烈的吸光性，吸光度和蛋白质的质量浓度在广泛范围（20～2000 μg/mL）内有良好的线性关系，因此根据吸光值可以推算出蛋白质的质量浓度。与 Lowry 法相比，BCA 蛋白测定方法灵敏度高，操作简单，试剂及其形成的颜色复合物稳定性更好，并且受干扰物质影响小。与 Bradford 法相比，BCA 法的显著优点是不受去垢剂的影响。

三、试剂

（1）牛血清蛋白标准溶液：配制成 0.5 mg/mL 牛血清蛋白溶液。

（2）BCA 试剂 A：分别称取 10 g BCA、20 g $Na_2CO_3 \cdot H_2O$、1.6 g 酒石酸钠、4 g NaOH、9.5 g $NaHCO_3$，加水定容至 1 L，用 NaOH 固体或浓溶液调节 pH 值至 11.25。

（3）BCA 试剂 B：取 2 g $CuSO_4 \cdot 5H_2O$，加蒸馏水至 50 mL。

（4）BCA 工作液：取 50 份试剂 A 与 1 份试剂 B 混合均匀。此试剂可稳定一周。

四、仪器

分光光度计。

五、实验步骤

（1）牛血清蛋白标准曲线制备：

管号	0	1	2	3	4	5
牛血清蛋白/μL	0	30	60	90	120	150
相当于蛋白质质量/mg	0	0.015	0.030	0.045	0.060	0.075
补蒸馏水至 0.15 mL						
BCA 工作液/mL	3	3	3	3	3	3
摇匀，37 ℃孵育 30 min，恢复至室温，在 562 nm 波长处测定吸光值						
A_{562}						

（2）样品测定：吸取一定体积未知浓度的蛋白质溶液，用测定标准曲线的方法测定其 562 nm 波长下的吸光值，与标准曲线作对照，求出样品蛋白质含量。

六、结果计算

以 A_{562} 值为横坐标，牛血清蛋白质量（mg）为纵坐标，作标准曲线；或用回归法计算，求出以 A_{562} 值为自变量、牛血清蛋白质量（mg）为因变量的回归方程。

$$蛋白质的质量浓度 = \frac{m}{V}\ (mg/mL)$$

式中　m——检测样品 A_{562} 值对应标准曲线的蛋白质质量，mg。

　　V——相当于检测样品的体积，mL。

七、注意事项

（1）本法亦适用于微孔板测定，测定时用 25μL 蛋白样品与 200 μL BCA 工作液混合，加入微孔板中孵育后测定。

（2）微孔板测定时，对基于滤光器的酶标仪，可用 540 ～ 590 nm 波长进行检测，不会产生明显的检测性能的降低。

（3）当检测大批量的蛋白样品时，应注意交错检测，以确保同等的孵育时间。

八、思考题

（1）做好本实验的关键因素有哪些？

（2）与 Folin－酚、Bradford 法测定蛋白质的方法相比，它们的使用范围有哪些差异？

第五章　综合设计性实验

第一节　酵母蔗糖酶的分离与纯化

实验一　活性干酵母蔗糖酶的提取

一、实验目的

了解蔗糖酶的性质以及提取生物大分子常用的方法，确立从干酵母中提取蔗糖酶的实验方法。通过蔗糖酶活力的测定，比较各提取方法的优缺点，提出实验方案的改进措施。

二、实验原理

生物大分子的提取过程是把生物大分子（如蛋白质、酶、核酸等）从生物材料的组织或细胞中以溶解的状态释放出来的过程，以便再进一步分离与纯化。适合的提取方法的确立，与该生物大分子在生物体中存在的部位和状态有关。如一些细胞的胞外酶在代谢过程中分泌到细胞或组织的外部，它们的提取比较方便；对于胞内酶，其活性物质分布在细胞内部或细胞的结构物中，提取这类物质，首先必须破碎细胞壁，将生物大分子有效提出并制备成无细胞的提取液，再分级分离。

生化实验中常用的细胞破碎法有：

1. 菌体自溶法

将欲破碎的细胞置于一定温度、pH 条件下，通过细胞自身存在的酶系作用，将细胞破坏，使胞内物质释放出来。

2. 机械破碎法

包括机械捣碎、研磨、高压泵挤压法。研磨是最简单的破壁方法，直接将样品或用少量石英砂或氧化铝与浓稠的菌泥相混后，置于研钵中研磨即可破碎细胞；挤压法是使微生物细胞在高压泵中，在几百公斤的压力作用下，通过一个狭窄的孔道高速冲出，由于突然减压而引起一种孔穴效应，致使细胞破碎。

3. 超声波破碎法

超声波具有频率高、波长短、定向传播等特点。它在液体中传播时，能使液体中某一点瞬间受到巨大的压力，而另一瞬间压力又迅速消失，由此产生了巨大的拉力，使液体拉伸而破裂并出现细小的空穴。这种空穴在超声波的继续作用下，产生可达几万个大气压的局部附加压强。介质中悬浮的细胞在这样大的压力作用下，产生一种应力，促使内部液体流动而使细胞破碎。

超声波破壁的效果与样品的浓度、仪器的频率、输出功率、超声波处理时间、液体介质的性质、温度等因素有关。

蔗糖酶属水解酶，蔗糖在蔗糖酶的作用下，水解为 *D*－葡萄糖和 *D*－果糖。蔗糖酶分布广泛，在酵母，如产朊假丝酵母、啤酒酵母、面包酵母中的含量较高。酵母蔗糖酶是胞内酶，提取前必须进行预处理使菌体细胞破壁。

三、试剂和仪器

（一）主要试剂

（1）适宜 pH、适宜浓度的缓冲液（学生自拟）；

（2）石英砂；

（3）活性干酵母；

（4）Folin－酚法或考马斯亮蓝法测定蛋白质试剂；

（5）3，5－二硝基水杨酸定糖试剂。

（二）仪器

（1）超声波细胞破碎仪；

（2）冷冻离心机；

（3）分光光度计；

（4）电热恒温水浴锅；

（5）秒表或手表。

四、实验步骤

1. 细胞破碎

（1）研磨破壁。称取一定量的干酵母，加入一定的石英砂，分次加入适量的水或缓冲液研磨至一定时间使之破壁。也可加入少量的甲苯溶剂一起研磨，以溶解细胞膜的脂质化合物，有助于加速细胞结构的破坏。

（2）超声波破壁。称取一定量的干酵母，加入经预冷的蒸馏水或适宜的 pH 缓冲液，充分混匀。选择适宜的输出功率、破壁时间，进行超声波破壁处理。

（3）自溶法破壁。设计酵母菌自溶的参数，如自溶温度、pH、缓冲液的浓度、时间等。在恒温装置中完成破壁。

2. 离心分离

在冷冻条件下，选择合适的离心分离速度，去除母液中的菌体细胞，吸取中层清液备用。

五、实验结果及讨论

（1）记录提取酶的方法、条件及粗酶提取液体积，测定酶液中蔗糖酶活力及蛋白质质量浓度。

(2) 测定结果记录。

实验序号	干酵母重量/g	粗酶液提取体积/mL	蔗糖酶活力/(U·mL^{-1})	蛋白质质量浓度/(mg·mL^{-1})	总活力/U	比活力/(U·mg^{-1})

(3) 根据实验分析结果，总结、评价所设计实验的效果并提出改进方案。

六、思考题

酶是一种有活性的大分子物质，在外界作用下容易发生变性，导致酶活力下降甚至失活。蔗糖酶提取实验中应注意哪些问题?

实验二　蔗糖酶的分级沉淀提取

一、实验目的

了解分级沉淀提取分离酶的实验原理，确定分级沉淀纯化蔗糖酶的实验方案，使用盐析法或有机溶剂法分级沉淀蔗糖酶。通过酶比活力、提纯倍数、提取率的测定，评定分级沉淀纯化蔗糖酶的效果。

二、实验原理

经研磨或超声波等方法提取得到的酶液，仍含有其他杂蛋白、多糖等物质，与目的酶相比，不纯物的含量较高，须进一步分离纯化，才能获得纯度较高的酶制品。分级沉淀提取是酶的初步纯化过程，常用的分级沉淀提取方法如下。

(一) 盐析法

盐析法是提纯酶最早使用的方法，目前仍在广泛使用，它适用于许多非电解质物质的分离纯化。常用于盐析的盐类有硫酸铵、硫酸钠、氯化钠、硫酸镁等，其中硫酸铵因其具有以下优点而成为最常用的盐类：①有利于盐溶液浓度提高；②浓度系数小，即不同温度下溶解度变化小，当温度降低时，不至于产生过饱和而析出；③分离效果好，不影响酶活力；④价格便宜，容易获得。

盐析法的原理是：大部分蛋白质在低盐溶液中比在纯水中易溶，称之为“盐溶”现象。但是，当盐浓度升高到一定浓度时，蛋白质的溶解度反而减小，称之为“盐析”。其原因是加入的盐在水中解离时，会夺走蛋白质颗粒表面的水分子，破坏水膜结构；同时，盐类解离后形成的带电离子如 NH_4^+、SO_4^{2-}，能中和蛋白质表面的电荷，使蛋白质沉淀。不同的酶或蛋白质在同一盐溶液中的溶解度不同，利用这一特性，先后添加不同浓度的盐，则可把其中不同的酶或杂蛋白分别盐析出来。

（二）有机溶剂沉淀法

有机溶剂沉淀法也是一种分级沉淀纯化酶的方法。其作用机理是破坏蛋白质的氢键，使其空间结构发生某种程度的变形，致使一些原来包在蛋白质内部的疏水基团暴露于表面，并与有机溶剂的疏水基团结合，形成疏水层，从而使蛋白质沉淀。另一方面，有机溶剂的加入，使蛋白质溶液的介电常数降低，增加了蛋白质分子电荷间的引力，导致蛋白质的溶解度下降。由于不同种类的蛋白质在有机溶剂中的溶解度不同，故可用于酶或蛋白质的分级提纯。乙醇和丙酮是常用的有机沉淀剂。

三、试剂和仪器

（一）试剂

（1）测定蔗糖酶活力试剂；
（2）测定蛋白质质量浓度试剂；
（3）无水乙醇；
（4）固体硫酸铵；
（5）0.02 mol/L pH 5.5 醋酸－醋酸钠缓冲液。

（二）仪器

（1）冷冻离心机；
（2）分光光度计；
（3）电热恒温水浴锅；
（4）秒表或手表。

四、实验步骤

1. 乙醇分级沉淀提取蔗糖酶

乙醇分级沉淀提取蔗糖酶，其最适浓度可通过实验来决定，常采用逐步提高乙醇浓度的方法来实现。为防止酶变性，有机溶剂一般控制在60%左右。实验过程中乙醇的用量可按下式计算：

$$V = V_0 \cdot \frac{S_2 - S_1}{S - S_2}$$

式中　V——应加入乙醇的体积；
V_0——酶液的初始体积；
S——乙醇试剂的体积分数（%）；
S_1——酶液初始的乙醇体积分数（%）；
S_2——酶液需要达到的乙醇体积分数（%）。

（1）取一定体积由实验一提取的原酶液，边搅拌边缓慢加入所需的冷乙醇试剂，待酶液产生沉淀后，静置 10 min，用高速冷冻离心机，4 ℃，8 000 r/min 离心 10 min 将固液分离，记录上清液的体积及其乙醇浓度。

（2）将离心沉淀物用 pH 5.5 缓冲液溶解，记录溶液体积，并测定溶液的蔗糖酶活力及蛋白质含量。

（3）根据沉淀物溶解液中酶活参数测定结果，进一步对分离得到的上清液补加乙醇，进行乙醇二次沉淀提取。再次测定沉淀溶解液中的蔗糖酶活力及蛋白质含量。比较沉淀溶解液的酶活参数，不断调整实验方案，可获得较理想的分级提纯效果。

（4）留取少量的原酶液、分级沉淀提取的酶液供以后电泳分析实验用。

2．硫酸铵分级沉淀提取蔗糖酶

（1）取一定体积的原酶液，在 0 ℃或 25 ℃的温度下，边搅拌边加入固体硫酸铵至一定的浓度，静置 10 min，用高速冷冻离心机 4 ℃，8 000 r/min 离心 10 min 将固液分离，记录上清液的体积及其硫酸铵浓度。

（2）将离心沉淀物用 pH 5.5 缓冲液溶解，记录溶液体积，并测定溶液中的蔗糖酶活力及蛋白质含量。

（3）根据沉淀物溶解液中酶活参数测定结果，进一步对分离得到的上清液补加硫酸铵，进行硫酸铵二次沉淀提取。再次测定沉淀溶解液中的蔗糖酶活力及蛋白质含量。比较沉淀溶解液酶活参数，不断调整实验方案，可获得较理想的分级提纯效果。分段盐析所需固体硫酸铵的添加量可查附录 2。

（4）留取少量的原酶液、分级沉淀提取的酶液供以后电泳分析实验用。

五、结果计算及讨论

乙醇分级沉淀提取蔗糖酶实验结果记录见表 1。

硫酸铵分级沉淀提取蔗糖酶实验结果记录见表 2。

表 1　乙醇分级沉淀提取蔗糖酶实验结果记录

实验序号	样品名称	乙醇体积分数/%	酶液体积/mL	蛋白质质量/mg	酶活力/(U·mL^{-1})	总活力/U	比活力/(U·mg^{-1})	提纯倍数	提取率/%
0	供试原酶液	0						1	100
1	乙醇一次沉淀								
2	乙醇二次沉淀								

注：①酶液体积指经乙醇沉淀提取的沉淀物，用缓冲液溶解后的总体积。

②供试原酶液体积是指分级沉淀所用的原酶液的体积。

③比活力指样品中单位蛋白质（mg 蛋白质或 mg 蛋白氮）所含的酶活力单位。

④提纯倍数指提纯后酶液的比活力与粗酶液的比活力之比值。

⑤提取率指提纯后酶液的总活力与粗酶液的总活力之比。

⑥总活力 = 酶活力（U/mL）× 酶液总体积。

表 2　硫酸铵分级沉淀提取蔗糖酶实验结果记录

实验序号	样品名称	硫酸铵质量分数/%	酶液体积*/mL	蛋白质质量/mg	酶活力/($U \cdot mL^{-1}$)	总活力/U	比活力/($U \cdot mg^{-1}$)	提纯倍数	提取率/%
0	供试原酶液	0						1	100
1	一次沉淀								
2	二次沉淀								

* 硫酸铵沉淀提取物，用缓冲液溶解后的总体积。

根据实验结果，选出较好的分级沉淀提取蔗糖酶的实验方案，或提出进一步改进的实验方案。比较各种分级沉淀提取方法的优缺点。

六、注意事项

（1）酶提取过程中，添加有机试剂时搅拌的速度不要过快，添加速度也不宜过快，以免局部溶剂浓度过高而引起酶失活。

（2）硫酸铵分级沉淀时，盐的饱和度可由低向高逐渐增加，每出现一种沉淀应进行分离。加盐时要分次加入，待盐溶解后继续添加，加完后缓慢搅拌 10 ~ 30 min，使溶液浓度完全平衡，有利于酶的沉淀。

（3）比活力是酶的纯度指标，比活力愈高，表示酶愈纯，即单位蛋白质中酶催化反应的能力愈大。但这仍是一个相对指标，并不说明酶的实际纯度，要了解酶的实际纯度，可通过电泳方法确定。

（4）提取率表示提纯过程中酶的损失程度，提取率越高，损失越少。

（5）提纯倍数量度提纯过程中纯度提高的程度，提纯倍数大，表示该法纯化效果好。

（6）理想的纯化方法是既要有相当的提纯倍数，又要有较高的提取率；或者说既能最大限度地除去杂蛋白，又尽量保护酶蛋白不受损失。但实际上并不容易做到，往往是提纯倍数较高，提取率则偏低；提取率较高的方法，其提纯倍数低。因此，选择提纯方法，必须根据实际需要而定。一般来说，工业用酶纯度要求较低，但用量大，故可选择提取率较高的方法；而试剂级、医用酶需要量少，但纯度要求高，应选用提纯倍数高的方法。

七、思考题

（1）高浓度的硫酸铵对蛋白质的溶解度有何影响？为什么？

（2）浓度较高的乙醇、丙酮对大部分蛋白质产生什么影响？

（3）盐析时选用合适的 pH 值和酶浓度，对酶的分离有什么影响？

（4）盐析沉淀得到的酶制品可直接用在食品工业上吗？需做哪些处理？

（5）设计酶分级沉淀试验时，应注意哪些问题？

实验三 蔗糖酶的葡聚糖凝胶层析法脱盐

一、实验目的

了解蔗糖酶在葡聚糖凝胶柱上的脱盐原理，学习其基本的操作技术。

二、实验原理

分子筛指的是一些多孔介质。当含有不同大小分子的混合物流经介质时，小分子能进入介质的孔隙，而大分子则被阻在介质之外，从而达到分离的目的，这种作用称为分子筛效应。具有这种效应的物质很多，其中效果较好的有葡聚糖凝胶（Sephadex）、琼脂糖凝胶（Sepharose）、聚丙烯酰胺凝胶等。

经盐析分级沉淀得到的蔗糖酶溶液含有大量的硫酸铵，铵盐的存在对蔗糖酶的进一步分离纯化产生不利影响，因此必须除去。葡聚糖凝胶柱脱盐的原理是：当蔗糖酶液流经凝胶柱时，酶被排阻在凝胶外面先流出来，而小分子的盐类则扩散到凝胶网孔内部，经较长路径再流出，由于大小分子向下运动的速度不同，最终将盐和大分子的酶分离。这种方法脱盐的速度不仅比透析法脱盐快，而且大分子物质不变性。

凝胶柱的脱盐效果可以用奈氏试剂或氯化钡溶液检验，奈氏试剂可与铵离子形成红棕色沉淀，氯化钡可与硫酸根离子形成白色沉淀。

三、试剂和仪器

（一）试剂

（1）葡聚糖凝胶 G－50；

（2）洗脱液：适宜 pH 值的 50 mmol/L 磷酸盐缓冲液或 Tris－HCl 缓冲溶液；

（3）奈氏试剂：5 g KI 溶于 5 mL 水中，加入饱和 $HgCl_2$，搅拌至朱红色沉淀不再溶解时，加入 40 mL 50% NaOH，稀释至 100 mL，静置过夜，取上清液备用；

（4）1% 氯化钡溶液。

（二）仪器

（1）由 1.6cm × 30cm 凝胶柱、恒流泵、分部收集器组成的脱盐装置；

（2）紫外分光光度计。

四、实验步骤

实验用凝胶的预处理根据盐析柱的体积和干凝胶的膨胀度进行，可按下式计算所需干凝胶的用量：

$$干凝胶用量 = \left[\frac{\pi r^2 h}{膨胀度（床体积/g\ 干胶）}\right] \times (110\% \sim 120\%)\ (g)$$

称取一定量的葡聚糖凝胶干粉，按说明书要求用纯水充分溶胀，然后用倾泻法除去表面悬浮的小颗粒，重复3～4次。

（1）装柱。将一定体积的洗脱液加入已溶胀的凝胶中，混匀。尽量沿柱壁一次性徐徐灌入柱中，以免出现不均匀的凝胶带。凝胶浆过稀易出现不均匀的裂纹；过于黏稠，会吸留气泡。

新装的柱用适当的缓冲液平衡后，将带色的蓝色葡聚糖－2000配成2mg/mL的溶液过柱，观察色带是否均匀下降。均匀下降说明柱层床无裂纹或气泡，否则必须重装。

（2）加样和洗脱。打开柱的上盖，让缓冲液流出，直至液面与凝胶床面相平。将一定量的酶液（加样量自定）小心加到凝胶床的表面。待样品恰好通过层床后，用少量洗脱液冲洗凝胶表面，待少量洗脱液流进层床后，补加缓冲液至合适的高度，旋紧柱上盖，开启恒流泵，以一定量的洗脱缓冲液按0.5～1.0 mL/min速度洗脱，每3～5 mL收集一管。

（3）收集液的检测。在280 nm波长下，测定各收集管中溶液的蛋白质含量及脱盐情况。

（4）合并蛋白含量高的样品峰，用奈氏试剂或1%氯化钡溶液检验其脱盐情况。

五、结果分析及讨论

（1）以A_{280}为纵坐标、收集管数为横坐标，绘制酶洗脱曲线。收集经脱盐的酶液（即有酶活力的洗脱液）。

（2）蔗糖酶凝胶脱盐效果比较：

实验序号	蔗糖酶上样量/mg	洗脱速度/($mL \cdot min^{-1}$)	洗脱液体积/mL	酶液脱盐效果检验
1				
2				

六、注意事项

（1）凝胶溶胀过程中，应避免剧烈搅拌，以防止破坏交联结构。凝胶只能用水溶胀，含有机溶剂较多的水溶液会使其收缩，改变孔隙，或降低其分离能力。

（2）加样量应在不影响分离的前提下增大，但为了获得较好的脱盐效果，可减少加样量，此时分离效果逐渐加强。一般加样量不超过凝胶床体积的10%。

（3）凝胶柱的流速取决于柱长、凝胶颗粒的大小等多种因素。一般来说，洗脱流速慢，分离效果好，但是太慢也会因扩散加剧而降低分离效果。

（4）凝胶的洗涤及保存。先用2～3倍层床体积的蒸馏水通过凝胶柱，再将凝胶倒入杯中，用蒸馏水充分漂洗，用布氏漏斗抽洗，以除去盐分和其他杂质。

然后向凝胶浆中加入0.02%的硫抑汞或叠氮化钠，可保存几个月。下次使用前重新洗柱除去防腐剂。

七、思考题

(1) 比较透析法和凝胶法脱盐的优缺点。

(2) 利用凝胶法脱盐，要达到较好的分离效果，与什么因素有关?

实验四 离子交换柱层析分离纯化蔗糖酶

一、实验目的

学习离子交换柱层析法分离纯化蔗糖酶的原理和方法，掌握离子交换柱层析法的基本技术。

二、实验原理

离子交换柱层析是根据物质解离性质的差异而选用不同的离子交换剂进行分离、纯化混合物的液-固相层析分离法。样品加入后，被分离物质的离子与离子交换剂上的活性基团进行交换，未被结合的物质会被缓冲液从交换剂上洗掉。当改变洗脱液的离子强度和pH值时，基于不同分离物的离子对活性基团的亲和程度不同，而使之按亲和力大小顺序依次从层析柱中洗脱下来。离子交换机制主要由5步组成：

①离子扩散到树脂表面。在均匀的溶液中这个过程很快。

②离子通过树脂扩散到交换位置。这由树脂的交联度和溶液的浓度所决定。该过程是控制整个离子反应的关键。

③在交换位置上进行离子交换。这是瞬间发生的，并且是一个平衡过程。被交换的离子所带的电荷越多，它与树脂结合也就越紧密，被其他离子的取代也就越困难。

④被交换的离子通过树脂扩散到表面。

⑤用洗脱液洗脱，被交换的离子扩散到外部溶液中。

离子交换剂是由高分子的不溶性基质和若干与其以共价键结合的带电荷的活性基团组成。根据基质的组成和性质，可分为疏水性离子交换剂和亲水性离子交换剂两大类。如由苯乙烯和二乙烯聚合的聚合物——树脂为基质的离子交换剂属疏水性离子交换剂；以纤维素、交联葡聚糖、琼脂糖凝胶为离子交换剂基质的则属亲水性离子交换剂。这是一类常用的分离高分子生物活性物质的离子交换剂，对生物大分子的吸附及洗脱条件均比较温和，因而不破坏被分离物质。其中，DEAE Sepharose CL-6B弱阴离子交换剂、CM-Sepharose CL-6B弱阳离子交换剂特别适合生物大分子等物质的分离，具有在快流速操作下不影响分辨率的特点。

离子交换剂的活性基团可以解离在水溶液中，能与流动的带有相反电荷的离子相结合，而那些带有相同电荷的离子之间又可以进行交换。例如：

阳离子交换反应

$$R-SO_3^- H^+ + Na^+ \rightleftharpoons R-SO_3^- Na^+ + H^+$$

阴离子交换反应

$$R—N^{+}(CH_3)_3OH^{-} + Cl^{-} \longrightarrow R—N^{+}(CH_3)_3Cl^{-} + OH^{-}$$

离子交换剂所带的活性基团可以是阳离子型的酸性基团，如强酸性的磺酸基（$—SO_3H$）、中强酸性的磷酸基（$—PO_4H_2$）、弱酸性的羧基（—COOH）或酚羟基（—OH）等；也可以是阴离子型的碱性基团，如强碱性的季胺基［$—N(CH_3)_3$］、弱碱性的叔胺基［$—N(CH_3)_2$］、仲胺基（═NH）、伯胺基（$—NH_2$）等。

对于呈两性离子的蛋白质（含酶类）、多肽和核苷酸等物质，与离子交换剂的结合力与其在特定 pH 条件下所呈现的离子状态密切相关，当 pH 值低于等电点时，它们能被阳离子交换剂吸附；反之，pH 值高于等电点时，它们能被阴离子交换剂吸附。因此，一般应根据被分离物在稳定的 pH 范围内所带的电荷来选择交换剂的类型。

经分级沉淀提取的蔗糖酶，仍含有杂蛋白，可对其进一步分离纯化。蔗糖酶的等电点小于 pH 6.0，在弱酸性至中性的 pH 范围稳定，在适合的 pH 缓冲液（$pH \geqslant 6.0$）中可使之带负电荷，因此可选用弱阴离子交换柱层析进行纯化。首先使带负电荷的蛋白质与阴离子交换剂活性基团进行交换，然后选用梯度洗脱，通过改变洗脱液的离子强度，把蔗糖酶从混合物中分离出来。

在离子交换层析过程中，洗脱液的 pH 值、洗脱液的洗脱体积以及洗脱液的离子强度等因素是影响酶分离纯化效果的主要因素。纯化活性蛋白基本的准则是要将酶活性（蛋白活性）与总蛋白的比率尽可能提高，同时要兼顾回收率。因此在纯化过程中，必须严格记录每一个操作步骤和每一个阶段中获取的各个蛋白样品的活性单位及数量。本实验通过建立简明的纯化记录表，比较离子交换层析前后各个蛋白样品的蛋白含量与酶活力，可以方便地追踪目的蛋白的流向，评估离子交换层析是否达到了分离纯化的目的，为进一步调整离子交换层析的洗脱条件、提高分离纯化效果提供良好的参考。

三、试剂和仪器

（一）试剂

（1）洗脱液 A（50 mmol/L Tris - HCl 缓冲溶液）：称取 6.06 g 三羟甲基氨基甲烷（Tris），加 900 mL 水溶解，在 pH 计上用 6 mol/L 盐酸调至一定的 pH 值，加水至 1000 mL。

（2）洗脱液 B（50 mmol/L Tris - HCl - NaCl 缓冲溶液）：称取 6.06 g Tris，一定量 NaCl（自行设计），溶解至 900 mL，在 pH 计上用 6 mol/L 盐酸调 pH 值与洗脱液 A 相同，加水至 1000 mL。

（3）DEAE Sepharose CL - 6B（二乙基氨基交联琼脂糖）弱阴离子交换剂或 DEAE 纤维素（二乙基氨基纤维素）弱阴离子交换剂。

（4）聚乙二醇 6000（PEG - 6000）。

（5）测定蔗糖酶活力试剂。

（6）测定蛋白质含量试剂。

（二）仪器

（1）紫外-可见分光光度计；

（2）层析柱；

（3）蠕动泵；

（4）梯度混合器；

（5）分步收集器。

也可以使用集成化的蛋白层析系统进行实验，如 Bio Rad 公司的 LP 低压层析系统及 GE 公司的 AKTA Prime 蛋白层析系统等，其基本构造如下图所示。

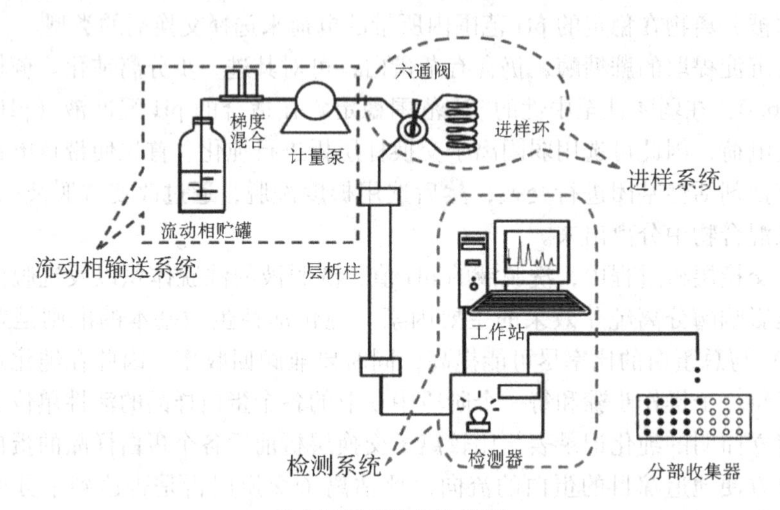

蛋白层析系统构造简图

四、实验步骤

1. 柱的装填及平衡

（1）柱的填装。本实验使用垂直固定离子交换柱。将已用20%乙醇溶胀了的 DEAE 阴离子交换剂分次装入柱中，每当树脂在柱底出现沉淀层时，再继续补加交换剂，直至交换剂装至所需的层床体积。使用可调式层析柱时，应调节层析柱转换头，使其与层床表面相切，可最大限度地减少整个层析体系的死体积。

（2）柱的平衡。上样前以适宜的流速，用 2 ～ 3 倍层床体积的洗脱液 A 冲洗层析柱，直至流出液的 pH 值与洗脱液 A 完全一致为止，使交换剂与缓冲液达到平衡。平衡后的层析柱应进一步对光检查，观察填充是否均匀，是否有裂层，必要时应重装。

2. 上样

参照实验三的方法，将一定体积经分级沉淀提取并脱盐的蔗糖酶液装入柱中。使用集成的蛋白层析系统时，也可以通过进样器上样。上样后用 1 ～ 2 倍层床体积的洗脱液 A 冲洗层析柱，将未结合在交换剂上的样品洗出。

3. 洗脱

旋紧层析柱上盖，打开梯度混合器开始洗脱。利用梯度混合器调节洗脱液 A 与洗脱液B（Tris－HCl－NaCl缓冲液）的比例，在设定的时间内使洗脱液由100%A逐渐过渡到100%B，以适宜的流速对层析柱上的蛋白样品进行盐离子浓度梯度洗脱。以每管4～6 mL收集洗脱液，直至洗脱液中盐离子浓度达到最大值，洗脱曲线不再出现样品峰时可结束洗脱程序。洗脱完毕后，用2～3倍层床体积的洗脱液A冲洗层析柱，直至流出液电导率稳定后，可重复上样层析。

4. 洗脱液的检验

以洗脱液A为参比，在280 nm波长下，测定分管收集液的A_{280}值。以A_{280}为纵坐标、洗脱管数为横坐标，作洗脱曲线。使用蛋白层析系统时，其检测系统可自动绘制洗脱曲线。

5. 蛋白质溶液的收集与检测

根据A_{280}洗脱曲线指示的各个层析样品峰的位置，分别合并各样品峰所在的洗脱管中的溶液，标记为层析样品1，2，…，测定上柱前的蛋白样品及收集的各层析样品的蛋白质含量、酶活力。如层析样品浓度太小难以测定时，可将其适当浓缩后再进行测定。快速浓缩可采用如下方法：将待浓缩样品装入已处理的透析袋中，扎紧袋口。于透析袋外铺撒PEG－6000粉末，在4 ℃中浓缩。按情况更换干燥的PEG－6000粉末，直至样品浓缩到所需的体积。同时纯化后的收集酶液留样作进一步电泳分析。

五、结果分析及讨论

记录并测定离子交换层析纯化前后各项参数，填写干酵母蔗糖酶纯化记录表，根据实验结果评价离子交换纯化蔗糖酶效果，提出改进实验的意见和方法。

干酵母蔗糖酶纯化记录表

蔗糖酶样品	体积/mL	洗脱液流速/($mL \cdot min^{-1}$)	酶活力/($U \cdot mL^{-1}$)	蛋白质质量浓度/($mg \cdot mL^{-1}$)	比活力/($U \cdot mg^{-1}$)	总活力/U	提纯倍数	回收率/%
上柱酶液								
离子交换纯化收集酶液（1）号样								
离子交换纯化收集酶液（2）号样								
离子交换纯化收集酶液（3）号样								

注：回收率是指层析收集酶液与上柱酶液总活力的比值。

六、注意事项

（1）交换剂母体的选择。以合成高分子聚合物为母体的离子交换树脂交联度大，结构紧密，孔径较小；此外，电性基团在这类母体上的取代程度高，电荷密度大，对蛋白质等生物大分子的结合较紧密。所以吸附在树脂上的物质不易洗脱，易造成不可逆的离子交换作用，而使具有活性的大分子物质变性失活。由于其具有流速快、对小分子物质的交换容量大的特点，因而可用于氨基酸、核酸等小分子物质的分离。以天然多糖、纤维素为母体的亲水性离子交换剂，克服了合成高分子树脂的一些缺点，适用于生物大分子的分离纯化，可根据分离物的相对分子质量大小、交换剂孔径大小、交换当量等参数来选择使用。

（2）缓冲液 pH 值的选择。对于一个未知等电点的试样，可用下列方法确定离子交换层析的起始 pH 值：

①取若干支 15 mL 试管，每支试管分别加 1.5 mL Sepharose。

②每支试管用 10 mL 0.5 mol/L 不同 pH 值的缓冲液平衡洗涤 10 次，阳离子交换剂取 pH 4 ～ 8；阴离子交换剂取 pH 5 ～ 9，每管间隔 0.5pH 单位。

③用相同的低离子强度缓冲液（0.01 mol/L），对上述相应各管平衡洗涤 5 次，每次 10 mL。

④于上述平衡后的试管中分别加入等量的试样，与交换剂混合 5 ～ 10 min，静置使交换剂沉入试管底部。测定上清液中样品含量，含量低的表示交换量高，据此可确定上柱 pH 值。

（3）离子交换实验完成后若洗脱液盐离子强度较低，为防止杂蛋白未被洗脱，需用 1 mol/L NaCl－50 mmol/L Tris－HCl pH 缓冲液清洗层析柱，洗脱液体积为 2 ～ 3 倍层床体积。

（4）离子交换剂的再生：离子交换剂使用一定时间后，交换能力下降，必须进行离子交换剂再生处理。可用 0.1 mol/L HCl 洗柱，用蒸馏水洗至中性；然后用 0.1 mol/L NaOH 洗柱，再用蒸馏水洗至中性备用，或用起始缓冲液平衡处理。

（5）离子交换剂的保存：已冲洗干净的 DEAE－Sepharose CL－6B 离子交换剂，若长期不用，可用 20% 乙醇或 0.02% 叠氮化钠过柱保存。

（6）若使用 DEAE－纤维素阴离子交换剂，则应查阅有关资料，对其进行浸泡膨化，再用酸或碱处理、洗涤后才能使用。

（7）酶液浓缩：使用聚乙醇（PEG）－6000 试剂将酶液浓缩到所需的体积，是一种既安全无毒又快速的方法。但应注意 PEG 不可受热烘干，否则会使其变为无用的蜡状物。

（8）透析袋的预处理及保存：市售的透析袋在制备时为防止干燥脆裂，已用 10% 的甘油处理。透析时，只要浸泡润湿，并用蒸馏水充分洗涤，即可使用。对于要求较高的实验，除要将甘油彻底洗掉外，还应将所含有的微量硫化物及痕量的重金属除去。处理方法可用 10 mmol/L $NaHCO_3$ 浸洗，也可用煮沸方法或用 50% 乙醇 80 ℃浸泡 2 ～ 3 h；10 mmol/L EDTA 可除去重金属，用 EDTA 处理过的透析袋要用去离子水或超纯水保存。

新的干燥透析袋应保存在密封聚乙烯袋中，需防潮防霉以及避免被微生物蚀孔。最好能保存在 10 ℃的冷柜中。

用过的透析袋应将其充分洗净，或用含有 NaCl 的溶液清洗，以除去袋中粘附的蛋白质，再用蒸馏水洗净，存于 50% 甘油或 50% 乙醇中。注意，已使用过的透析袋，因原来加入的保湿剂已被除去，故不允许使其再次干燥，否则极易脆裂破损，无法使用。

七、思考题

（1）离子交换柱层析能分离纯化蔗糖酶的主要依据是什么？

（2）影响离子交换作用的主要因素是什么？

（3）梯度洗脱的分离效果与什么因素有关？

实验五　交联葡聚糖凝胶色谱分离纯化蔗糖酶

一、实验目的

学习凝胶色谱法分离纯化蛋白质的实验原理，掌握其分离技术。

二、实验原理

凝胶色谱又称分子筛色谱，是 20 世纪 60 年代发展起来的一种快速而简便的生物化学分离分析方法。其基本原理是用柱层析方法把含不同相对分子质量的物质通过具有分子筛性质的固定相（凝胶），使物质得以分离。用作凝胶的材料有多种，如交联葡聚糖、琼脂糖、聚丙烯酰胺凝胶等。

交联葡聚糖是以右旋葡聚糖为残基的多糖用交联剂环氧氯丙烷交联形成的有三维空间结构的网状结构物。葡聚糖和交联剂的配比及反应条件决定其交联度的大小（交联度大，“网眼”就小），因而控制葡萄糖和交联剂的配比及反应条件，就可得到各种规格的交联葡聚糖，即不同型号的凝胶。交联葡聚糖的商品名为 Sephadex，商品中“G”表示交联度，G 越小，交联度越大，吸水量也就越小。

样品分离时，首先把经过充分溶胀的凝胶装入层析柱中，然后把样品加进凝胶柱。由于交联葡聚糖的三维空间网状的结构特性，相对分子质量大的物质只是沿着凝胶颗粒间的孔隙随溶剂荡动，其流程短，移动速度快，先流出层析床。相对分子质量小的物质由于不断进出微孔凝胶颗粒内部，流程长，移动速度慢，比相对分子质量大的物质迟流出层析床，从而使样品中各组分按相对分子质量大小得以分离。当两种以上不同相对分子质量的分子均能进入凝胶颗粒内部时，则由于它们被排阻和扩散程度不同，在色谱柱内所经过的时间和路程不同，从而得到分离。凝胶色谱分离原理示意图如下图所示。

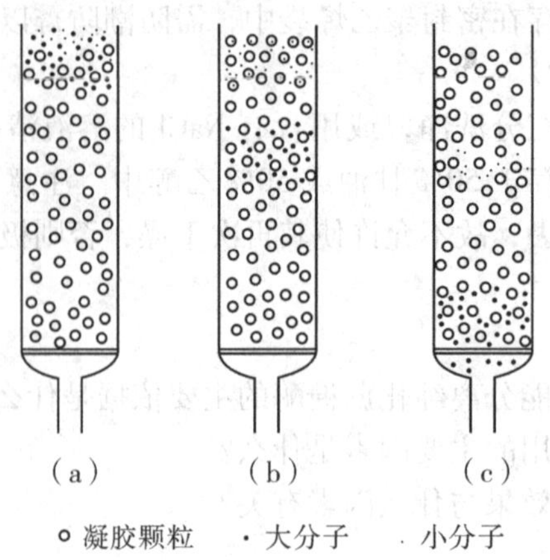

凝胶色谱分离原理

三、试剂和仪器

(一) 试剂

(1) 0.05 mol/L 醋酸－醋酸钠缓冲溶液：称取无水醋酸钠 4.1 g，加水溶解至 950 mL，用醋酸调 pH = 5.5，补水至 1000 mL；
(2) Sephadex G150；
(3) 聚乙二醇 6000；
(4) 测定蔗糖酶活力试剂；
(5) 测定蛋白质含量试剂。

(二) 仪器

(1) 紫外－可见分光光度计；
(2) 层析柱；
(3) 蠕动泵；
(4) 分步收集器；
(5) 或使用集成化的蛋白层析系统进行实验。

四、实验步骤

1. 柱的装填

在玻璃柱先装入一定体积的水或分离缓冲溶液，边搅拌边缓缓加入已充分溶胀的葡聚糖凝胶悬浮液，让其自然沉降，将多余的溶剂放出，适当补充凝胶液使凝胶体积达到所需的高度。使用可调式层析柱时，应调节层析柱转换头，使其与凝胶床表面相切，可最大限度减少整个层析体系的死体积。

2. 柱的平衡

用 2 ～ 3 倍凝胶床体积的 0.05 mol/L 醋酸－醋酸钠缓冲液以 1 ～ 2 mL/min 的流速

平衡凝胶柱。注意观察凝胶床的情况，不能有气泡或裂纹存在。

3. 上样和洗脱

色谱柱平衡后，打开层析柱出口，待平衡液流至床表面时，关闭出口，用吸管沿柱壁慢慢加入一定体积的蔗糖酶液（上样体积一般不超过凝胶床总体积的10%），打开出口，调整流速使样品慢慢渗入凝胶床内，样品完全进入凝胶后，旋紧凝胶柱上盖，开启恒流泵，以一定的流速开始洗脱，每3～5 mL收集一管。使用集成的蛋白层析系统时，也可以通过进样器上样，上样完毕后即可开始洗脱。

4. 洗脱液的检验

以0.05 mol/L醋酸－醋酸钠缓冲液为参比，在280 nm波长下，测定分管收集液的A_{280}值。以A_{280}为纵坐标、洗脱管数为横坐标，作洗脱曲线。使用蛋白层析系统时，其检测系统可自动绘制洗脱曲线。

5. 蛋白质溶液的收集与检测

根据A_{280}洗脱曲线指示的各个层析样品峰的位置，分别合并各样品峰所在的洗脱管中的溶液，标记为层析样品1、2、…，测定上柱前的蛋白样品及收集的各层析样品的蛋白质含量、酶活力。如层析样品浓度太小难以测定时，可将其适当浓缩后再进行测定。快速浓缩可采用如下方法：将待浓缩样品装入已处理的透析袋中，扎紧袋口。于透析袋外铺撒PEG－6000粉末，在4 ℃中浓缩。按情况更换干燥的PEG－6000粉末，直至样品浓缩到所需的体积。同时纯化后的收集酶液留样作进一步电泳分析。

五、结果分析及讨论

记录并测定蔗糖酶凝胶层析纯化前后各项参数，填写干酵母蔗糖酶纯化记录表，根据实验结果评价凝胶层析纯化蔗糖酶效果，提出改进实验的意见和方法。

干酵母蔗糖酶纯化表

蔗糖酶样品	体积/mL	洗脱液流速/($mL \cdot min^{-1}$)	酶活力/($U \cdot mL^{-1}$)	蛋白质质量浓度/($mg \cdot mL^{-1}$)	比活力/($U \cdot mg^{-1}$)	总活力/U	提纯倍数	回收率/%
上柱酶液								
凝胶层析纯化收集酶液（1）号样								
凝胶层析纯化收集酶液（2）号样								
凝胶层析纯化收集酶液（3）号样								

六、注意事项

（1）色谱分离效果与填装起来的色谱床是否均匀有很大关系，因此使用前必须检查装柱的质量，最简单的方法是用肉眼观察色谱床是否均匀，有没有裂缝和气泡。也可用大分子有色物质蓝色葡聚糖-2000的溶液过柱，观察色带的移动情况，如色带狭窄，均匀平整，说明柱性能良好；若色带出现歪曲，散乱变宽，则必须重新装柱。

（2）Sephadex 对碱和弱酸稳定（在0.1 mol/L 盐酸中可以浸泡1～2 h），在中性时可高压灭菌。交联葡聚糖工作时要求pH值稳定性在2～11的范围内。

（3）葡聚糖G后面的数字代表不同的交联度，数值愈大交联度愈小，吸水量愈大。通常 Sephadex G-10～G-50用于分离肽或脱盐，G-75～G-200可用于分离相对分子质量大于1000的蛋白质。

（4）样品的分离效果与选用的色谱柱也有一定的关系，通常对于高分辨率的柱则采用高的比率，即长度/直径（*L*/*D*）的比值较大。增加柱长虽然可提高分辨率，但同时也影响了流速，增加了样品的稀释度，所以在实际操作中应通过系统实验来确定色谱柱的大小和规格。

（5）G系列交联葡聚糖凝胶亲水性强，只能在水中溶胀（仅有极少数的有机溶剂也可使之溶胀），有机溶剂或含有机溶剂较多的水溶液会改变其孔隙，使之收缩，失去或降低凝胶的分离能力。Sephadex G型葡聚糖凝胶在室温溶胀和在100 ℃溶胀所需时间如下表所示。

Sephadex G 型葡聚糖凝胶溶胀所需时间

凝胶型号	所需最小溶胀时间*/h	
	20～22 ℃（室温）	100 ℃（沸水浴）
Sephadex G-10	3	1
G-15	3	1
G-25	3	1
G-50	3	1
G-75	24	3
G-100	72	5
G-150	72	5
G-200	72	5

（6）凝胶柱的保存：交联葡聚糖是多糖类物质，极易染菌，由微生物分泌的酶能水解多糖苷键而改变色谱特性。抑制微生物生长的常用方法是在凝胶中加入0.02%的叠氮化钠溶液。

七、思考题

(1) 凝胶过滤色谱法分离纯化蛋白质的原理及适用范围分别是什么?

(2) 样品分离要达到较好的结果与什么因素有关?

实验六　聚丙烯酰胺凝胶电泳分离测定蔗糖酶纯度

一、实验目的

学习聚丙烯酰胺凝胶电泳分离蛋白质的原理，掌握聚丙烯酰胺凝胶垂直平板电泳分离测定蔗糖酶纯度的操作方法。

二、实验原理

聚丙烯酰胺凝胶是由单体丙烯酰胺和交联剂 N,N′-甲叉双丙烯酰胺在催化剂和加速剂的作用下聚合交联形成的具有分子筛效应的三维网状结构凝胶。凡以此凝胶为支持物的电泳均称为聚丙烯酰胺凝胶电泳。凝胶筛孔大小、机械强度和透明度等物理参数，主要取决于凝胶浓度（T）及交联度（C）。随着这两个参数的改变，可获得对待测分子进行分离、分辨的最适孔径。T 和 C 的计算方法见第二章的式（2-23）和（2-24）。

聚丙烯酰胺凝胶电泳根据其有无浓缩效应，分为连续系统与不连续系统两大类。在连续系统中，缓冲溶液 pH 值及凝胶浓度相同，带电颗粒在电场的作用下主要靠电荷及分子筛效应得以分离；而在不连续系统中，不仅具有前两种效应，还具有浓缩效应，使电泳具有良好的清晰度和分辨率。

电泳时样品的浓缩效应主要由以下原因产生：①凝胶孔径的不连续。在不连续的系统中，电泳凝胶由上下两层不同 pH、不同孔径的浓缩胶和分离胶组成，在电场的作用下，蛋白质颗粒在大孔的浓缩胶中泳动的速度快，当进入小孔分离胶时，其泳动过程受阻，因而在两层凝胶交界处，由于凝胶孔径的不连续性造成样品位移受阻而压缩成很窄的区带。②缓冲体系离子成分及 pH 值的不连续性。在 Tris-甘氨酸缓冲体系中，各胶层中均含有 HCl，HCl 在任何 pH 溶液体系中均容易离解出 Cl^-，它在电场中迁移率最大；甘氨酸等电点（pI）为 6.0，在 pH6.8 的浓缩胶中，离解度很低，仅有 0.1%～1% 的 $NH_2CH_2COO^-$，因而在电场中的迁移速度很慢；大部分蛋白质 pI 在 5.0 左右，在此电泳环境中都以负离子形式存在。通电后，这三种负离子在浓缩胶中都向正极移动，而且它们的泳动率是不同的。于是，蛋白质就在快、慢离子形成的界面处，被压缩成极窄的区带。③电位梯度的不连续性。电泳开始后，由于 Cl^- 的迁移率最大，很快超过蛋白质，因此在快离子后面，形成一个离子浓度低的电导区，由此产生一个高的电位梯度，使蛋白质和慢甘氨酸离子在快离子后面加速移动。当快离子和慢离子的移动速度相等的稳定状态建立后，由于蛋白质的有效迁移率正好介于快、慢离子之间而被浓缩形成一狭小的区带。

当样品进入分离胶后，凝胶 pH 变为 8.8，此时甘氨酸解离度大大增加，其有效迁移率也因此加大，并超过所有蛋白质分子。这样，快慢离子的界面（由溴酚蓝指示剂标记）总是跑在被分离的蛋白质样品之前，不再存在不连续的高电势梯度区域。于是，蛋白质样品在一个均一的电势梯度和均一的 pH 条件下，通过凝胶的分子筛作用，根据各种蛋白质所带的净电荷不同而具有不同迁移率来达到分离目的。

采用连续或不连续聚丙烯酰胺凝胶电泳，选用合适的凝胶浓度，对各纯化步骤所收集的具有高活力蔗糖酶溶液样品进行电泳分析，可判断蔗糖酶的纯化效果。

三、试剂和仪器

（一）试剂

（1）30%单体胶储备液（Acr 与 Bis 的质量比为 29∶1）：称取 58 g 丙烯酰胺（Acr）溶于适量双蒸水，再加入 2 g 甲叉双丙烯酰胺（Bis），溶解后定容至 200 mL，过滤备用。

（2）分离胶缓冲液（pH 8.8，1.5 mol/L Tris－HCl）：称取 18.16 g Tris 溶于 80 mL 双蒸水中，用 HCl 调 pH 至 8.8，然后定容至 100 mL。

（3）浓缩胶缓冲液（pH 6.8，1 mol/L Tris－HCl）：称取 12.11 g Tris 溶于 80 mL 双蒸水中，用 HCl 调 pH 至 6.8，加水定容至 100 mL。

（4）10%过硫酸铵（AP，聚合用催化剂）：称取 5 g AP 溶解于 50 mL 双蒸水中，最好临用之前新鲜配制。也可将其置于 4 ℃冰箱中避光保存，7 天后重配。

（5）N,N,N′,N′－四甲基乙二胺（TEMED，聚合用加速剂）。

（6）Tris－Gly 电泳缓冲液：称取 7.5 g Tris 和 36 g 甘氨酸溶于双蒸水中，定容至 500 mL，使用时稀释 5 倍。

（7）50 mmol/L Tris－HCl（pH 6.8）缓冲液：称取 0.606 g Tris 溶于 80 mL 双蒸水中，用 HCl 调 pH 至 6.8，然后加水至 100 mL。

（8）加样缓冲液：分别取 50 mmol/L Tris－HCl 缓冲液（pH 6.8）4 mL，溴酚蓝 2 mg，甘油 5 mL，用双蒸水溶解后定容至 50 mL。

（9）染色液：称取 0.5 g 考马斯亮蓝 R－250 溶于甲醇（80 mL）和冰醋酸（20 mL）混合液中，过滤备用。

（10）脱色液：取 150 mL 甲醇与 50 mL 冰醋酸混溶，加双蒸水至 500 mL。

（11）适宜相对分子质量范围的标准蛋白质混合物。

（二）仪器

（1）直流稳压稳流电泳仪；

（2）VE－180 型垂直电泳槽；

（3）微量移液器。

四、实验步骤

1. 灌胶模具的组装

（1）选择适宜间隔厚度的垫条玻璃板（长板），板上有箭头标记的方向向上，有垫条的一面面向操作者，另取一块无垫条的薄玻璃板（短板），平行盖在垫条玻璃板的垫条上。

（2）将玻璃板卡具打开，取上述玻璃板组合，短板在前对齐，垂直放入玻璃板卡具中。将玻璃板卡具放在水平桌面上，使卡具中的两块玻璃板底边对齐，锁紧卡具，形成一个制胶单元。取一倒胶架，铺好密封橡胶软垫，将制胶单元玻璃板下边缘与软垫压紧，夹在倒胶架上。

（3）往两块玻璃板的间隙中加入适量蒸馏水，静置片刻，观察是否渗漏。如无渗漏，则将水倒出，用滤纸将残留的液体吸干，完成灌胶模具组装工作；如有渗漏，则需重复以上灌胶模具组装步骤。

2. 灌胶

（1）配制 8% 的分离胶和 5% 的浓缩胶。

下表所列凝胶配方足够配制 2 块凝胶，灌胶后剩余胶液可留在烧杯中，方便观察凝胶凝固情况。

试剂名称	8% 分离胶/mL	5% 浓缩胶/mL
双蒸水	7.0	6.9
单体胶储备液	4.0	1.7
分离胶缓冲液	3.8	—
浓缩胶缓冲液	—	1.25
10% AP	0.15	0.10
TEMED*	0.009	0.01
总体积	15.0	10.0

*TEMED 应在临灌胶时最后加入，以免胶液凝固影响灌胶。

（2）分离胶灌胶：将配制好的分离胶溶液连续缓慢地沿两块玻璃板中间缝隙注入灌胶模具，直至胶液的高度达到短玻璃板板面 2/3 左右，小心加适量双蒸水覆盖胶面，加水速度应不破坏胶层。当凝胶与水层间出现折射率不同的分层面时，表明凝胶聚合完成。倾去胶层蒸馏水，再用双蒸水洗涤胶面，以除去未聚合胶液，并用滤纸吸干多余的水分。

（3）浓缩胶灌胶：将配好的浓缩胶溶液连续缓慢加到已聚合的分离胶的上方，直至距离短玻璃板上缘约 1 mm 为止，随后将样品槽梳子轻轻插入浓缩胶内，注意梳子方向（有字的一面朝外），从玻璃板的一侧缓缓向另一侧压下，防止气泡产生。插梳子时需小心，避免液体溅出，注意脸面及眼部防护。待凝胶聚合后，垂直向上小心拔出样品槽梳板，注意不要弄断或弄裂胶层。用长针头轻而有序地将每个凹形样品槽修饰整理。

（4）取出制胶单元，打开玻璃板卡具上的锁紧门，将凝胶玻璃板取出，准备移入电泳槽。

3. 电泳模块组装

电泳槽可以同时进行两块凝胶的垂直电泳。当只有一块凝胶时，需使用凝胶代替板共同组装模块。将电泳模块两端的固定扣具打开至最大，两凝胶玻璃板短板相对放入电泳模块，玻璃板下边缘贴紧电泳模块，夹紧玻璃板贴紧密封垫圈，将两边的扣具合上扣紧玻璃板。

4. 电泳槽组装

将电泳模块放入电泳槽中，注意模块电极、电泳槽标记与电泳槽盖电极方向对应。加入电泳缓冲液，电泳模块内槽缓冲液液面应始终高于玻璃板短板，外槽缓冲液液面至少要低于长板上缘 3 ～ 5 mm。

5. 上样

将一定量的待测酶液、标准蛋白质样品分别与一定量的加样缓冲液混合。蛋白质的最终浓度尽可能控制在 3 ～ 5 μg/μL。

上样前若样品槽出现气泡，可用注射器剔除。用微量注射器或微量移液器吸取 20 ～25 μL 样液，针头或枪头小心伸进样品槽内，尽量接近其底部（切勿捅穿胶层），轻轻将样品注入样品槽内。加样缓冲液中含有甘油，可使样液的比重增加并自动沉降于样品槽的底部。一般以上样体积不超过样品槽总体积 2/3 为宜。

为防止玻璃板两端样品点产生“边缘效应”，出现电泳分离效果不理想现象。一般胶板首、末样品槽只加溴酚蓝缓冲溶液。

6. 电泳

上样完毕后，盖好电泳槽盖，正确连接电泳槽与电泳仪的正负极。按预定的电泳模式设定电泳仪电流或电压，开始电泳。待溴酚蓝指示带电泳到距离凝胶末端 1 cm 左右时，可关闭电源结束电泳。

7. 剥胶

取出凝胶玻璃板，用水适当冲洗后，用撬板小心插入上样口处撬动短玻璃板，取下短玻璃板，注意不要弄破凝胶及玻璃板。小心弃去浓缩胶，并在分离胶下边缘合适位置切一小角以作方向标记。从凝胶短边一侧开始，小心将分离胶从长玻璃板中剥离，置于染色盒中。

8. 染色与脱色

用蒸馏水冲洗凝胶 2 ～ 3 次，倒入染色液，染色 6 h 以上。染色完毕后用蒸馏水漂洗数次，用脱色液脱色，更换脱色液数次直至电泳区带清晰为止。

五、结果分析与讨论

将脱色的凝胶片平放在玻璃板上，观察并记录实验结果，判断蔗糖酶的纯度。计算出各蛋白带的位置，与已知相对分子质量的蛋白带比较，估算柱层析分离物的相对分子质量。

六、注意事项

（1）Acr 为神经毒剂，Bis 亦有一定毒性，两者对皮肤都有刺激作用，使用时应予注意。Acr 和 Bis 的贮液在保存过程中，由于水解作用而产生丙烯酸和 NH_3。4 ℃置于棕色瓶内保存可有效防止水解作用，但也只能贮存 1 ～ 2 个月。可通过 pH 值（4.9 ～ 5.2）来检验试剂是否失效。

（2）若玻璃板表面不洁净会导致电泳时凝胶板与玻璃板剥离，产生气泡或滑胶，剥胶时胶板极易断裂。所以所使用的电泳槽组件务必彻底清洗。为保证样品槽平整，槽梳子使用前必须用95% 乙醇洗净，风干后才使用。

（3）为防止电泳后区带拖尾，影响分辨率，样品中盐离子强度应尽量低，含盐量高的样品可经脱盐后再作电泳分析。

（4）电泳分析时，不同相对分子质量的样品应选用不同浓度的分离胶。蛋白质相对分子质量在(6.5～20) $\times 10^4$时可选用7.5% 凝胶；(2.1～20) $\times 10^4$时可选用10% 凝胶；(1.4～10) $\times 10^4$时可选用 12% 凝胶。浓缩胶浓度均可选 4% ～ 5%。操作时，若相对分子质量未知也可先选用 7.5% 分离胶尝试，因为生物体内大多数蛋白质在此范围内电泳均可取得较满意的电泳效果，而后根据分离情况选择适宜的浓度进一步取得理想的分离效果。

七、思考题

（1）在不连续电泳体系中，样品在浓缩胶中是怎样被压缩成“层”的？
（2）加样缓冲液中甘油和溴酚蓝的作用是什么？可用何物代替甘油？
（3）根据实验过程，做好本次电泳的关键步骤有哪些？
（4）脱色液可否重新使用？应如何处理？处理时应注意什么问题？
（5）电极缓冲液电泳后，能否重新使用，重新使用应做什么处理？
（6）酶样品电泳染色图谱中出现多条谱带意味着什么？

实验七　SDS - 聚丙烯酰胺凝胶电泳测定蛋白质相对分子质量

一、实验目的

学习 SDS - 聚丙烯酰胺凝胶电泳测定蛋白质相对分子质量的实验原理，掌握相应的实验技术。

二、实验原理

SDS - 聚丙烯酰胺凝胶电泳是聚丙烯酰胺凝胶电泳的一种特殊形式。实验证明，在蛋白质溶液中加入十二烷基硫酸钠（SDS）这种阴离子表面活性剂和巯基乙醇后，巯基乙醇能使蛋白质分子中的二硫键还原；SDS 能使蛋白质的氢键、疏水键打开，并结合到蛋白质分子上，形成蛋白质 - SDS 复合物。每克蛋白质大约可结合 1.4g SDS，蛋白质分子一经结合一定量的 SDS 阴离子，所带负电荷量远远超过它原有的电荷量，从而消除了不同种类蛋白质间原有电荷的差异。同时，SDS 与蛋白质结合后，还引起了蛋白质构象的变化，使它们在水溶液中的形状近似于长椭圆棒，不同蛋白质的 SDS 复合物的短轴长度均为 1.8 mm，而长轴则随蛋白质的相对分子质量呈正比例变化。

这样的蛋白质－SDS 复合物，在凝胶电泳中的迁移率不再受蛋白质原有电荷和形状的影响，仅取决蛋白质相对分子质量的大小。故可根据标准蛋白质相对分子质量的对数和迁移率所作的标准曲线，求出未知物的相对分子质量。

三、试剂与仪器

（一）试剂

（1）30%单体胶储备液（配方与聚丙烯酰胺凝胶电泳相同）。

（2）pH 8.8，1.5 mol/L Tris－HCl 分离胶缓冲液（配方与聚丙烯酰胺凝胶电泳相同）。

（3）pH 6.8，1 mol/L Tris－HCl 浓缩胶缓冲液（配方与聚丙烯酰胺凝胶电泳相同）。

（4）10% SDS：称取 10 g SDS，在 65 ℃下用水溶解并定容至 100 mL。

（5）10%过硫酸铵：称取 5.0 过硫酸铵用水溶解并定容至 50 mL，宜临用时配制。4 ℃避光可保存 7 天。

（6）N,N,N′,N′－四甲基乙二胺（TEMED）。

（7）Tris－Gly 电泳缓冲溶液：称取 7.5 g Tris 盐和 36 g 甘氨酸用水溶解，再加入 10% SDS 25 mL，用水定容至 500 mL 备用，临用时稀释 5 倍。

（8）50 mmol/L Tris－HCl（pH6.8）缓冲溶液（配方与聚丙烯酰胺凝胶电泳相同）。

（9）加样缓冲溶液：吸取 50 mmol/L Tris－HCl（pH6.8）缓冲溶液 3.2mL、10% SDS 溶液 11.5 mL、β－巯基乙醇 2.5 mL、溴酚蓝 2mg 以及甘油 5 mL，用水溶解并定容至 50 mL。

（10）染色液（配方与聚丙烯酰胺凝胶电泳相同）。

（11）脱色液（配方与聚丙烯酰胺凝胶电泳相同）。

（12）适宜相对分子质量范围的标准蛋白质混合物。

（二）仪器

（1）直流稳压稳流电泳仪；

（2）VE－180 型垂直电泳槽；

（3）微量移液器。

四、实验步骤

1．灌胶模具的组装

参考聚丙烯酰胺凝胶电泳操作方法。

2．配胶

由于 SDS 电泳分离不取决于蛋白质的电荷密度，只取决于所形成的 SDS－蛋白质胶束的大小，因此凝胶浓度的正确选择尤为重要。如凝胶浓度太大，孔径太小，电泳时样品分子不能进入凝胶，如凝胶浓度太小，孔径太大，则样品中各种蛋白质分子均随着凝胶缓冲液流向前推进，而不能很好地分离。因此实验中可根据分析样品的相对分子质量大小选择合适的凝胶配比。不同浓度分离胶配比参考如下：

不连续缓冲系统电泳时不同网孔凝胶溶液配方参考表

单位：mL

试剂名称	分离胶凝胶质量分数			浓缩胶
	8%	10%	12%	5%
双蒸水	6.9	5.9	4.9	6.8
单体胶储备液	4.0	5.0	6.0	1.7
分离胶缓冲液	3.8	3.8	3.8	—
浓缩胶缓冲液	—	—	—	1.25
10% SDS	0.15	0.15	0.15	0.1
10% AP	0.15	0.15	0.15	0.1
TEMED	0.009	0.006	0.006	0.01
总体积	15.0	15.0	15.0	10.0

3. 灌胶

按需配制分离胶和浓缩胶后，以聚丙烯酰胺电泳灌胶同样的方法灌制实验用胶板，最后向电泳槽中加入 Tris - Gly 缓冲液，备用。

4. 样品处理与上样

（1）标准蛋白样处理：按标准蛋白样品说明书操作，取一定体积标准蛋白样品溶液于1.5 mL离心管，加入适量加样缓冲液，混匀，在100 ℃沸水浴中加热3 ～5 min，取出冷却后上样。若上样液浑浊，离心后备用。

（2）待分析蛋白样品前处理：根据待测样品蛋白含量，加入适量的加样缓冲溶液溶解，使样品质量浓度为0.5 ～2mg/mL，混匀，在100 ℃沸水浴中加热3 ～5 min，冷却，离心后备用。处理后的样品可放在4 ℃的冰箱中短期保存，-20 ℃冰箱中保存6个月，使用前在仍需在沸水浴中加热3 ～5 min后上样。

（3）加样：加样前若样品槽出现气泡，可用注射器剔除。用微量注射器或微量移液器吸取20 ～25μL样液，将针头或枪头小心伸进样品槽内，尽量接近其底部（切勿捅穿胶层），轻轻将样品注入样品槽内。加样缓冲液中含有甘油，可使样液的密度增加并自动沉降于样品槽的底部。一般以加样体积不超过样品槽总体积2/3为宜。

为防止凝胶玻璃板两端样品点产生“边缘效应”，影响相对分子质量分布的分析结果，一般胶板首、末样品槽不加样，只加溴酚蓝缓冲溶液跟踪样品在电场中的泳动情况。

5. 电泳

操作与聚丙烯酰胺凝胶电泳操作相同。

6. 凝胶剥离

操作与聚丙烯酰胺凝胶电泳操作相同。

7. 染色与脱色

操作与聚丙烯酰胺凝胶电泳操作相同。

五、结果计算与分析

由电泳实验结果，测量与记录标准蛋白质分子以及样品蛋白分子相对加样端的迁移距离（cm）、溴酚蓝染料相对加样端的迁移距离（cm）。根据下式计算各蛋白质分子的相对迁移率：

$$\text{相对迁移率} = \frac{\text{蛋白质分子迁移距离（cm）}}{\text{染料迁移距离（cm）}}$$

以标准蛋白质相对分子质量的对数（$\lg M_w$）为纵坐标，标准蛋白质分子的相对迁移率为横坐标作标准曲线，根据样品蛋白的相对迁移率从标准曲线中求出其相对分子质量。

注意：测量与记录溴酚蓝染料相对加样端的迁移距离（cm）应在凝胶脱色前完成。

六、思考题

比较聚丙烯酰胺凝胶电泳与 SDS－聚丙烯酰胺凝胶电泳的异同点及适用范围。

实验八 蔗糖酶的酶活力特性研究

一、实验目的

通过检测不同温度、pH 对蔗糖酶活力的影响，了解蔗糖酶的酶活力特性，学习设计测定蔗糖酶动力学参数的方法。

二、实验原理

酶是生物体中具有催化功能的蛋白质，其催化作用受反应温度的影响。一方面，与一般化学反应一样，提高温度可以增加酶反应的速度；另一方面，酶是一种蛋白质，温度过高会引起酶蛋白的变性，导致酶钝化甚至失活。在一定条件下，反应速度达到最大值时的温度称为某种酶的最适温度。同时，酶的活性受环境 pH 的影响极其显著，每一种酶都有一个特定的 pH 值，在此 pH 值下酶反应速度最快，而在此 pH 值两侧酶反应速度都比较缓慢。因为酶是两性电解质，在不同的酸碱环境，酶结构中可离解基团的解离状态不同，所带电荷不同，而它们的解离状态对保持酶的结构、底物与酶的结合能力以及催化能力都起着重要作用。因此，酶表现最大活性的 pH 值即为该酶的最适 pH 值。

蔗糖酶酶促反应的底物和产物均为非极性物质，无离解基团，所以实验测出的 pH 值对蔗糖酶活力影响的实验值，可以反映出酶蛋白上相关基团的解离对酶活力的影响。

三、试剂

（1）蔗糖酶（纯化后产品）；

（2）0.2mol/L 醋酸钠溶液；

（3）不同 pH 醋酸－醋酸钠缓冲溶液：取一定体积 0.2mol/L 醋酸钠溶液，用 pH 计监控，加醋酸调 pH 至所需 pH 值，然后加水至 100 mL；

（4）蔗糖酶活力测定试剂。

四、实验步骤

1. pH 值对蔗糖酶活力的影响

选取一定的 pH 值范围，在一定的底物浓度、温度和酶浓度下，测定蔗糖酶活力随 pH 的变化。

2. 温度对蔗糖酶活力的影响

测定方法与 pH－酶活力关系类似，即把酶浓度、底物浓度和 pH 值固定在较适状态，在不同温度条件下测定蔗糖酶活力。

以上实验步骤及结果均需以表格形式记录。

五、结果分析与讨论

根据实验结果，作 pH－酶活力曲线、温度－酶活力曲线。确定实验条件下蔗糖酶催化蔗糖水解反应的最适 pH 及最适温度。

六、思考题

（1）什么是酶的最适温度？pH 对酶活力有何影响？

（2）实验中必须注意控制哪些实验条件才能较好地完成实验？

（3）蔗糖酶的酶活力特性研究有何实践意义？

第二节 多肽的制备、分离及活性研究

实验一 蛋白酶水解蛋白质制备多肽

一、实验目的

理解蛋白酶水解蛋白质的原理，掌握蛋白质酶解反应的实验方法和蛋白质水解度的检测方法。

二、实验原理

酶是一种生物催化剂，其催化条件温和，具有高效性、专一性及可调控性。借助酶这种催化剂，控制其催化条件，可制备出一系列的目标酶解产品。蛋白酶是水解工业中很重要的一类酶，广泛应用于蛋白质的改性、调味品（如酱油、鱼露、发酵酒等）的制备、功能性多肽/蛋白质的研制等。常用蛋白酶的来源有：从动物消化道获取的蛋白酶，如胃蛋白酶、胰蛋白酶、凝乳酶等；从植物中获取的蛋白酶，如木瓜蛋白酶、菠萝蛋白酶、无花果蛋白酶等。

根据作用方式不同，蛋白酶可分为两大类：①内肽酶：从肽链内部水解肽键，主要得到较小的肽链产物。②外肽酶：从肽链两端开始水解肽键，可获得游离氨基酸比例较高的蛋白质酶解产品。外肽酶包括从肽链氨基末端水解肽键的氨基肽酶及从肽链羧基末端开始水解肽键的羧基肽酶。

三、试剂及材料

（1）0.1 mol/L pH 7.0 磷酸盐缓冲液：量取 1 mol/L 磷酸氢二钠 57.7 mL、1 mol/L 磷酸二氢钠 42.3 mL 混合，调节 pH 为 7.0，用蒸馏水稀释至 1000 mL。

（2）蛋白酶（大豆蛋白酶、木瓜蛋白酶等）。

（3）大豆蛋白。

四、仪器

（1）恒温水浴装置；

（2）pH 计；

（3）离心机；

（4）磁力搅拌器。

五、实验步骤

（1）蛋白质酶解：称取一定量的大豆蛋白粉，加入适量的蛋白酶液，在不同温度、时间和加酶量的条件下进行酶解反应。酶解结束后，沸水浴加热10 min灭酶。

（2）离心分离：将酶解液以5000 r/min 离心10 min，上清液即为多肽溶液。

（3）采用Folin－酚法，分别测定酶解前原料和酶解后多肽溶液的蛋白质含量。

六、结果计算与分析

（1）蛋白质水解度计算：

$$X（\%）=\frac{N_1}{N_2}\times 100\%$$

式中 X——蛋白质水解度，%；

N_1——酶解上清液蛋白质总量，g；

N_2——原料蛋白质总量，g。

（2）结果记录：

序号	蛋白酶种类	大豆蛋白/g	加酶量/g	反应温度/℃	反应时间/min	上清液体积/mL	上清液蛋白质量浓度/(mg·mL^{-1})	蛋白水解度/%
1	大豆蛋白酶							
2	木瓜蛋白酶							

（3）评价不同酶解条件对蛋白质水解度的影响。比较在同等条件下不同蛋白酶对大豆蛋白的酶解效果。

七、思考题

（1）不同种类蛋白酶对蛋白质水解度有什么影响？

（2）酶解反应条件对蛋白质水解效果有什么影响？

实验二 多肽相对分子质量分布的测定

一、实验目的

学习凝胶色谱法测定食品中多肽相对分子质量分布的实验原理；掌握凝胶色谱法测定多肽相对分子质量分布的操作方法及分析方法。

二、实验原理

相对分子质量分布是活性肽产品的重要特性指标，直接反映产品中不同相对分子质量的大小肽类的构成特征。生物活性肽相对分子质量测定方法有很多，但对于相对分子质量小于 10^4 的小分子活性肽，现行较有效的方法是基于凝胶色谱技术的高效液相法。该方法准确性高、重现性好、自动化程度高、科学快速，能真实地反映蛋白质和肽类的相对分子质量分布。

凝胶渗透色谱法（gel permeation chromatography，GPC）是将待测高聚物溶液通过凝胶色谱柱进行分离分析，柱中可供分子通行的路径有粒子间较大的间隙和粒子内较小的通孔。当聚合物溶液流经色谱柱时，较大的分子被排除在粒子的小孔之外，因此只能从粒子间的间隙通过，速率较快；而较小的分子可以进入粒子中的小孔，通过的速率要慢得多。经过一定长度的色谱柱，聚合物溶液中不同相对分子质量的分子被分开，相对分子质量大的物质先被洗脱，相对分子质量小的物质后被洗脱，从而使不同相对分子质量的组分在不同的时间通过检测器而被检出。

本实验根据标准品出峰的相对保留时间和相对分子量的对数关系拟合相对分子质量的标准曲线，通过测定待测样品在相同条件下的保留时间来测定其相对分子质量，最终通过峰面积占比确定待测样品的相对分子质量分布。

三、试剂及仪器

（一）试剂

（1）细胞色素 C、抑肽酶、杆菌肽、*L*－氧化型谷胱甘肽、Gly－Gly－Tyr－Arg 、Gly－Gly－Gly。

（2）0.1 mol/L PBS：量取 1 mol/L 磷酸氢二钠 46.3 mL、1 mol/L 磷酸二氢钠 53.7 mL 混合，调节 pH 为 6.8，用蒸馏水稀释至 1000 mL。

（3）0.1 mol/L 硫酸钠：称取 14.2 g 硫酸钠，用上述 PBS 溶解并定容于 1000 mL 容量瓶中。

（二）仪器

（1）Agilent 1200 高效液相色谱系统；

（2）精密电子天平。

四、实验步骤

1．凝胶色谱法检测相对分子质量条件选择

色谱柱：TSK－GEL G2000 SWXL；

液相系统：Agilent 12000；

流动相：0.1 mol/L 的硫酸钠溶液；

检测波长：214 nm；

流速 ：0.5 mL/min；

进样体积：20 μL。

2．凝胶色谱法分析多肽相对分子质量

（1）将细胞色素 C（12 384）、抑肽酶（6511）、杆菌肽（1450）氧化型谷胱甘肽

(651)、Gly - Gly - Tyr - Arg (451)、Gly - Gly - Gly (189) 分别用流动相配成浓度为1 mg/mL的溶液，用0.22 μm微孔滤膜过滤后，分别进样。数据经计算机采集分析，以标准品相对分子质量的对数值与相应保留时间作标准曲线分析。

(2) 将实验一获取的蛋白肽上清液，用流动相调节至适当浓度，用0.22 μm微孔滤膜过滤后，进样。利用液相系统中GPC分析软件，根据已做出的标准曲线，通过面积归一化法，算出不同相对分子质量区间的分布比例。

五、结果计算与分析

(1) 计算分析实验一获取的蛋白肽上清液的相对分子质量。

(2) 对比不同蛋白酶解方法所获得的多肽相对分子质量分布。

六、思考题

(1) 简述测定分子肽的方法以及适用条件。

(2) 凝胶色谱法测定多肽相对分子质量实验的操作要点有哪些?

实验三　凝胶柱层析法分离纯化蛋白多肽

一、实验目的

学习凝胶柱层析分离纯化多肽的原理及方法，掌握凝胶柱层析的基本技术。

二、实验原理

凝胶层析又称分子排阻层析或凝胶过滤，是以被分离物质的相对分子质量差异为基础的一种层析分离技术。这一技术为纯化蛋白质等生物大分子提供了一种非常温和的分离方法。层析的固定相载体是凝胶颗粒，目前应用较广的是具有各种孔径范围的葡聚糖凝胶 (Sephadex) 和琼脂糖凝胶 (Sepharose)。

葡聚糖凝胶是由直链的葡聚糖分子和交联剂3-氯-1,2-环氧丙烷交联而成的具有多孔网状结构的高分子化合物。凝胶颗粒中网孔的大小可通过调节葡聚糖和交联剂的比例来控制。交联度越大，网孔结构越紧密；交联度越小，网孔结构越疏松。网孔的大小决定了被分离物质能够自由出入凝胶内部的相对分子质量范围。可分离的相对分子质量范围从几百到几十万不等。

葡聚糖凝胶层析原理，是使待分离物质通过葡聚糖凝胶层析柱，各个组分由于相对分子质量不相同，在凝胶柱上受到的阻滞作用不同，而在层析柱中以不同的速度移动。相对分子质量大于允许进入凝胶网孔范围的物质完全被凝胶排阻，不能进入凝胶颗粒内部，阻滞作用小，随着溶剂在凝胶颗粒之间流动，因此流程短，先流出层析柱；相对分子质量小的物质可完全进入凝胶颗粒的网孔内，阻滞作用大，流程延长，而最后从层析柱中流出。若被分离物的相对分子质量介于完全排阻和完全进入网孔物质的相对分子质量之间，则在两者之间从柱中流出，由此可以达到分离目的。本实验以葡聚糖凝胶 G－25 作为固定相载体来分离多肽。因酶解后所得的肽相对分子质量不同，通过层析可以达到分离的效果。

三、试剂及仪器

（一）试剂

（1）0.05 mol/L 醋酸－醋酸钠缓冲溶液：称取无水醋酸钠 4.1 g，加水溶解至 950 mL，用醋酸调 pH 为 5.5，补水定容至 1000 mL；

（2）Sephadex G－25；

（3）GSH（还原型谷胱甘肽）标准品；

（4）去离子水。

（二）仪器

（1）由 1 cm×20 cm 凝胶柱、恒流泵、自动部分收集器组成的脱盐装置；

（2）紫外－可见分光光度计；

（3）精密电子天平；

（4）pH 计。

四、实验步骤

（1）标准曲线绘制：配制 0、1.0、2.0、3.0、4.0、5.0、6.0 mg/mL GSH 标准溶液，以 214 nm 为检测波长，记录吸光度。

（2）柱的装填：在玻璃柱中先装入一定体积的水，边搅拌边缓慢加入已充分溶胀的葡聚糖凝胶悬浮液，待其自然沉降，将多余的溶剂放出，适当补充凝胶液以达到所需的高度。

（3）柱的平衡：在凝胶床的表面加盖一小片滤纸，选 1 ～ 2 mL/min 的流速，用 2 ～ 3 倍凝胶床体积的 0.05 mol/L 醋酸－醋酸钠缓冲溶液平衡凝胶柱。注意观察凝胶床的情况，不能有气泡或裂纹存在。

（4）上样和洗脱：色谱柱平衡后，吸取上层液体，打开出口，待平衡液流至床表面以下 1 ～ 2 mm 时，关闭出口，用吸管沿柱壁缓缓加入一定体积的多肽溶液（上样体积一般不超过凝胶床总体积的 10%），打开出口，调整流速使样品慢慢渗入凝胶床内。样品完全进入凝胶后，向凝胶顶部补加洗脱液至合适的高度，旋紧凝胶柱上盖，开启恒流泵，以一定流速开始洗脱，使用自动部分收集器进行收集。

（5）以去离子水为空白对照，对收集液进行吸光度测定，波长为 214 nm，绘制洗脱曲线。

（6）根据 A_{214} 大小情况，合并收集各洗脱峰的样品，计算各样品浓度。

五、结果计算

样品质量浓度/（$mg \cdot mL^{-1}$）	0.0	1.0	2.0	3.0	4.0	5.0	6.0	
吸光度 A_{214}								

（1）制作标准曲线。

（2）计算不同出峰时间的多肽质量浓度。

六、思考题

（1）凝胶柱层析分离纯化蛋白质的原理及适用范围分别是什么？

（2）样品分离要达到较好的分离效果与什么因素有关？

实验四　氧自由基清除能力的检测

一、实验目的

掌握氧自由基清除能力法检测抗氧化活性的原理及方法，学习酶标仪的使用方法。

二、实验原理

氧自由基清除能力（oxygen radical absorbance capacity，ORAC），又称抗氧化能力指数，是检测抗氧化剂的抗氧化能力的一个常用评价指标。其原理是基于自由基破坏荧光探针，导致荧光强度减弱。荧光强度的变化程度，反映了自由基的破坏程度。抗氧化剂可清除自由基，抑制因自由基引起的荧光变化，其抑制程度反映了它对自由基的清除能力。

本实验通过 2，2－偶氮－二（2－甲基丙基咪）－二盐酸盐（AAPH）热分解产生过氧自由基，以荧光素钠（sodium fluorescein，FL）为荧光探针，记录自由基与荧光探针作用后，荧光探针的荧光强度的衰减过程。以维生素 E 水溶性类似物 Trolox 为定量标准物质，检测多肽延缓探针荧光强度衰减的能力，以此评价多肽的抗氧化能力。

三、仪器及试剂

（一）仪器

（1）多功能酶标仪；

（2）pH 计；

（3）电子天平。

（二）试剂

（1）磷酸盐缓冲溶液（75 mmol/L，pH 7.4）：量取 75 mmol/L 磷酸氢二钾溶液 800 mL，加入 200 mL 75 mmol/L 磷酸二氢钾溶液，调节 pH 值为 7.4。

（2）Trolox 标准溶液。

Trolox 储存液：将 Trolox 溶解于 pH 7.4 磷酸盐缓冲溶液中，配制成 500 μmol/L 的 Trolox 储存液，于 −20 ℃储存备用。

Trolox 标准溶液：实验前，将 Trolox 储存液解冻，以磷酸盐缓冲液稀释为 10、20、30、40、50 μmol/L 溶液，作为 Trolox 标准溶液。

（3）FL 溶液。

FL 储存液：将 FL 溶解于 pH 7.4 磷酸盐缓冲液，配制成 6 μmol/L 的 FL 储存液，−20 ℃避光保存，备用。

FL 工作液：实验前，将 FL 储存液解冻，以磷酸盐缓冲液稀释至 0.01 μmol/L，备用。

（4）AAPH 溶液：将 AAPH 溶解于磷酸盐缓冲溶液，配制成 119.4 μmol/mL 的 AAPH 溶液。现用现配。

（5）多肽。

四、实验步骤

1. Trolox 标准曲线的绘制

（1）在 96 孔荧光板中，加入 20 μL 磷酸盐缓冲液作为空白对照，再加入不同浓度 Trolox 标准液。然后，加入 200 μL FL 工作液，37 ℃保温 10 min。

（2）迅速加入 20 μL AAPH 溶液，开始反应。

（3）将 96 孔荧光板立即放入酶标仪中，以激发波长为 485 nm、发射波长为 538 nm 条件下，检测荧光强度。记录荧光强度随时间变化的曲线，直至荧光衰减至基线为止。

（4）每组设 3 个平行样同时测定，实验数据取平均值。

（5）分别计算空白样的荧光衰减曲线面积 A_0 和 Trolox 标准液的荧光衰减曲线面积 A_T。

（6）以 Trolox 浓度（μmol/L）为横坐标，（$A_T - A_0$）为纵坐标，绘制 Trolox 标准曲线。

2. 多肽样品的检测

（1）以磷酸盐缓冲溶液为溶剂，配制合适浓度的多肽溶液样品。

（2）参照 Trolox 样品的检测方法，以相同方法测定多肽溶液样品的荧光强度，计算荧光衰减曲线面积（A_P），计算（$A_P - A_0$）。若（$A_P - A_0$）值不在 Trolox 标准曲线范围内，则调整多肽溶液浓度，重新取样测定。

（3）根据 Trolox 标准曲线，计算多肽样品的 ORAC 值，以 Trolox 当量（μmol Trolox/g 多肽）表示。

五、结果计算

1. Trolox 标准曲线

序号	Trolox 标准液浓度 /（μmol · L^{-1}）	磷酸盐缓冲溶液的荧光衰减曲线面积 A_0	Trolox 标准液的荧光衰减曲线面积 A_T	$A_T - A_0$
1				
2				
3				
4				
5				
6				

2. 多肽样品的测定结果

序号	多肽溶液质量浓度 /（g · L^{-1}）	磷酸盐缓冲溶液的荧光衰减曲线面积 A_0	多肽溶液的荧光衰减曲线面积 A_P	$A_P - A_0$
1				
2				
3				
4				
5				
6				

根据 Trolox 标准曲线，求出该多肽溶液对应的 Trolox 摩尔浓度。

3. 多肽 ORAC 值的计算

$$ORAC值 = \frac{c_T}{c_P}$$

式中　ORAC 值以 Trolox 当量表示，μmol Trolox/g 多肽；

c_T——多肽溶液对应的 Trolox 标准曲线的 Trolox 浓度，μmol/L；

c_P——多肽溶液的质量浓度，g/L。

六、思考题

1. ORAC 法测定多肽抗氧化活性的反应机制是什么？
2. ORAC 法测定多肽抗氧化活性的优点和缺点有哪些？

实验五 蛋白肽降胆固醇活性的检测

一、实验目的

掌握用模拟胆汁胶束的方法检测多肽的活性的原理；通过测定溶液的吸光度，掌握计算胆固醇含量的方法。

二、实验原理

胆固醇是心脏病和心血管疾病的主要元凶之一，每年都有数百万人通过服用药物来降低体内的胆固醇水平，但药物有副作用，因此开发能降低胆固醇的天然功能性食品显得十分必要。胆固醇的减少主要有两个途径，一是减少肠道吸收，二是增加胆固醇向体外的排泄。胆固醇能否被小肠吸收，关键在于其在混合胶束中的溶解度。活性肽能争夺胆固醇在混合胶束中的空间，以干扰胆固醇的吸收，降低胆汁中的胆固醇含量。本实验采用超声乳化法，模拟人体肠道环境，制备了模拟胆汁胶束溶液，通过测定活性肽作用于胆汁胶束后胆固醇的含量，检测蛋白肽降胆固醇的活性。

三、试剂及仪器

（一）试剂

（1）2 mmol/L 胆固醇：称取胆固醇（AR）0. 8 g，用冰醋酸溶解并用蒸馏水定容至1000 mL。

（2）0. 5 磷酸钠缓冲液：量取 0. 1 mol/L 磷酸氢二钠 57. 7 mL、0. 1 mol/L 磷酸二氢钠 42. 3 mL 混合，用蒸馏水稀释至 200 mL，调节 pH 为 7. 0。

（3）10 mmol/L 牛磺胆酸钠：称取牛磺胆酸钠 0. 0537 g，用蒸馏水溶解并定容至1000 mL。

（4）5% BSA：称取 5 g BSA 固体溶解于 95 mL 磷酸钠缓冲液中。

（5）5 mmol/L 油酸：称取 167mg 油酸钠置于试管中，加入 10. 8 mL 0. 1 mmol/L 氢氧化钠溶液，置于 90 ℃以上水浴中加热并不断摇晃 5 ～ 10 min 至完全溶解。趁热移入离心管中，并向其中加入 5% BSA 溶液使最终体积为 108 mL。

（6）132 mmol/L 氯化钠溶液：称取 7. 71 g 氯化钠，用蒸馏水溶解并定容至 1000 mL。

（7）胆固醇标准液（2 mg/mL）：胆固醇（AR）200 mg，加冰醋酸溶解并用蒸馏水定容至 100 mL。

（8）邻苯二甲醛：50 mg 邻苯二甲醛用冰醋酸溶解并定容至 100 mL，棕色瓶避光保存。

（9）浓硫酸。

（二）仪器

（1）分光光度计；

（2）均质机；

（3）高速离心机；

（4）电热恒温水浴锅。

四、实验步骤

1. 模拟胆汁胶束的制备

（1）分别取 10 mmol/L 牛磺胆酸钠、2 mmol/L 胆固醇、5 mmol/L 油酸、132 mmol/L 氯化钠溶液各 2 mL，在均质机以 10 000 r/min 的速率乳化 5 min。

（2）乳化后将模拟胆汁胶束溶液在 37 ℃孵育 24 h 后，以 1000 r/min 离心 60 min，取上清液测胆固醇含量。

2. 胆固醇含量的测定方法

	1（空白管）	2（标准管）	样品 1	样品 2
邻苯二甲醛/mL	3	3	3	3
胆固醇标准溶液/mL		0.02		
浓硫酸/mL	2	2	2	2
活性肽/mL			0.02	
模拟胆汁胶束溶液/mL			0.02	0.02
蒸馏水/mL				0.02

将试剂按上表充分混合均匀。于室温放置 5 min 后，560 nm 波长下比色，用蒸馏水调零，读取各管的吸光值，重复读取三次，实验结果取平均值。

五、结果计算

样品	空白管	标准管	样品 1	样品 2
吸光度 A				

$$胆固醇质量浓度 = \frac{A_{样} - A_{空}}{A_{标} - A_{空}} \times 2 \times 100\ (10^{-2}mg/mL)$$

计算并比较两试管中胆固醇质量浓度。

六、思考题

（1）多肽可以降低胆固醇的作用机理是什么？

（2）影响本实验检测结果的因素有哪些？

第三节 天然活性物质——植物黄酮的提取及生物活性研究

实验一 藤茶植物黄酮的提取及重结晶

一、实验目的

了解藤茶中植物黄酮的提取原理及方法；学习重结晶纯化固体化合物的实验原理，熟悉重结晶实验的单元操作；了解结晶滤液纯度、结晶温度、结晶速度、结晶介质等因素对重结晶化合物晶体形态的影响。

二、实验原理

在植物体内经光合作用所固定的碳，约有2%转变为黄酮类化合物或与其密切相关的其他化合物。黄酮类化合物是自然界存在的酚类化合物的最大类别之一。植物黄酮（Flavonoids），亦称生物类黄酮，是以2－苯基苯并吡喃为母体的一大类天然化合物及其衍生物，广泛存在于食用蔬菜、水果等植物活细胞内，根据结构的异同分为二氢黄酮醇、异黄酮、二氢异黄酮、查耳酮、橙酮、黄橙酮、花色素等不同类型，是植物界广泛分布的还原性次生代谢组分。已知的黄酮类化合物单体达8000多种。

黄酮类化合物具有多种天然生理活性，包括抗氧化、增强免疫、延缓衰老、解除酒精中毒、抗高血压、抑制体外血小板聚集和体内血栓的形成、降低血脂和血糖水平，以及保肝护肝等。

藤茶属于葡萄科蛇葡萄属中的一种野生藤本植物，主要分布于我国长江流域以南如广东、广西、江西等地。植物体中富含大量的黄酮物质，幼嫩叶以干基计算植物黄酮含量高达20%以上。藤茶中植物黄酮主要为二氢杨梅素（3，5，7，3′，4′，5′－六羟基－2,3－双氢黄酮），其化学结构为：

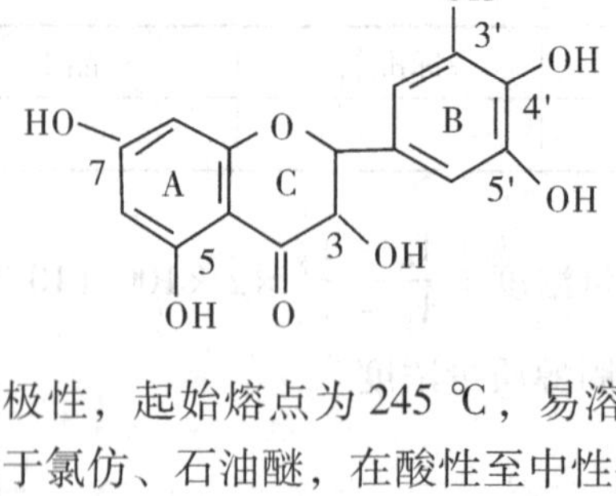

二氢杨梅素具有一定的极性，起始熔点为245 ℃，易溶于热水，溶于乙醇、甲醇，微溶于水、醋酸乙酯，难溶于氯仿、石油醚，在酸性至中性条件下稳定。

天然活性成分的提取方法，应根据被提物的性质以及共存杂质的性质来决定，同时结合提取溶剂的安全性，尽可能采用提取物易得、杂质易分离且对环境污染小的方法。从藤茶中提取二氢杨梅素，水和乙醇可作为首选的提取溶剂。可采用热水提取再冷却析出的方法，或以乙醇提取、再浓缩去除溶剂的方法。

植物黄酮粗提物含有植物游出色素、鞣质、蛋白质、糖类及无机盐等杂质，可采用重结晶法对植物黄酮有效成分进一步分离纯化。重结晶是纯化固体化合物的一种重要方法。其原理是利用晶体化合物在溶剂中的溶解度随温度的升高而增大，以及溶剂对被提纯物质和杂质的溶解度不同，将被提纯物在热的溶剂中溶解达到饱和，然后冷却，使其溶解度降低变成过饱和溶液，最后从溶液中析出结晶，同时杂质仍留在溶液中。

重结晶溶剂的选择非常重要，主要从被重结晶物在溶剂中的溶解度方面考虑。有机化合物多数是极性不大或非极性的共价型化合物，分子结构千差万别，但绝大多数有机化合物均不溶于水而溶解于有机溶剂。二氢杨梅素是多酚羟基化合物，由于酚羟基上氧原子上的孤对电子与苯环的 π 电子云的离域，具有一定极性。二氢杨梅素在不同溶剂中的溶解度如下表所示。

植物黄酮（二氢杨梅素）在不同溶剂中的溶解度

试 剂	溶解度
丙二醇	30.6
乙醇	12.1
甲醇	8.6
水	0.05
沸水	1.6
正已烷	0.0003

因此，综合考虑提取效率以及重结晶介质的安全性、经济性等方面，水是首选的二氢杨梅素重结晶溶剂。

重结晶晶体的纯度与结晶条件有关，其中与结晶速度关系密切。结晶速度过快，得到晶体颗粒很小，小晶体内包含的杂质少，但因其表面积较大而吸附了较多的杂质，所以结晶滤液冷却不宜过快。但冷却速度也不宜过慢，否则，将形成过大的晶体颗粒，也会因颗粒内包含有较多的母液而影响晶体的纯度。可通过系列实验在得到较大晶体的同时也使之具有较高的纯度。

三、试剂和仪器

（一）试剂

（1）乙醇；
（2）盐酸。

（二）仪器

（1）加压蒸煮锅；
（2）恒温水浴锅；
（3）旋转蒸发仪；
（4）减压过滤装置；
（5）恒温鼓风干燥箱。

四、实验步骤

1. 藤茶植物黄酮的提取

（1）热水提取：称取一定量的藤茶，加一定体积的水，浸泡，沸水煮提，趁热过滤。滤液静置，冷却，粗黄酮化合物沉淀，过滤，干燥。可调整水溶液的 pH 值呈酸性，比较黄酮的提取率。

（2）乙醇浸提：称取一定量的藤茶于烧瓶中，加入一定体积的乙醇溶液，加热回流提取。冷却，过滤。滤液经真空浓缩去除部分溶剂，冷却，静置一定时间，粗黄酮化合物沉淀，过滤，干燥。

2. 植物黄酮粗提物的重结晶

（1）样品溶解：称取一定量植物黄酮粗提物，置于烧杯中，加入适量水，加热搅拌煮沸 5 ～ 10 min。趁热过滤，弃去滤渣，收集滤液。

（2）活性炭除杂：在滤液中加入适量活性炭，继续煮沸 5 min，趁热过滤，弃去活性炭，收集滤液。

（3）样品重结晶：

①快速结晶：将盛有滤液的容器浸入冷水浴或冰水浴中，迅速冷却并剧烈搅拌，静置。

②自然结晶：将滤液重新加热至沸，然后静置让其自然起晶。

③物质的保温结晶：滤液重新加热至沸，放入恒温水浴锅中保温结晶，观察晶体的形成。若长时不见晶体析出，可用玻璃棒轻轻摩擦容器内壁以形成粗糙面，或向滤液中投入极少量的晶种，使晶体慢慢形成。

（4）晶体干燥与称量。将植物黄酮晶体滤出，烘箱 60 ℃干燥，冷却，称重。

五、结果计算及分析

（1）计算提取黄酮的得率，分析不同提取方法提取黄酮的效果及影响因素。

$$黄酮得率 = \frac{黄酮提取物(g)}{原料用量(g)} \times 100\%$$

（2）计算黄酮重结晶的回收率，分析不同重结晶方法获得黄酮晶体的效果及影响因素。

$$重结晶回收率 = \frac{晶体质量(g)}{样品质量(g)} \times 100\%$$

六、思考题

（1）黄酮化合物的得率可能与哪些因素有关？实验所选用提取黄酮化合物的方法依据是什么？

（2）实验中得到较大结晶的条件是什么？进行重结晶操作时应注意哪些问题？

实验二　大孔吸附树脂分离纯化黄酮

一、实验目的

了解大孔吸附树脂法分离纯化的原理，掌握大孔吸附树脂法分离纯化黄酮的方法。

二、实验原理

大孔吸附树脂法是分离纯化天然活性成分的一种常用方法，其原理是利用大孔吸附树脂对欲分离物质的选择性吸附和筛选作用而达到分离和纯化的目的。

大孔吸附树脂是一类不含交换基团的高分子吸附剂，其理化性质稳定，一般不溶于酸碱及有机溶剂，在水和有机溶剂中可以吸收溶剂而膨胀。其颗粒内部有很多网状孔穴而具有很大的比表面积，比表面积越大则吸附力越强。它既能通过范德华力和氢键来产生吸附作用，又能通过其本身的多孔状结构来产生筛选作用。根据树脂骨架材料的不同，大孔吸附树脂包括非极性、中极性和极性三大类。综合吸附作用、筛选作用以及树脂本身的极性，大孔吸附树脂可以吸附、富集、分离不同母核结构的化合物，并具有吸附快、解吸率高、吸附容量大、洗脱率高、树脂再生简便等优点。利用大孔吸附树脂对不同成分的选择性吸附和筛选作用，采用适宜的吸附和解吸条件，可有效分离、提纯某一种或某一类有机化合物。

大孔吸附树脂分离技术广泛应用于天然植物活性成分如皂甙、黄酮、内酯、生物碱等大分子化合物的提取分离，以及维生素和抗生素的提纯、医院临床化验和中草药化学成分的研究等。它对黄酮、皂苷、生物碱等都有一定的吸附作用，对色素的吸附作用较强，对糖类的吸附作用较差。样品的组成、性质和浓度、洗脱剂（种类、浓度、pH值）、树脂的型号和用量等，都会影响分离纯化的效果。

商品大孔吸附树脂在出厂前若未进行彻底清洗，含有较多的未聚合单体与致孔剂、分散剂、防腐剂等有机残留物。因此在使用前，需根据使用要求进行预处理，以提高树脂的洁净度和使用安全性。同时，合理的预处理还可使树脂内部孔得到最大限度的恢复，提高树脂的吸附性能。根据生产厂商、树脂种类型号的不同，可采用的预处理溶剂包括乙醇、丙酮、异丙醇、质量分数2%～5%盐酸或2%～5%氢氧化钠等。有些厂商生产的大孔吸附树脂已经过了深度预处理，只需经过简单的乙醇浸泡、水洗之后，即可使用。

此外，根据食品、保健食品和药品对原料安全性的要求不同，需要对大孔吸附树脂的安全性和适用范围进行区分和选用。

三、试剂与仪器

（一）试剂

（1）大孔吸附树脂；

（2）植物黄酮粗提物；

（3）无水乙醇；

（4）盐酸；

（5）氢氧化钠。

（二）仪器

（1）紫外－可见分光光度计；

（2）电子天平；

（3）玻璃层析柱；

（4）恒流泵；

（5）分部收集器。

四、实验步骤

（1）大孔吸附树脂的预处理：根据大孔吸附树脂的型号和生产厂商的不同，其预处理方法也有所不同。

将大孔吸附树脂用无水乙醇浸泡 24 h 后湿法装柱。用乙醇以 2 BV/h（柱体积/小时）的流速通过树脂层，冲至流出液加水不呈白色浑浊为止。用去离子水以同样流速冲洗至无醇味。然后，用 0.5% HCl 以 2 BV/h 流速通过树脂层，并浸泡 2 ～ 4 h 后，用水以同样流速洗至流出液 pH 值呈中性。最后，将 2% NaOH 溶液以 2 BV/h 流速通过树脂层，并浸泡 2 ～ 4 h 后，用水以同样流速洗至流出液 pH 呈中性，备用。

（2）装柱：将大孔吸附树脂浸没在去离子水中，避免产生气泡而影响分离纯化效果。将树脂加入层析柱中，用去离子水反复冲洗，使树脂柱被充分压紧。静置过夜，树脂柱继续压紧并充分稳定。

（3）上样：将待分离纯化的黄酮粗提液样品进行充分过滤或离心，尽可能去除其中的悬浮颗粒和杂质。

打开树脂柱下端出口，将柱上部的水放至与树脂面基本齐平，注意不要冲松表层树脂而使之浮起。关闭出口，用吸管沿管壁从柱上部缓慢加入样品溶液。打开下端出口，调整流速使样品慢慢渗入树脂柱中，至样品液面与树脂表面基本齐平，使样品液完全进入树脂柱内。

（4）洗脱：在树脂柱顶部加入去离子水至合适高度，打开恒流泵进行冲洗，以去除糖类、无机盐、水溶性色素等水溶性杂质。以一定浓度的乙醇溶液为洗脱剂进行洗脱，收集洗脱液，每 3 ～ 5 mL 为一个收集单位。

（5）样品洗脱液的检测：在 293 nm 波长下，测定各管洗脱液的吸光值。以 A_{293} 为纵坐标，洗脱剂体积为横坐标，绘制动态解吸曲线。

（6）纯化后黄酮溶液的收集及浓缩：根据 A_{293} 峰值大小，合并洗脱高峰管中的溶液。进行真空旋转蒸发浓缩，干燥，得到纯化后的黄酮。

（7）分别测定纯化前后样品的黄酮含量。

五、结果分析与讨论

对比纯化前后样品的黄酮含量，分析影响大孔吸附树脂法纯化黄酮效果的因素。

六、思考题

（1）大孔吸附树脂纯化黄酮的原理是什么？
（2）影响大孔吸附树脂纯化黄酮效果的因素有哪些？

实验三　植物黄酮的紫外光谱吸收特性及含量测定

一、实验目的

了解黄酮类化合物的光谱吸收特性以及不同 pH 对植物黄酮结构的影响；理解紫外分光光度法测定总黄酮含量的实验原理，学习紫外分光光度法测定黄酮含量的方法。

二、实验原理

紫外分光光度法是利用物质对光的选择性吸收，使分子内电子跃迁而产生吸收光谱所进行分析的方法。在一定浓度范围内其定量分析符合朗伯-比耳定律。许多物质的结构由于具有可吸收光子而产生能级跃迁的生色团（原子基团），故不经显色反应即可对其进行定量分析。

黄酮类化合物的基本母核结构为 2－苯基色原酮，具有 $C_6—C_3—C_6$ 的结构。因此大多数黄酮类化合物存在两个特征吸收峰：在 300 ～ 400 nm 区间由 B 环桂皮酰基系统电子跃迁引起的带Ⅰ，在 240 ～ 285 nm 之间由 A 环苯甲酰系统电子跃迁引起的带Ⅱ。对于藤茶黄酮二氢杨梅素，在 293 nm 波长左右有最大吸收峰，在 324 nm 左右则伴随有小的肩峰。

三、试剂与仪器

（一）试剂

（1）无水乙醇；
（2）二氢杨梅素标准品；
（3）二氢杨梅素标准储备液：准确称取二氢杨梅素标准品 50 mg ±0.1 mg，用无水乙醇溶解并定容至 100 mL；
（4）二氢杨梅素标准工作液：准确吸取上述标准溶液 1.0 mL，用无水乙醇稀释至 10 mL，此溶液的质量浓度为 50 μg/mL；
（5）植物黄酮提取物。

（二）仪器

紫外－可见分光光度计。

四、实验步骤

1. 黄酮紫外吸收光谱特性

量取二氢杨梅素标准工作液 2 mL，用无水乙醇定容至 10 mL。以无水乙醇为参比，在 200 ～ 400 nm 波长范围内进行光谱扫描，获得二氢杨梅素的紫外吸收光谱曲线。

2. 二氢杨梅素标准曲线的绘制

根据二氢杨梅素的紫外吸收光谱曲线，确定其最大吸收波长。

按下表所示分别量取不同体积的二氢杨梅素标准工作液，用乙醇定容至 10 mL，混匀，用 1 cm 石英比色皿，以 0 号管为参比，在最大吸收波长处测定各溶液的吸光值。以二氢杨梅素浓度为横坐标，吸光值为纵坐标，绘制二氢杨梅素标准曲线，建立直线回归方程。

试管序号	0	1	2	3	4	5
二氢杨梅素标准工作液/mL	0	1	1. 5	2	2. 5	3. 0
相当于二氢杨梅素/μg	0	50	75	100	125	150
吸光值 *A*						

3. 样品黄酮含量测定

称取一定量的植物黄酮样品，用无水乙醇充分溶解，过滤，弃去滤渣，滤液定容至一定体积，得到黄酮样品溶液。以无水乙醇为参比，测定样品溶液的吸光值。若吸光值不在二氢杨梅素标准曲线范围内，则需对样品溶液浓度进行调整。

五、结果计算

$$X = \frac{c \times V}{w} \times 100\%$$

式中 X——黄酮样品的黄酮质量分数,%；

c——根据二氢杨梅素标准曲线计算得到的黄酮样品溶液的黄酮质量浓度，mg/mL；

w——黄酮样品的质量，mg；

V——黄酮样品溶液的体积，mL。

六、思考题

（1）紫外分光光度法测定黄酮含量的原理是什么？此方法的误差主要来自哪些方面？

（2）哪些因素会对黄酮的紫外吸收光谱特性造成影响？为什么？

实验四　高效液相色谱法测定蛇葡萄属植物黄酮的含量

一、实验目的

1. 了解高效液相色谱法分离测定样品含量的实验原理及测定方法。
2. 了解高效液相色谱仪的主要组成、操作要点及其维护知识。

二、实验原理

高效液相色谱法又称高压液相色谱法。是20世纪60年代末，在经典液相色谱（采用普通规格的固定相及流动相常压输送的液相色谱）的基础上，引入气相色谱的理论和实验方法，将流动相改为高压输送，采用高效固定相及在线检测手段发展起来的一种分离分析方法。高效液相色谱法与经典液相色谱法相比具有适用性广、分离性能好、测定灵敏度高、分析速度快、流动性可选择性范围宽、色谱柱可反复使用、分离组分易收集等特点。

1. 高效液相色谱仪主要组成

高效液相色谱仪由输液泵、进样器、色谱柱、检测器及数据处理系统等组成，其中输液泵、色谱柱及检测器是仪器的关键部件。

2. 高效液相色谱类型

高效液相色谱的分离模式有多种，其中正相色谱、反相色谱、离子交换色谱是常见的几种色谱法。正相色谱流动相的极性小于固定相的极性；反向色谱流动相的极性大于固定相的极性；离子交换色谱是以离子交换剂为固定相，以缓冲溶液为流动相，靠选择性系数差别来分离物质。

3. 高效液相色谱对流动相的基本要求

（1）不与固定相起反应；

（2）对样品有适宜的分离度；

（3）必须和检测器相适应；

（4）黏度要小。

4. 组分分离时对流动相的选择

（1）溶剂的极性：正相色谱中，溶剂的极性越大，其洗脱能力就越强；反响色谱中，溶剂的极性越大，其洗脱能力越弱；

（2）流动相选择的原则：在正相色谱中，可先选用中等极性的溶剂作为流动相。观察组分保留时间的长短，调整流动相。常采用乙烷、庚烷、异辛烷、苯、二甲苯等有机溶剂作流动相，必要时还加入一定量的四氢呋喃等极性溶剂。在反相色谱中，流动相一般以极性最大的水作为主体，然后按比例加入适量有机溶剂。常用的洗脱剂包括水、乙腈、甲醇、四氢呋喃等。洗脱液洗脱能力的强弱顺序为：水（最弱）< 甲醇 < 乙腈 < 乙醇 < 四氢呋喃 < 二氯甲烷（最强）。二氯甲烷不溶于水，常用于清洗被强保留样品

污染物的反相柱。为得到低的柱压，首选乙腈，其次是甲醇，再之是四氢呋喃。离子交换色谱的流动相通常采用具有一定 pH 的缓冲溶液。必要时可在流动相中加入甲醇以增加某些酸碱物质的溶解度，有时也可改变盐的浓度，以控制离子强度，减小某些样品组分的拖尾现象，从而使分离效果得到改善。

5. 高效液相色谱的固定相

高效液相色谱的固定相是指色谱柱中的固定相，它直接关系到柱效与分离度。常用的液相色谱固定相有硅胶和化学键合相。化学键合固定相是将各种不同的有机官能团通过化学反应共价键合到硅胶（载体）表面的游离羟基上形成的一种高效液相色谱固定相载体，使色谱柱具有柱效高、使用寿命长、重现性好的特点。

化学键合相根据极性可分为：①非极性键合相：这类键合相表面基团为非极性烷基，如十八烷基、辛烷基、乙基、甲基苯基，可作反相色谱的固定相。常用的有十八烷基键合硅胶（ODS 或 C_{18}）、辛烷基（C_8）键合相、苯基键合相。②中等极性键合相：常见的是醚基键合相，其既可作正相色谱又可作反相色谱的固定相。③极性键合相：常用氨基、氰基键合相为极性键合。如分别将氨丙硅烷基及氰乙硅烷基键合在硅胶上制成用作正相色谱的固定相。氨基键合相是分离糖类常用的固定相。在高效液相色谱中，70% ～ 80% 的分析任务皆由反相键合相色谱来完成。

6. 高效液相色谱分析法的洗脱方式

色谱分析系统分离时，常用等度洗脱和梯度洗脱两种方式。梯度洗脱具有单位时间分离能力强、检测灵敏度高的优点。

蛇葡萄属植物黄酮经甲醇溶液溶解、高速离心分离、微孔滤膜过滤后直接进样，用 C_{18} 反相色谱柱分离，经紫外检测器检测，与标准比较定量，用外标法计算含量。

三、试剂与仪器

（一）试剂

（1）乙腈（色谱纯）；

（2）二次蒸馏水；

（3）冰醋酸（AR）；

（4）流动相：乙腈 - 水 - 醋酸（体积比 1∶9∶0.1）混合液。临用前用超声波脱气处理 10 min；

（5）3,5,7,3′,4′,5′ - 六羟基 - 2,3 - 双氢黄酮标准储备液：称取 50 mg ± 0.0001 g 标准样品，用甲醇溶解至 50 mL，高速离心，用 0.45 μm 滤膜过滤，备用。此时溶液质量浓度为 1 mg/mL。

（二）仪器

（1）高效液相色谱仪，美国 Waters 公司生产；

（2）超声波脱气装置；

（3）高速离心机；

（4）0.45 μm 滤膜过滤器（滤头、滤膜及注射器组成）。

四、实验步骤

1. 样品溶液配置

称取蛇葡萄属植物黄酮提取物 50 mg ±0.0001 g，用甲醇溶解至 100 mL，高速离心，用 0.45 μm 滤膜过滤，备用。

2. 样品测定

液相色谱检测条件：

色谱柱 Symmetry C_{18}，5 μm，3.9 cm × 150 cm；

流动相：乙腈 - 水 - 醋酸；

检测波长：293 nm；

柱温：25 ℃；

流速：1 mL/min 等速洗脱。

（1）按仪器使用操作要求开启仪器，进入分析软件，设置相关的实验参数及实验条件，用流动相平衡色谱柱，待检测基线平衡后，开始进样分析。

（2）标准工作曲线制备。用标准储备液按一定比例配置成：0.2mg/mL、0.4mg/mL、0.6mg/mL、0.8mg/mL、1.0mg/mL 五个不同质量浓度的黄酮标准使用液。

分别注入各不同质量浓度的黄酮标准使用液 10 μL 上机分析，记录各标样色谱峰的保留时间、峰面积（或峰高）。

（3）样品测定。注入样品溶液 10 μL 上机分析（可根据检测结果调整进样量），与标准样品峰保留时间作对照，确定植物黄酮峰的检出峰。记录样品峰的保留时间及峰面积（或峰高）。重复二次平行检测。

3. 实验结果记录

序号	进样量/μL	相当标样含量/μg	检测峰保留时间/min	峰面积	峰高
浓度 1	10	2			
浓度 2	10	4			
浓度 3	10	6			
浓度 4	10	8			
浓度 5	10	10			
样品	10	—			

4. 样品检测完毕对柱子的保存操作

样品检测完毕，以 1.0 mL/min 流速，用流动相冲洗柱子 30 min，再用二次蒸馏水冲洗柱子 20 min，甲醇冲洗柱子 30 min，保存柱子。

五、结果计算

（1）以标样的峰面积及所对应的含量（μg）计算一次线性回归方程：

$$Y_m = aS + b$$

式中 S——峰面积；

Y_m——黄酮含量，μg。

（2）外标法计算样品黄酮含量：

$$X = \frac{Y_m}{\frac{m}{V} \times V_1 \times 1000 \times 1000} \times 100$$

式中 X——100 g 样品中植物黄酮（3，5，7，3′，4′，5′－六羟基－2，3－双氢黄酮）的质量，g；

Y_m——样品进样量中黄酮质量，μg；

m——样品称取量，g；

V——样品稀释体积，mL；

V_1——样品进样量，mL。

六、注意事项及说明

1. 使用色谱柱注意事项

（1）了解所使用色谱的性能。细看色谱柱使用说明书，知道所用色谱柱能承受的最大柱压、流速、pH 值的应用范围（因与所配制的流动相 pH 值密切相关）以及柱温等参数。

（2）正确安装色谱柱。安装色谱柱时确定柱子安装方向十分重要，反向装柱有可能导致色谱柱报废。正确的操作是根据柱身标记的箭头方向安装色谱柱，通用接头与色谱柱的松紧连接程度以不漏为宜，避免接头变形或滑丝，影响柱子连接质量。所配置的预柱起到保护色谱柱寿命的作用，其参数与性能与相应的色谱柱相同，也有方向性。

不同型号或不同用途的预柱不能互换使用，应按实际情况及时更换保护预柱。

（3）根据实际情况正确选用流动相平衡分析柱。安装更换色谱柱后，首先了解系统当前管路中所存溶剂的性质：是极性溶剂或是非极性溶剂；是有机溶剂还是无机盐溶液，结合目前将更换柱子的性能，决定是否需应先用过渡溶剂冲洗系统后再装柱，否则容易由于流动相性质的不相溶，造成瞬间柱子的堵塞或检测器的堵塞。

（4）色谱柱的清洗及保存。分析检测完毕，一定要对色谱柱进行认真冲洗。从清洗流动相到保存柱子试剂有一过渡程序。例如，使用 C_{18} 反向柱分析样品，若分析流动相用的是盐缓冲溶液，检测完毕不可直接用有机溶剂保存柱子，而是先用纯水清洗系统和柱子约 30 min（几倍柱体积），再用甲醇或乙腈保存柱子，避免由于盐在有机溶剂中析出，导致检测池或管道堵塞的现象。GPC 柱（蛋白质分析柱）可用含有叠氮化钠的水溶液冲洗系统，并保存柱子。

2. 对流动相及检测样品的要求

(1) 对流动相的要求：使用色谱纯试剂及高纯水，使用前需进行脱气处理（可采用超声波脱气法），除去流动相中溶解的气体（如氧气），防止在洗脱过程中流动相由色谱柱至检测器时，因压力降低而产生气泡造成检测器灵敏度下降，严重时甚至无法进行分析。

(2) 对待测样品的要求：固体样品用流动相溶解，然后高速离心除杂 10 ~ 15 min（转速 (1.3 ~ 1.5) $\times 10^4$ r/min），再用 0.45 μm 滤膜过滤，才能进样分析。液体样品应澄清透明，并与流动相有良好的互溶性。

3. 色谱柱常见故障及原因

(1) 柱压过高：微粒堵塞，或样品、流动相不可逆吸附，或细菌生长污染柱子。

(2) 柱效低：柱可能被污染，或流动相的 pH 值及组成不合适。

(3) 实验重复性差：样品被污染，或样品与流动相不相溶，或样品不稳定，或流动相流失，或样品自身降解。

(4) 柱回收率低 / 不出峰：出现"不可逆"吸附，或固定相过强，或流动相过弱；或非特异性吸附。

(5) 管路不断出现气泡：流动相经正确的脱气处理后，管路仍不断出现气泡，可能是溶剂滤头不洁净或堵塞所至，可用 10% 硝酸溶液浸泡滤头，用蒸馏水彻底冲洗，再用超声波清洗器超声清洗 20 min。

溶剂滤头不允许在纯水中长期保存，需保存在 50% 甲醇或 50% 乙腈或 0.05% 叠氮化钠等具有防腐性能的溶液中。

七、思考题

(1) 简述样品前处理的操作要点及必要性。

(2) 提高色谱分析检测结果的准确性主要与哪些因素有关？

(3) 高效液相色谱分析法与紫外分光光度法测定黄酮含量结果不同的原因是什么？

(4) 正确使用及维护色谱柱应注意哪些问题？

实验五　植物黄酮清除自由基活性

一、实验目的

了解植物黄酮清除自由基的作用，学习用二苯苦味肼基（DPPH）为参照物，快速测定植物黄酮清除自由基能力的实验方法。

二、实验原理

自由基（free radical）是指能独立存在的、含有一个或一个以上未配对电子的原子或基团。自由基具有极强的氧化能力。它的单电子有强烈的配对倾向，容易以各种方式与其他原子基团结合，形成更稳定的结构。

活性氧自由基（reactive oxygen species，ROS）是机体内一类氧的单电子还原产物，包括超氧阴离子（$O_2^- \cdot$）、羟自由基（HO·）、氮氧自由基（NO·）、过氧自由基（ROO·）和过氧化氢（H_2O_2）等，具有高度的化学反应活性。ROS是机体生命活动中的正常代谢产物，正常情况下，机体内ROS处在不断产生与清除的动态平衡中。ROS在机体抵御外来病原体感染中起着重要的作用，并可作为信号分子参与到多种细胞信号通路中。但若ROS产生过多而不能及时清除，就会攻击机体的生命大分子物质，如蛋白质、核酸、膜脂等，造成机体细胞和组织的损伤，从而引发细胞的衰老、病变与凋亡，最终诱发各种疾病。因此，氧化损伤被认为是诱发多种慢性病的一个重要因素。通过外源性抗氧化剂的摄入，有助于加强猝灭ROS，减缓氧化损伤。

黄酮类化合物是一种多酚羟基结构化合物，有良好的清除自由基、抗氧化作用。不同种类的黄酮类化合物，结构上存在差异，其抗氧化活性也有所不同。清除自由基活性的体外检测方法有很多种，其中比色法检测清除DPPH自由基活性的方法是一种非常简便、直观而有效的方法。二苯苦味肼基（1,1－dippheny－2－picrylhydrazy radical，DPPH）是一种稳定的自由基，其乙醇溶液呈紫色，在517 nm波长处有最大吸收峰。植物黄酮可与DPPH自由基结合，形成更稳定的化合物，DPPH溶液颜色变浅，517 nm波长处吸光值变小。通过比色法检测植物黄酮对DPPH自由基的消除情况，可反映出植物黄酮对各种氧自由基的清除能力。其反应式为：

$$\underset{\text{黄酮化合物}}{AH} + DPPH\cdot \longrightarrow DPPH:H + A\cdot$$

除黄酮类化合物外，维生素C、维生素E也是良好的天然抗氧化剂。此外，还有一些人工合成的抗氧化剂，如叔丁基对苯二酚（TBHQ）、二叔丁基对甲基苯酚（BHT），在食品、化工领域有广泛的应用。

三、试剂与仪器

（一）试剂

（1）0.15 mmol/L DPPH乙醇溶液；

（2）0.01 mg/mL黄酮乙醇溶液；

（3）0.01 mg/mL二丁基羟基甲苯（BHT）乙醇溶液；

（4）无水乙醇。

（二）仪器

可见分光光度计。

四、实验步骤

1．不同抗氧化剂清除自由基活性的比较

按下表所示，在玻璃试管中分别加入DPPH溶液、无水乙醇、BHT溶液和黄酮溶液，于暗处放置 30 min。用 1 cm 比色皿，以无水乙醇为参比，在 517 nm 波长下测定各试管的吸光值，计算 DPPH 自由基清除率。

试剂	DPPH 溶液/mL	无水乙醇/mL	BHT 溶液/mL	黄酮溶液/mL	A_{517}	自由基清除率/%
试管 1	2	2	—	—		—
试管 2	2	—	2	—		
试管 3	2	—	—	2		

2. 不同浓度黄酮化合物对 DPPH 自由基的清除率

按下表所示，在玻璃试管中分别加入 DPPH 溶液、无水乙醇和黄酮溶液，于暗处放置 30 min。用 1 cm 比色皿，以无水乙醇为参比，在 517 nm 波长下测定各试管的吸光值，计算 DPPH 自由基清除率。

试管序号	1	2	3	4	5
黄酮溶液/mL	0.6	0.8	1.0	1.2	1.4
无水乙醇/mL	1.4	1.2	1.0	0.8	0.6
DPPH 溶液/mL	2	2	2	2	2
A_{517}					
自由基清除率/%					

五、结果计算与分析

计算 DPPH 自由基清除率，比较不同抗氧化剂对 DPPH 自由基的清除效果，绘制黄酮对 DPPH 自由基的清除曲线，分析浓度对黄酮清除自由基活性的影响。

$$\text{DPPH 自由基清除率} = \frac{A_1 - A_2}{A_1} \times 100\%$$

式中　A_1——DPPH 乙醇溶液在 517 nm 的吸光值；

A_2——DPPH 试剂与抗氧化剂混合体系在 517 nm 的吸光值。

六、思考题

若抗氧化物溶液原色较深，干扰比色测定，可采用什么办法解决？

实验六 黄酮对 α - 葡萄糖苷酶的抑制作用

一、实验目的

了解抑制 α - 葡萄糖苷酶活性的生理意义，学习 α - 葡萄糖苷酶活性的检测方法。

二、实验原理

α - 葡萄糖苷酶（α - glucosidase）是一类能够从含有 α - 葡萄糖苷键底物的非还原端催化水解 α - 葡萄糖基的酶的总称，包括葡萄糖淀粉酶、蔗糖酶、麦芽糖酶、乳糖酶等酶类。α - 葡萄糖苷酶位于小肠黏膜绒毛黏膜细胞刷状缘上，在机体的代谢过程中起着十分关键的作用，参与了人体对摄入的淀粉和蔗糖等碳水化合物的消化吸收、糖蛋白和糖脂的加工，与许多因代谢紊乱失调而引起的疾病、神经细胞的分化、肿瘤的转移以及病毒和细菌的感染有密切关系。

因此，通过抑制 α - 葡萄糖苷酶的活性可以达到治疗某些疾病的目的，研究最多的是治疗Ⅱ型糖尿病的口服降糖药物。例如，阿卡波糖、伏格列波糖和米格列醇等都是已经被批准上市并用于临床治疗糖尿病的 α - 葡萄糖苷酶抑制剂。食物中的淀粉、蔗糖等进入小肠后，在多种 α - 葡萄糖苷酶的作用下，水解为葡萄糖、果糖，再经小肠上皮细胞吸收，进入血液循环。α - 葡萄糖苷酶抑制剂可以可逆地结合 α - 葡萄糖苷酶的催化位点，导致碳水化合物分解为葡萄糖的速度减慢，减缓肠道内葡萄糖的吸收，降低餐后血糖水平。

天然来源的 α - 葡萄糖苷酶抑制剂也引起了研究者们的浓厚兴趣。人们从各种植物、微生物、海洋生物等中寻找更加安全有效的 α - 葡萄糖苷酶抑制剂，如多糖类、黄酮类、多肽类、生物碱类、皂苷类等。

本实验通过两种方法测定 α - 葡萄糖苷酶被黄酮作用前后的活性变化情况，来了解黄酮对 α - 葡萄糖苷酶的抑制作用。

（1）对硝基苯 - α - 葡萄糖苷（4 - Nitrophenyl α - D - glucopyranoside，pNPG）是 α - 葡萄糖苷酶的特异性底物。pNPG 经 α - 葡萄糖苷酶水解产生对硝基苯酚，在 405 nm 波长处呈特异性吸收。通过检测对硝基苯酚的生成量，即可了解 α - 葡萄糖苷酶的活性。

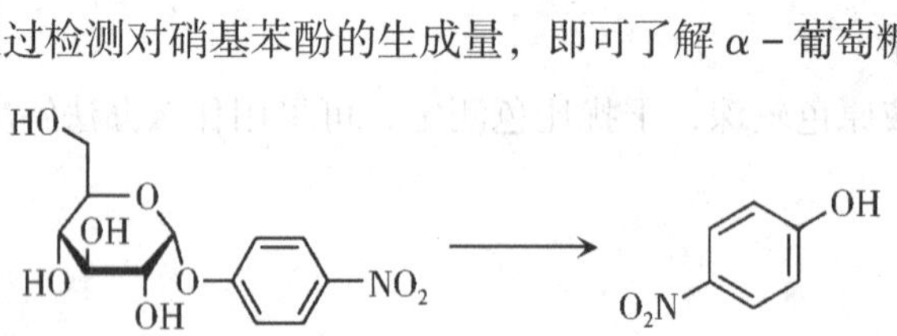

（2）蔗糖经 α - 葡萄糖苷酶酶解生成葡萄糖和果糖，以葡萄糖氧化酶法测定所产生的葡萄糖量，即可了解 α - 葡萄糖苷酶的活性。

葡萄糖氧化酶法测定葡萄糖含量的原理是：葡萄糖氧化酶催化葡萄糖氧化生成葡萄糖酸和过氧化氢，后者在过氧化物酶的作用下与苯酚及 4 - 氨基安替吡啉作用生成红色醌类化合物，其生成量与葡萄糖量成正比。此醌类化合物在 505 nm 波长处有特征吸收，通过测定 505 nm 处吸光值，与葡萄糖标准溶液进行比对，即可了解样品的葡萄糖含量。

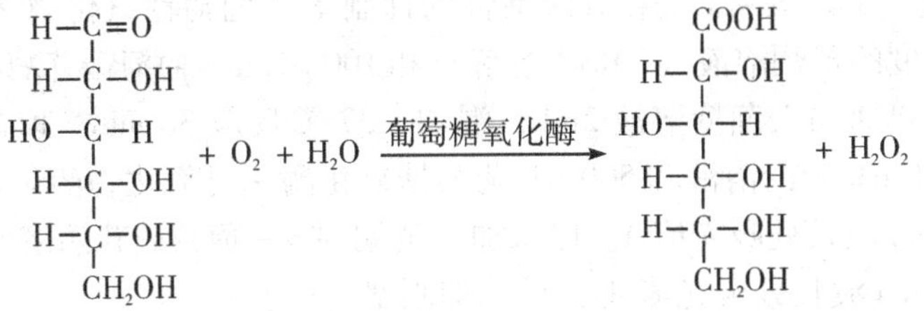

$$\beta\text{-}D\text{-葡萄糖} + O_2 + H_2O \xrightarrow{\text{葡萄糖氧化酶}} D\text{-葡萄糖酸} + H_2O_2$$

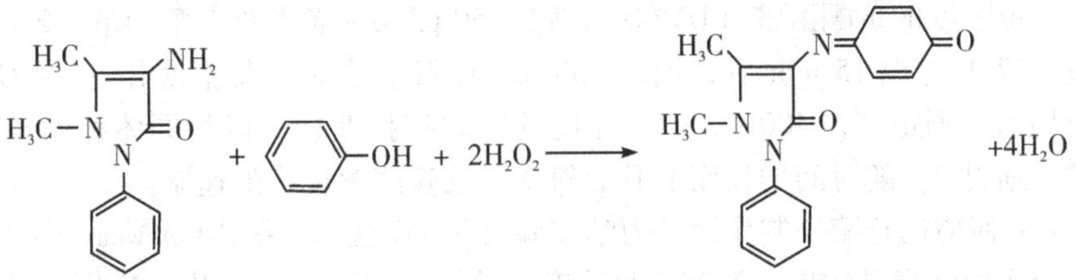

$$\text{4-氨基安替吡啉} + \text{苯酚} + 2H_2O_2 \longrightarrow \text{红色醌类化合物} + 4H_2O$$

三、试剂与仪器

（一）试剂

（1）α－葡萄糖苷酶。

（2）黄酮。

（3）二甲基亚砜（dimethyl sulfoxide，DMSO）。

（4）蔗糖溶液。

（5）0.01 mol/L pH6.8 磷酸盐缓冲液。

（6）葡萄糖氧化酶－过氧化物酶试剂：葡萄糖氧化酶 1200 U、过氧化物酶 1200 U，4－氨基安替吡啉 10 mg、叠氮钠 100 mg，溶于磷酸盐缓冲液并定容至 80 mL，用 1 mol/L NaOH 调 pH 至 7.0，用磷酸盐缓冲液定容至 100 mL，混匀。置 4 ℃保存，可稳定 3 个月。

（7）苯酚溶液：苯酚 100 mg 溶于 100 mL 蒸馏水中，贮于棕色瓶中。

（8）pNPG。

（二）仪器

（1）紫外－可见分光光度计；

（2）涡旋混合器；

（3）恒温水浴箱；

（4）移液器。

四、实验步骤

（1）不同浓度黄酮对 α－葡萄糖苷酶活性的抑制率（葡萄糖氧化酶法）。在试管中加入 20 μL 一定浓度的黄酮溶液（DMSO 溶解）和 100 μL α－葡萄糖苷酶溶液，37 ℃保温 15 min。然后，迅速加入蔗糖溶液 2mL，混匀，37 ℃反应 30 min。取出，沸水浴 10 min 灭酶。加入 500 μL 苯酚溶液和 500 μL 葡萄糖氧化酶－过氧化物酶试剂，37 ℃反应 15 min。测定 505 nm 波长处吸光值 A。以未加入黄酮的 α－葡萄糖苷酶溶液为空白对照，同样方法测定 505 nm 波长处吸光值 A_0，计算抑制率（%）。

（2）α－葡萄糖苷酶抑制活性的半抑制浓度 IC_{50} 的测定（pNPG 法）。在离心管中加入 50 μL 一定浓度的黄酮溶液（DMSO 溶解）、50 μL α－葡萄糖苷酶溶液、2. 8 mL 磷酸盐缓冲液，37 ℃保温 15 min 后，加入 100 μL 对硝基苯酚葡萄糖糖苷（pNPG）溶液，迅速混合均匀。测定其在 400 nm 处吸光度的时间扫描曲线。以相同体积的空白 DMSO 为对照样。通过 A_{400} 随时间增长而上升的斜率，反映酶解反应的速率。

（3）α－葡萄糖苷酶抑制作用动力学实验（pNPG 法）。采用 Lineweaver－Burk 作图法判断。固定酶和样品浓度，改变底物浓度，计算反应速率值，以 $1/V$ 对 1/［S］作图（双倒数曲线）。保持酶浓度不变，改变样品浓度，计算反应速率值，以 $1/V$ 对 1/［S］作图（双倒数曲线）。根据双倒数作图确定其对 α－葡萄糖苷酶活性的抑制作用类型，并计算 α－葡萄糖苷酶的米氏常数 K_m 和黄酮对 α－葡萄糖苷酶抑制作用的抑制常数 K。

五、数据记录及结果计算

（1）不同浓度黄酮对 α－葡萄糖苷酶的抑制率（葡萄糖氧化酶法）。绘制黄酮浓度－抑制率曲线，分析不同浓度黄酮对 α－葡萄糖苷酶活力的影响。

黄酮浓度/（$\mu mol \cdot L^{-1}$）									
A_{505}									
抑制率/%									

（2）半抑制浓度 IC_{50} 值的计算（pNPG 法）。根据反应液在 400 nm 波长处吸光度的时间扫描曲线，计算 A_{400} 随时间增长而上升的斜率，记为酶活力（A_{400}/min）。以黄酮浓度－酶活力作图，计算黄酮对 α－葡萄糖苷酶的半抑制浓度 IC_{50}。

黄酮浓度/（$\mu mol \cdot L^{-1}$）									
反应速率/（$A_{400} \cdot min^{-1}$）									

（3）抑制动力学实验结果（pNPG 法）。

黄酮浓度/（μmol · L^{-1}）	底物浓度/（μmol · L^{-1}）						
	底物浓度倒数（L · $μmol^{-1}$）						
	A_{400}/min						
	A_{400}/min 倒数						
	A_{400}/min						
	A_{400}/min 倒数						
	A_{400}/min						
	A_{400}/min 倒数						

以 1/V 对 1/［S］作图（双倒数曲线）。根据双倒数曲线确定黄酮对 α－葡萄糖苷酶活性的抑制作用类型，并计算 α－葡萄糖苷酶的米氏常数 K_m 以及黄酮对 α－葡萄糖苷酶抑制作用的抑制常数 K_i。

七、思考题

（1）酶试剂为什么要用磷酸盐缓冲液配制，而不用蒸馏水配制？

（2）如果需要了解蔗糖溶液被 α－葡萄糖苷酶分解后产生葡萄糖的确切含量，需要如何进行测定和分析？

（3）比较两种方法测定 α－葡萄糖苷酶活力的优缺点。

（4）如果黄酮样品溶液色泽较深，应该如何尽量避免其对实验结果的干扰？

实验七 植物黄酮抑制亚油酸氧化

一、实验目的

学习植物黄酮抑制脂质氧化的实验原理及检测方法。

二、实验原理

食品中油脂因空气中的氧气、日光、微生物、酶等作用，会产生令人不愉快的气味，甚至具有毒性，称为油脂酸败。油脂酸败包括水解型酸败、酮型酸败和氧化型酸败3种类型。其中氧化型酸败是油脂或油脂食品在加工和储藏过程中发生败坏的最主要原因。油脂氧化产物对食品的风味、色泽等产生不良影响，导致食品品质下降和产品货架期缩短。

机体的脂质氧化会对生物膜、酶、蛋白质造成破坏，可能导致衰老和癌变，而危害机体健康。脂类是构成生物膜的主要成分，生物膜的许多特性和功能都与脂类的化学结构、空间构象和运动状态密切相关，对膜脂分子的任何干扰和破坏都可能严重影响机体的各项生理机能。膜脂分子中的不饱和脂肪酸，对于保持膜的相对流动性和通透性、保证细胞的正常结构和生理功能，具有重要的生理意义。但由于不饱和脂肪酸双键化学性质很不稳定，如果发生氧化和过氧化反应，可能产生有细胞毒性的脂质过氧化物，导致细胞膜结构和功能的破坏，引起细胞的损伤和病变。

油脂氧化分为自动氧化、光敏氧化和酶促氧化，其中光敏氧化和酶促氧化是启动油脂自动氧化的重要因素。脂质自动氧化反应是个链式反应，分为“引发—传递—终止”三个阶段。

（1）引发阶段。不饱和脂肪酸及甘油酯在氧、光、金属离子、热、酶、紫外线、放射性物质等诱导剂的催化作用下，发生裂解，成为不稳定的游离基R·和H·，引发脂质氧化反应。

$$RH \longrightarrow R\cdot + H\cdot$$

（2）链传递阶段。R·与氧结合形成过氧化自由基ROO·，然后再与另一个脂质反应，生成氢过氧化物ROOH和新的R·游离自由基。ROOH分解产生两个新的自由基RO·和HO·。依次往复循环，各种游离自由基不断形成，脂质氧化速度加速。

$$R\cdot + O_2 \longrightarrow ROO\cdot$$

$$ROO\cdot + RH \longrightarrow ROOH + R\cdot$$

$$ROOH \longrightarrow RO\cdot + HO\cdot$$

$$2ROOH \longrightarrow R\cdot + ROO\cdot + H_2O$$

$$RO\cdot + RH \longrightarrow ROH + R\cdot$$

$$RH + HO\cdot \longrightarrow ROH + R\cdot$$

（3）终止阶段。反应体系中大量自由基不断聚集，其相互碰撞而结合的反应显著增加。当引发阶段产生的自由基耗尽时，自动氧化反应终止。

$$R\cdot + R\cdot \longrightarrow R-R$$

$$RO\cdot + RO\cdot \longrightarrow ROOR$$

$$ROO\cdot + ROO\cdot \longrightarrow ROOR + O_2$$

$$R\cdot + RO\cdot \longrightarrow ROR$$

$$R\cdot + ROO\cdot \longrightarrow ROOR$$

外源性抗氧化剂有助于维持生物体的氧化还原平衡。抗氧化剂通过捕获或猝灭过氧自由基，抑制不饱和脂肪酸和脂质的氧化变性，有利于维持生物膜结构和功能的完整性。在油脂食品中加入抗氧化剂，可有效防止或延缓食品氧化，提高食品质量和延长贮存期。

抗氧化剂的共同点是具有低的氧化还原电位，能够提供还原性的氢原子而降低氧含量，或使一些活性游离基淬灭及过氧化物分解破坏，从而阻止氧化过程的进行。抗氧化剂（AH）的抗氧化作用模式如下：

$$AH + ROO\cdot \longrightarrow ROOH + A\cdot$$

$$AH + R\cdot \longrightarrow RH + A\cdot$$

抗氧化剂的游离基 A · 是没有活性的，它不能引起链传递过程，却参与了一些终止反应。如：

$$A\cdot + A\cdot \longrightarrow A-A$$

$$A\cdot + ROOH \longrightarrow ROOA$$

本实验以多不饱和脂肪酸——亚油酸为例，以自由基引发剂 2, 2－偶氮－二(2－甲基丙基咪)－二盐酸盐（AAPH）催化加速亚油酸的氧化进程，以植物黄酮等抗氧化剂清除自由基，阻断或抑制脂质氧化链式反应，从而起到抑制亚油酸氧化的作用。

通过硫氰酸盐比色法检测脂质的氧化情况，了解抗氧化剂的抗氧化能力的强弱。其原理是：在酸性条件下脂质氧化形成的氢过氧化物可将 Fe^{2+} 氧化成 Fe^{3+}，然后 Fe^{3+} 与硫氰酸根离子 SCN^- 反应形成红色络合物，在 480 ～ 515 nm 波长内有最大吸收。通常用 500 nm 处吸光值的高低来表示脂质的氧化情况，吸光值越大，则脂质氧化程度越高。显色反应如下：

$$ROOH + 2Fe^{2+} + 2H^+ \longrightarrow ROH + H_2O + 2Fe^{3+}$$

$$Fe^{3+} + n(SCN)^- \longrightarrow [Fe(SCN)_n]^{3-n}$$

三、试剂与仪器

（一）试剂

（1）2.5%（体积分数）亚油酸乙醇溶液；

（2）0.25 mg/mL 黄酮乙醇溶液；

（3）0.05 mol/L AAPH 水溶液；

（4）0.05 mol/L pH 7.0 磷酸盐缓冲液；

（5）0.02 mol/L 溶解于 3.5% HCl 的 $FeCl_2$ 溶液；

（6）30% KSCN 溶液；

(7) 无水乙醇；75% 乙醇。

(二) 仪器

(1) 可见分光光度计；
(2) 恒温水浴锅。

四、实验步骤

(1) 亚油酸过氧化反应体系。取5支具塞试管，按下表分别依次加入黄酮溶液、乙醇、亚油酸、AAPH溶液以及磷酸盐缓冲溶液，混匀密闭，于60 ℃恒温水浴锅中避光反应。

试管	空白管	实验管1	实验管2	实验管3	实验管4
0.25mg/mL 黄酮溶液/μL	0	200	300	400	500
无水乙醇/μL	500	300	200	100	0
2.5% 亚油酸/μL	100				
AAPH 溶液/μL	40				
pH7.0 磷酸盐缓冲液/μL	3000				

(2) 硫氰酸盐显色法检测亚油酸的氧化情况。每隔一段时间检测各试管反应液中亚油酸的氧化情况，了解不同浓度黄酮对亚油酸氧化的抑制作用。

取0.15 mL上述反应液，依次加入0.02mol/L溶解于3.5% HCl中的 $FeCl_2$ 溶液0.45 mL、30% KSCN溶液0.3mL、75%乙醇4.5 mL，混匀。准确反应5 min后，测定500 nm波长下的吸光度（以75%乙醇为参比）。

六、结果记录及分析

时间	A_{500}				
	空白管	实验管1	实验管2	实验管3	实验管4
0 min					
60 min					
90 min					
120 min					

以时间为横坐标，以 A_{500} 为纵坐标，绘制亚油酸氧化情况随时间变化的曲线，分析不同浓度黄酮对亚油酸氧化的抑制作用。

七、思考题

(1) 亚油酸氧化程度与哪些因素有关？
(2) 影响本实验的因素有哪些？为什么？

实验八 植物黄酮细胞毒活性测定

一、实验目的

了解细胞存活力实验的检测方法，了解 MTT 法检测细胞存活力的原理。

二、实验原理

当某药物对细胞具有一定毒性时，细胞的增殖分裂就会受到影响。如果药物的毒性很强，细胞有可能立即死亡。当细胞具有活力时，活细胞线粒体脱氢酶可还原 MTT【3－（4,5－dimethylthiazol）2,5－diphenyl tetrazolium bromide】为蓝紫色的甲臜（formazane）结晶，溶解后该物质在 570 nm 波长处有最大吸收，其生成量与活细胞的数量相关，在一定范围内，紫色深浅与活细胞浓度（数量）呈线性关系。当药物与细胞一起培养一定时间后，加入 MTT 物质，培养 4 h 之后，用 DMSO 或者提取缓冲液（10% SDS－0.01 mol/L HCl）溶解，于 570 nm 波长处用酶标仪测定吸光值，通过与空白对照的比较，即可知药物对细胞的存活力是否有影响。

三、试剂、材料与仪器

（一）试剂、材料

（1）PBS 缓冲液（pH 7.4）：氯化钠（NaCl）8 g，氯化钾（KCl）0.2 g，磷酸氢二钠（Na_2HPO_4）1.44 g，磷酸二氢钾（KH_2PO_4）0.24 g，溶解的溶剂调 pH 7.4，定容至 1000 mL。

（2）MTT：用 PBS 配成 5 mg/mL。

（3）HL－60（人早幼粒白血病细胞株）细胞培养液：RPMI1640 培养基，含 10% 灭活小牛血清（FCS），2 mmol/L－谷氨酰胺，100 U/L 青霉素和链霉素。

（4）DMSO。

（5）植物黄酮提取物（前面实验提取物）：乙醇溶解成一定浓度，使用时再用 RPMI1640 培养基稀释成设定的浓度。

（二）仪器设备

（1）酶标仪；

（2）5% CO_2 饱和湿度细胞培养箱；

（3）超净工作台。

四、实验步骤

（1）参照细胞培养方法，HL－60（人早幼粒白血病细胞株）采用 RPMI1640 培养基（含 10% 灭活小牛血清（FCS），2 mmol/L－谷氨酰胺，100IU/L 青霉素和链霉素），在 37 ℃，5% CO_2 饱和湿度细胞培养箱中培养。

（2）加 90 μL 人早幼粒白血病（HL－60）细胞（5×10^4/mL）在 96 孔培养板中，然后加入 10 μL 不同浓度的药物，每个浓度做三个平行孔。药物通过乙醇溶解来引入，但是乙醇的量要小于 0.2%（用乙醇配置成一定的浓度，再用培养液稀释成所需的浓度），空白孔加同样量的培养液。

（3）共同培养 44 h 之后，每孔加 10 μL 的 MTT 溶液（5 mg/mL 在 PBS 中），继续培养 4 h 后加 100 μL 提取缓冲液（10% SDS－0.01 mol/L HCl），37 ℃饱和湿度放置过夜后用酶联免疫测定仪（Bio－Rad 550，USA）于 570 nm 处测定光密度（OD）。

五、结果计算

细胞存活率按下列公式计算：

存活率＝药物组 OD / 空白对照 OD ×100%

细胞毒活性＝（空白对照 OD－物组 OD）/空白对照 OD ×100%

半抑制浓度（或称半抑制率），即 IC_{50}：细胞存活率只有对照的 50% 时所对应的药物浓度，可通过线性回归获得。

六、思考题

若药物溶液原色较深，干扰比色测定，可采用何种办法解决？

第四节 膳食纤维的提取及特性研究

实验一 膳食纤维的提取

一、实验目的

了解膳食纤维的组成及提取方法，掌握超声波辅助化学提取法及酶法提取膳食纤维的方法。

二、实验原理

膳食纤维（dietary fiber，DF）是不能被人体消化吸收的碳水化合物和木质素的总称，主要包括纤维素、半纤维素、果胶及亲水胶体物质（如树胶、海藻多糖等）、木质素，以及抗性淀粉、抗性糊精、抗性低聚糖、改性纤维素、黏质、寡糖及少量相关成分（如蜡质、角质、软木质等）。虽然膳食纤维不能被人体所消化吸收，但对机体却有重要的生理意义，主要包括：

（1）低（无）能量，预防肥胖；

（2）促进肠道蠕动，预防便秘；

（3）调节肠道菌群，抑制有毒发酵产物，预防结肠癌；

（4）降血糖，降血脂，降血压等。

因此，人们将其称为继碳水化合物、脂肪、蛋白质、维生素、水、矿物质六大营养素之外的人体“第七营养素”。

根据溶解性的不同，膳食纤维分为水溶性膳食纤维（soluble dietary fiber，SDF）和水不溶性膳食纤维（insoluble dietary fiber，IDF）两大类。水不溶性膳食纤维是指膳食纤维中不溶于热水的一类非淀粉类结构性多糖，主要为细胞壁的组成成分，包括纤维素、半纤维素、木质素、壳聚糖等。水溶性膳食纤维可溶于热水，并可被乙醇沉析分离，主要是植物细胞内的水溶性贮存物质和分泌物，以及部分微生物多糖和合成多糖，其组成主要是一些胶类物质。

膳食纤维广泛分布在各类食品原料中，在蔬菜、水果、粗粮杂粮、豆类及菌藻类食物中含量尤为丰富。特别是麦麸、豆渣、米糠、蔗渣以及各种果皮等食品加工下脚料和废弃物，其膳食纤维含量可高达50%以上，是制备膳食纤维的良好原料。

通过不同方法去除原料中的蛋白质、脂肪、淀粉等物质后，即可得到膳食纤维产品。根据原理的不同，膳食纤维的提取方法主要包括化学法、酶法和发酵法，下表为不同提取方法的对比。不同来源食品原料的成分和性质不同，提取膳食纤维采用的方法不同，所得到膳食纤维产品的物化性质和生理活性也有很大的不同。可根据原料、对产品的具体要求以及生产/实验条件的不同，结合不同方法进行综合运用，以获得符合要求的膳食纤维产品。

膳食纤维的各种提取方法比较

方法	原理	膳食纤维种类	特点
化学法	利用酸、碱等化学试剂，去除食品原料中的淀粉、蛋白质、脂肪等非膳食纤维成分	主要为水不溶性膳食纤维	提取过程简捷快速，成本低。但提取过程需使用酸碱试剂，导致大量水溶性膳食纤维流失，获得的膳食纤维产品色泽较差，持水力和膨胀力较低，生理活性较弱。化学法可借助超声波、微波等手段，以缩短提取时间、提高质量
酶法	采用淀粉酶、糖化酶、蛋白酶等酶制剂去除食品原料中的非膳食纤维类成分	主要为水不溶性膳食纤维	提取条件温和，对水溶性膳食纤维影响较小，产品的持水力和膨胀力较高，得率也相对较高。操作方便，对环境污染少。但成本较高，不适合大规模生产
发酵法	通过微生物发酵降解、转化利用原料中的碳、氮等营养成分，降解大分子不溶性膳食纤维，有利于改善膳食纤维产物的物化特性和生理活性	包括水溶性膳食纤维和水不溶性膳食纤维	发酵时间较长，提取率较高。膳食纤维产品活性较高，色泽、质地、气味等较优

本实验以大宗粮油加工副产物麦麸、豆渣、米糠等为原料，采用化学法和酶法两种方法提取膳食纤维，比较其优缺点。

三、试剂及材料

（1）试剂：NaOH、硫酸、α－淀粉酶、糖化酶、蛋白酶等。

（2）材料：麦麸、豆渣等；

四、仪器

（1）分析天平；

（2）磁力搅拌器；

（3）恒温水浴锅；

（4）恒温水浴摇床；

（5）鼓风干燥箱；

（6）粉碎机。

五、实验步骤

1. 化学法

（1）原料的预处理：将原料筛选清理后，加入一定量的水浸泡 15 ～ 30 min，反复清洗，至洗涤液不呈现乳白色为止，滤去洗涤液。滤渣于 60 ℃烘干，冷却、过筛后备用。

（2）碱解：称取一定量预处理后的样品置于锥形瓶中，按比例加入一定体积的 NaOH 溶液，70 ℃下保温碱解一定时间，再以水洗涤样品至中性。

（3）酸解：将碱解后的样品加入一定浓度的 HCl 溶液，于 70 ℃下保温反应一定时间以除去蛋白质，再以水洗涤样品至中性。

（4）干燥：将上述样品转移至离心管中，4000 r/min 离心 10 min 后，弃去上清液。沉淀放入鼓风干燥箱中 80 ～ 90 ℃干燥至恒重，即为膳食纤维粗品。

2. 酶法

（1）原料的预处理：将原料筛选清理后，加入一定量的水浸泡 15 ～ 30 min，反复清洗，至洗涤液不呈现乳白色为止，滤去洗涤液。滤渣于 60 ℃烘干，冷却、过筛后备用。

（2）淀粉酶解：称取一定量预处理后的样品置于锥形瓶中，加入蒸馏水煮沸 20 min，降温至 65 ℃后加入混合酶制剂（α－淀粉酶、糖化酶等），于 65 ℃下保温反应一定时间后，100 ℃水浴 15 min，灭酶。

（3）蛋白酶解：样品液冷却至 50 ～ 60 ℃，按比例加入蛋白酶，于 55 ℃下保温反应一定时间后，100 ℃水浴 15 min，灭酶。

（4）干燥：将上述样品转移至离心管中，4000 r/min 离心 10 min 后，弃去上清液。沉淀放入鼓风干燥箱中 80 ～ 90 ℃干燥至恒重，即为膳食纤维粗品。

六、结果计算

$$\text{膳食纤维得率} = \frac{\text{膳食纤维质量（g）}}{\text{原料质量（g）}} \times 100\%$$

七、思考题

（1）膳食纤维的得率可能与哪些因素有关？

（2）比较两种方法制备膳食纤维的得率及优缺点。

实验二 总膳食纤维含量的测定

一、实验目的

了解并掌握酶-重量法测定总膳食纤维含量的方法。

二、实验原理

本实验参考国家标准 GB 5009.88—2014《食品安全国家标准 食品中膳食纤维的测定》的测定方法。其原理是：采用热稳定α-淀粉酶、蛋白酶、葡萄糖苷酶等，酶解消化去除蛋白质和淀粉。再经乙醇沉淀去除其他醇溶性成分，并以乙醇和丙酮冲洗，干燥，即为总膳食纤维残渣。通过本方法测定的总膳食纤维（total dietary fiber，TDF）为不能被α-淀粉酶、蛋白酶、葡萄糖苷酶酶解的碳水化合物聚合物，包括不溶性膳食纤维和能被乙醇沉淀的高分子量可溶性膳食纤维，如纤维素、半纤维素、木质素、果胶、部分回生淀粉，以及其他非淀粉多糖和美拉德反应产物等；不包括低分子量（聚合度3～12）的可溶性膳食纤维，如低聚果糖、聚葡萄糖、抗性麦芽糊精，以及抗性淀粉等。

需要注意的是，如果样品中脂肪含量≥10%、糖含量≥5%，则需要先以石油醚和85%乙醇溶液分别进行脱脂和脱糖处理后，再进行膳食纤维含量的测定。

三、试剂及材料

（1）材料：实验一（膳食纤维的提取）中提取的膳食纤维产品。

（2）丙酮。

（3）热稳定α-淀粉酶。

（4）硫酸。

（5）95%乙醇溶液（体积分数）。

（6）79%乙醇溶液（体积分数）：取821 mL 95%乙醇，用水稀释并定容至1 L，混匀。

（7）氢氧化钠溶液（1 mol/L）：称取4 g氢氧化钠，用水溶解至100 mL，混匀。

（8）盐酸溶液（1 mol/L）：取8.33 mL盐酸，用水稀释至100 mL，混匀。

（9）MES-TRIS缓冲液（0.05 mol/L）：称取19.52 g 2-（N-吗啉）乙烷磺酸和12.2 g三羟甲基氨基甲烷，用1.7 L去离子水溶解，根据室温用6 mol/L NaOH调pH。（20 ℃时调pH为8.3，24 ℃时调pH为8.2，28 ℃时调pH为8.1；20～28 ℃之间其他室温用插入法校正pH）加水稀释至2 L。

（10）蛋白酶溶液（50 mg/mL）：用0.05 mol/L MES-TRIS缓冲液配成浓度为50 mg/mL的蛋白酶溶液，现配现用，0～5 ℃暂存。

（11）酸洗硅藻土：取200 g硅藻土于600 mL的2mol/L盐酸溶液中，浸泡过夜，过滤，用水洗至滤液为中性，置于 525 ℃ ±5 ℃马弗炉中灼烧灰分后备用。

（12）重铬酸钾洗液：称取 100 g 重铬酸钾，用 200 mL 水溶解，加入 1800 mL 浓硫酸混合。

（13）乙酸溶液（3 mol/L）：取 172 mL 乙酸，加入 700 mL 水，混匀后用水定容至 1 L。

四、仪器

（1）过滤用坩埚；
（2）真空泵；
（3）恒温水浴摇床；
（4）恒温水浴锅；
（5）分析天平；
（6）马福炉；
（7）电热鼓风干燥箱；
（8）真空干燥箱；
（9）pH 计；
（10）磁力搅拌器。

五、实验步骤

1. 试样的预处理

原料置于 70 ℃真空干燥箱内干燥至恒重，粉碎，过 60 目筛，置于干燥器中待用。

2. 酶解

（1）准确称取 1.000 g ±0.005 g 试样，置于 400 ～ 600 mL 烧杯中，加入 40 mL MES - TRIS 缓冲液，用磁力搅拌器搅拌直到样品完全分散。同时，制备一个空白样液与样品液进行同步操作，用于校正试剂的影响。

（2）热稳定 α - 淀粉酶酶解：向试样液中分别加入 50 μL 热稳定 α - 淀粉酶液，缓慢搅拌，加盖铝箔，置于 95 ～ 100 ℃恒温振荡水浴箱中持续振摇。当温度升至 95 ℃开始计时，反应 35 min。将烧杯取出，冷却至 60 ℃，打开铝箔盖，用刮勺将烧杯边缘的网状物以及烧杯底部的胶状物刮下，用 10 mL 蒸馏水冲洗烧杯壁和刮勺。

（3）蛋白酶酶解：将试样液置于 60 ℃ ±1 ℃水浴中，加入 100 μL 蛋白酶溶液，盖上铝箔，持续振摇反应 30 min。打开铝箔盖，边搅拌边加入 5 mL 3 mol/L 乙酸溶液，控制试样温度保持在 60 ℃ ±1 ℃。用 1 mol/L 氢氧化钠溶液或 1 mol/L 盐酸溶液调节至 pH 为 4.5 ±0.2。

（4）淀粉葡糖苷酶酶解：边搅拌边加入 100 μL 淀粉葡糖苷酶液，盖上铝箔，继续置于 60 ℃ ±1 ℃水浴中持续振摇，反应 30 min。

3. 总膳食纤维（TDF）的测定

（1）沉淀：在酶解液中，加入 4 倍酶解液体积的预热至 60 ℃ ±1 ℃的 95% 乙醇，盖上铝箔，于室温下沉淀 1 h。

（2）抽滤：取已加入硅藻土并干燥称重的坩埚，用 15 mL 的 78% 乙醇湿润硅藻土并展平，接上真空抽滤装置，滤去乙醇，使坩埚内硅藻土平铺于滤板上。将样品乙醇沉淀液转移入坩埚中抽滤，用刮勺和 78% 乙醇将烧杯中所有残渣转移至坩埚中。

（3）洗涤：分别用 15 mL 78% 乙醇，15 mL 95% 乙醇和 15 mL 丙酮冲洗残渣各 2 次，抽滤去除洗涤液，将坩埚连同残渣在 105 ℃烘干过夜。

（4）称重：将坩埚置于干燥器中冷却至室温，精确称量坩埚总重量（m_{GR}，包括处理后坩埚质量及残渣质量），精确至 0.1 mg。减去处理后坩埚质量，计算样品残渣质量（m_R）。

（5）蛋白质的测定：取 1 份样品残渣，采用凯氏定氮法测定蛋白质质量（m_P）。

（6）灰分的测定：取 1 份样品残渣，在 525 ℃灰化 5 h，于干燥器中冷却，精确称量坩埚总质量（精确至 0.1 mg），减去处理后坩埚质量，计算灰分质量（m_A）。

六、结果计算

（1）试剂空白质量计算：

$$m_B = m_{BR} - m_{BP} - m_{BA}$$

式中 m_B——试剂空白质量，g；

m_{BR}——试剂空白样残渣质量，g；

m_{BP}——试剂空白样残渣中蛋白质质量，g；

m_{BA}——试剂空白样残渣中灰分质量，g。

（2）样品残渣质量计算：

$$m_R = m_{GR} - m_G$$

式中 m_R——样品残渣质量，g；

m_{GR}——处理后坩埚质量及残渣质量，g；

m_G——处理后坩埚质量，g。

（3）膳食纤维（TDF）的含量计算：

$$\text{TDF} = \frac{m_R - m_P - m_A - m_B}{m} \times 100\%$$

式中 m_R——样品残渣质量，g；

m_P——样品残渣中蛋白质质量，g；

m_A——样品残渣中灰分质量，g；

m_B——试剂空白质量，g；

m——样品质量，g。

七、思考题

（1）膳食纤维含量测定的原理是什么？本方法有什么局限性？

（2）查阅膳食纤维含量测定的其他方法，比较与本方法的异同点。

实验三　膳食纤维特性的检测

一、实验目的

了解膳食纤维水合特性和吸附特性，掌握膳食纤维吸水膨胀力、持水力和吸油力的检测方法。

二、实验原理

膳食纤维虽不被人体所消化吸收，但其独特的理化特性，使其具有许多重要的生理活性。

（1）水合特性：膳食纤维能吸收相当于自身重量数倍的水分，使其体积膨胀，易产生饱腹感，有助于控制摄食量和减肥。同时，膳食纤维吸水膨胀，使粪便水分含量增加、体积增大，刺激肠道蠕动，减少有害物质接触肠壁的时间，有助于减缓便秘和预防结肠癌。

（2）吸附特性：膳食纤维可吸附有机大分子物质，如脂肪、胆汁酸、胆固醇等，对于维持血脂正常水平和预防肥胖有一定的作用。

（3）发酵特性：膳食纤维虽不能被人体消化吸收，但在进入大肠后却可被其中微生物发酵利用，产生短链脂肪酸（如乙酸、丙酸、丁酸等），可被人体吸收，有助于调节肠道菌群，改善肠道功能，对结肠黏膜具有营养保护作用，促进结肠上皮细胞增殖与黏膜生长，并有助于抑制结肠肿瘤细胞增殖和诱导肿瘤细胞分化的凋亡。

（4）阳离子交换作用：膳食纤维可吸附肠道内钠离子，以及铅、铜等重金属离子，对于血压的降低和癌症的预防可起到一定的作用。

以纤维素为例，纤维素分子由吡喃葡萄糖经$\beta-1,4$糖苷键连接而成，分子链上有很多羟基、羧基等活性基团，相邻分子间通过氢键结合，分子呈规律性束状排列结晶结构。但这种结晶结构并不是连续的，存在规律性差异而形成的无定型区。纤维素在吸水的过程中无定型区的氢键不断被打开，产生许多游离羟基，与水分子形成氢键，即表现为纤维素的强吸水性。

根据来源和加工方法的不同，膳食纤维的组成、结构、颗粒大小等都有明显差异，导致其功能特性也有很大的不同。此外，环境条件（如温度等）也会对膳食纤维的特性产生明显的影响。

本实验主要针对膳食纤维的水合作用和吸油力进行分析，测定其吸水膨胀力（swelling capacity）、持水力（water holding capacity）和吸油力（oil adsorption capacity）。吸水膨胀力是指膳食纤维吸水后体积的增大情况，持水力、吸油力分别指膳食纤维对水分和油脂的吸附能力。

三、试剂和仪器

（一）试剂

（1）实验一自制的膳食纤维；
（2）去离子水；
（3）食用植物油。

（二）仪器

（1）电子天平；
（2）恒温水浴锅；
（3）磁力搅拌器；
（4）台式离心机。

四、实验步骤

（1）膨胀力的测定。准确称取 1.0 g 膳食纤维粉，置于量筒中，读取纤维粉末的体积数。然后，加入足够量的去离子水，剧烈混合振荡均匀后 37 ℃下静置 2 h，测量充分吸水膨胀后的膳食纤维体积。

（2）持水力的测定。准确称取 1.0 g 膳食纤维粉，置于离心管中，加入 50 mL 去离子水，在 37 ℃下混合振荡 2 h。3000 r/min 离心 10 min，弃去上清液，用滤纸吸干离心管壁残留水分，将吸水后的膳食纤维转移到表面皿上称重。

（3）吸油力的测定。准确称取 0.5 g 膳食纤维粉，置于离心管中，加入 10 mL 植物油，在 37 ℃下混合振荡 2 h。3000 r/min 离心 10 min，弃去上层多余的油，将充分吸油后的膳食纤维转移到表面皿上称重。

五、结果计算

（1）膨胀力的计算：

$$膨胀力=\frac{膨胀后体积（mL）-干品体积（mL）}{样品干重（g）}（mL/g）$$

（2）持水力的计算：

$$持水力=\frac{样品湿重（g）-样品干重（g）}{样品干重（g）}\times 100\%$$

（3）吸油力计算：

$$吸油力=\frac{吸油后样品重（g）-样品干重（g）}{样品干重（g）}\times 100\%$$

六、思考题

（1）膳食纤维对水分和有机化合物的吸附作用，对其生理活性有什么影响？
（2）膳食纤维的吸附特性与哪些因素有关？

附录1　实验室常用仪器的使用

一、离心机的使用

离心机是利用转子旋转产生的强大离心力，加快液体中颗粒的沉降速度，把样品中不同沉降系数和浮力密度的物质分离开的一种仪器。相对离心力的大小取决于旋转半径和转速。在下述情况下，使用离心机法较为合适：①沉淀和母液需迅速分离；②沉淀颗粒小，容易透过滤纸；③沉淀量过少，需要定量分析；④母液量很少，分离时需减少损失；⑤母液黏稠，或一般胶体溶液。

1．操作步骤

（1）接通电源，打开开关。

（2）检查：检查本机所用的转子及离心管有无裂纹，或严重腐蚀；检查离心机腔体内是否清洁和积水，防止颗粒状杂物侵入。

（3）选择合适的转子并装配转子：将固体油涂在转轴上，并将转子垂直放入转轴，用配套扳手拧紧螺丝。

（4）设定参数：按“▲”或“▼”选择设置的参数，按“+”或“-”对参数进行上下调整。

（5）设置好后按确认键确认。

（6）放入配平好的离心管。

（7）关闭舱门，等待显示“停机”方可启动。转速稳定后人方可离开。

（8）离心完成后待转速下降至“0”时，按门锁键打开舱门。

（9）取出离心瓶，取出转子，擦拭转子和机体内部，防止有积水和异物。

（10）关闭开关，断开电源。

2．注意事项及维护

（1）离心机应放在平稳且通风良好的台面上。

（2）离心时一定要配平，放置要对称。

（3）离心前一定要检查安装的转头编号与离心机程序所设转头编号是否一致。

（4）每次使用完以后必须将盖子打开，让离心腔回到室温，并且用干净的软布将离心腔里的冷却水和脏物清理干净。

二、超声波细胞破碎仪的使用

超声波细胞破碎仪是一种利用超声波在液体中产生空化效应的多功能、多用途仪器。实验室中此仪器可用于多种动植物、病毒、细胞、细菌及组织的破碎，同时具有匀质、乳化、混合、脱气、崩解和分散、浸出和提取，加速反应等功能。

超声波细胞破碎仪通常由三部分组成：超声波发生器、换能器组件和隔音箱（附图1－1）。超声波发生器（主机）：由信号发生器产生一个特定频率的信号，这个特定频率就是换能器的频率，一般应用在超声波设备中的超声波频率为20 kHz、25 kHz、28 kHz、33 kHz、40 kHz、60 kHz。换能组件：换能器组件主要由换能器和变幅杆组成，具有控制超声能量大小的功能。隔音箱：可以有效地降低仪器工作过程中所发出的噪声，保持实验室安静。

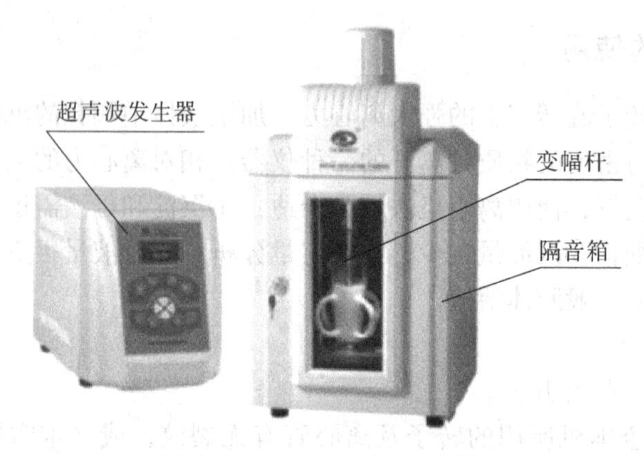

附图1－1 超声波细胞破碎仪

1. 超声波细胞破碎仪使用方法

（1）选择合适的变幅杆，将其装于换能器上拧紧。

（2）配置好样品（样品不要少于整体容量的2/3），放于托盘或固定在支架上，固定牢，防止下滑。同时可外加冰浴冷却样品处理液。

（3）调整变幅杆侵入液体的深度，一般为1.5～2 cm，（若液体过多或过少则应适当调整）并位于中央位置，变幅杆不可与容器接触。

（4）打开主机电源，进入参数设定：有效超声时间的设定；超声间歇时间的设定；总的超声时间的设定；超声样品过热保护温度设定；确定超声功率。对各种细胞量的多少，超声时间长短，功率大小，有待根据各种不同介质摸索确定，选取最佳值。

（5）重复检查样品杯是否放置稳定、变幅杆是否放置规范，确保仪器参数设置正确后开机操作。

（6）使用过程中可使用“暂停”键终止仪器操作。

2. 仪器使用注意事项及维护

（1）严禁在变幅杆未插入液体内时开机（空载），否则会损坏换能器或超声波发生器。

（2）根据选择配置的变幅杆而定，超声功率不能超过变幅杆的最大承受功率值。

（3）在超声破碎时，由于超声波在液体中起空化效应，使液体温度会很快升高，应对各种细胞液的控制温度多加注意。建议采用短时间（每次超声时间不超过5 s）的多次破碎，同时可外加冰浴冷却。

（4）变幅杆与超声参数的配置选择（见附表1－1）。

附表1－1　变幅杆与超声参数配置选择表

变幅杆直径/mm	选用的超声功率范围/W	超声溶液体积/mL
2	20～250	0.2～5
3	30～400	0.5～10
6	60～650	10～100
10	100～950	100～200
15	200～950	200～500
20	400～1200	500～1000
25	800～1800	500～1200

注：为了有效超声，同时保护变幅杆，适宜的超声功率一般设在最大值的80%。

三、移液枪的使用

移液枪是移液器的一种，常用于实验室少量或微量液体的移取。不同规格的移液枪配套使用不同大小的枪头，不同生产厂家生产的形状也略有不同，但工作原理及操作方法基本一致。本实验室使用的移液枪的类型主要为空气垫加样器，工作原理为：通过空气垫的作用将吸于塑料吸头内的液体样本与加样器内的活塞分隔开来，空气垫通过加样器活塞的弹簧样运动而移动，进而带动吸头中的液体的移动，枪体内部死体积和移液吸头中高度的增加决定了加样器中这种空气垫的膨胀程度。因此，活塞移动的体积必须比所希望吸取的体积要大2%～4%，温度、气压和空气湿度的影响必须通过对空气垫加样器进行结构上的改良而降低，使得在正常情况下不至于影响加样的准确度。

1. 样品准备

（1）样品提前从冰箱拿出室温放置，使温度与室温平衡。

液体温度高于吸头温度时，移取的液体体积会偏大；

液体温度低于吸头温度时，移取的液体体积会偏小。

（2）若溶剂瓶中液体太少，请倒入EP管（微量离心管）中，方便吸取。

2. 选择合适量程，设定体积

在调节量程时，如果从大体积调为小体积，连续旋转至所需量程；

如果从小体积调为大体积，朝所需量程方向连续旋转，旋转到达超过所需量程1/3圈处再回调至所需量程，保证最佳的精确度。

3. 装枪头

将移液枪端垂直插入吸头，左右微微转动，上紧即可。

4. 吸液

（1）垂直吸液，枪头尖端需浸入液面2～4mm以下。

（2）枪头预润湿（3次）

①吸头内壁会吸附一层液体，使表面吸附达到饱和，然后再吸入样液，最后打出液体的体积会很精确。

②一般液体，正向吸液（一挡吸→二挡排，见附图1－2）。

③黏稠液体和易挥发液体，反相吸液（二挡吸→一挡排，见附图 1-3）。

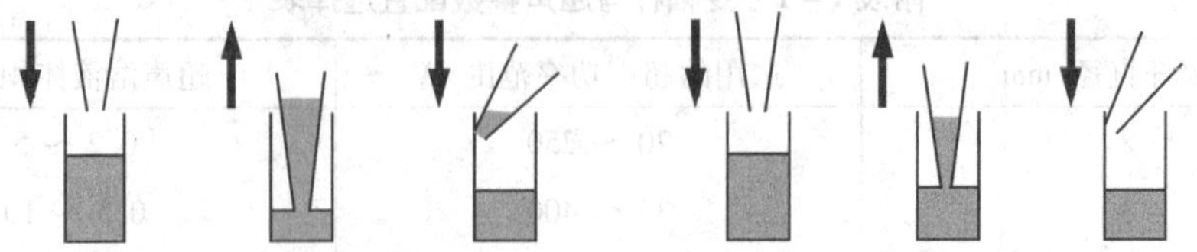

附图 1-2　正向吸液　　　　附图 1-3　反向吸液

（3）慢吸慢放，控制好弹簧的伸缩速度。吸液速度太快会产生反冲和气泡，导致移液体积不准确，且反冲液体会进入枪体内部，损坏移液枪。

（4）将移液枪提离液面，停约一秒钟。观察是否有液滴缓慢地流出。若有流出，说明有漏气现象。

（5）外壁残留：用滤纸蘸擦移液嘴外面附着的液滴。

5. 放液

（1）将吸嘴口贴到容器内壁并保持 10 ～ 40°倾斜。

（2）平稳地把按钮压到一挡，停约一秒钟后压到二挡，排出剩余液体。

（3）排放致密或黏稠液体时，压到一挡后，多等一两秒钟，再压到二挡。

（4）压住按钮，同时提起移液枪，使吸嘴贴容器壁擦过。

（5）松开按钮。

（6）按弹射器除去移液嘴（吸取不同液体时需更换吸嘴）。

6. 使用完毕，调至最大量程

移液枪长时间不用时建议将刻度调至最大量程，让弹簧恢复原形，延长移液枪的使用寿命。

7. 注意事项及维护

（1）移液枪不得移取有腐蚀性的溶液，如强酸、强碱等。

（2）如有液体进入枪体，应及时擦干。

（3）移液枪应轻拿轻放。

（4）定期对移液枪进行校准。

四、梅特勒 SevenEasy pH 计标准操作规程

1. 开机准备

首先确认仪器所用电源是否匹配，保证 pH 计工作环境符合要求。

2. 仪表自检

（1）直接短按 pH 计 [On/Off] 键即可开机。

（2）长按 [Read/A] 和 [Cal] 键直到出现仪表自检图标 [Self-Diag.]。仪表首先满屏显示所有图标，然后依次闪烁每一个图标，最后一步检测每一个按键的好坏。当检测按键时，需要按相应的按键（具体的对应按键请参照仪器的操作手册）。自检完成时，会有“√”图标显示以表示自检正确（自检成功代表仪器的各个按键是完好的）。

3. 校准

（1）首先确定仪表内置的标准缓冲溶液组和校准时使用的缓冲溶液组的温度。

（2）确认所测定样品 pH 的大概范围，然后选择所用的标准缓冲溶液。

（3）将电极（三合一电极）放入缓冲溶液之前，应使用蒸馏水冲洗电极并吸干。

（4）将电极放入缓冲溶液中（如 pH4.01，25 ℃），按 Cal 键开始校准，当测量结果稳定后，小数点不再闪动，同时“/A”显示在屏幕上，pH 显示为 4.01 ±0.02 中的一个数，屏幕上“Cal”会显示“1”（一点校正）。

（5）一点校正完成后，拿出电极，使用蒸馏水冲洗电极并吸干水（注意不能擦）。接着将电极放入下一个缓冲溶液中（如 pH7.00，25 ℃），按 Cal 键开始下一点校准，校准完成后，屏幕上的“Cal”会显示“2”，pH 值会显示 7.00 ±0.02 中的一个数（此时即为两点校准，如果需要测量范围宽的样品，也可进行三点的校准，方法同上）。

4. 校准结果浏览

长按 Cal 键 2 秒，仪表显示最近一次的校准记录：包括校准点、斜率和零电位。显示结束自动返回测量状态。或者中途按 Read/A 键可以直接返回测量状态（注意：斜率在90%～105%为电极状态好，若低于90%，需要对电极进行维护）。

5. 样品的测量

（1）将电极放入样品溶液中，按 Read/A 键开始测量，测量过程中，小数点会闪动。当测量结果稳定后，测量结束，小数点不再闪动，同时“/A”显示在屏幕上（此时终点方式是自动终点判断方式）。

（2）样品测量完成后，应重新使用蒸馏水把电极冲洗干净，然后放入电极保护液中保存。

6. 注意事项及维护

（1）确保电极始终灌有正确的保护液，并防止保护液干涸。

（2）为了获得测量结果的最大准确度，任何附着或凝固在电极外部的污物都应该使用蒸馏水洗去（注：保护液一般为 3mol/L KCl 溶液）。

五、BioLogic LP 层析系统的使用

层析系统的工作原理是：由蠕动泵推动溶液、各种阀门控制溶液流向，进样或者洗脱层析柱；样品经过层析柱并洗脱后，因样品各组分在流动相和固定相（层析介质）中的分配系数不同而分开；不同组分经过各种在位检测器，如紫外检测器、电导检测器、pH 检测器等确定各组分的位置和浓度；最后各组分由收集器自动收集。

1. 结构组成

（1）外观组件如附图 1－4 所示。

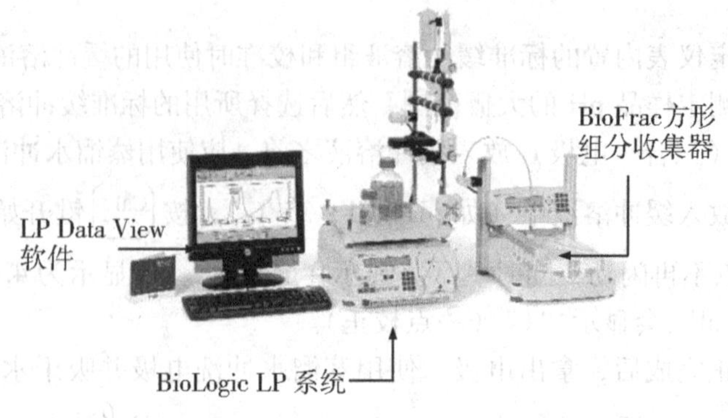

附图 1－4　LP 低压层析系统

（2）管路连接如附图 1－5 所示。

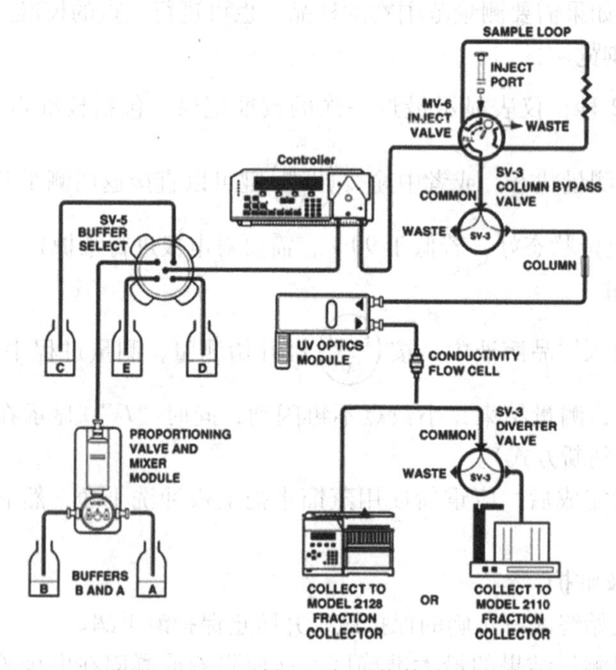

附图 1－5　LP 低压层析系统管路连接图

2. 仪器操作

（1）将仪器电源打开，预热。

（2）缓冲液配制：根据所用层析方法和条件配置溶液，如果方法中要用到梯度洗脱，需配置 A 液和 B 液，分别将混合器的 A、B 管浸入到相应的溶液中。

（3）冲洗管道系统：在做实验之前，必须采取合适的步骤以排除导管中的气泡。

①确认未接层析柱，按下“Purge”键，泵将以最大流速冲洗整个管道系统。

②在泵运行时按下“Buffer”键，使所有缓冲液进口管道都充满缓冲液，然后将泵停下。

③将流速调节到相对安全的流速，接入层析柱，按下“Run”键，将可能进入柱子的气泡排除。

(4) 仪器手动模式操作:

①控制器面板及各键功能如附图1-6所示。

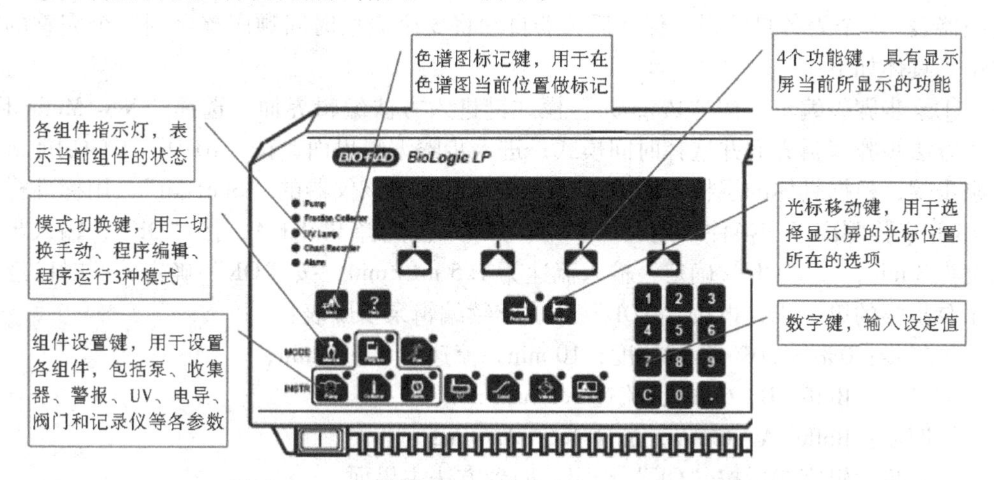

附图1-6　LP低压层析系统控制器面板及各键功能

②手动模式平衡层析柱：按模式键的“Manual”，再按组件设置键的“Pump”，则显示屏显示泵主界面如附图1-7所示。

Method: <<name>>　Manual Operation
-> Flow: 1.00 ml/min　UV: 0.0111 AU
Buffer: A　Cond: 0.000 mS
START　PURGE　FLOW　BUFFER

附图1-7　LP低压层析系统泵主界面

按“Flow”下的功能键进入流速设置界面，如附图1-8所示。

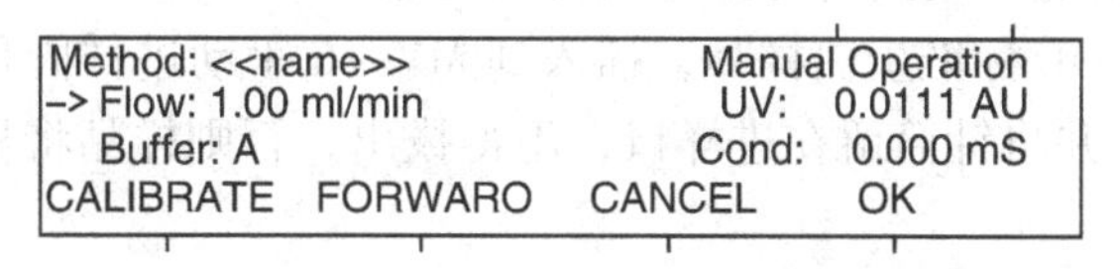

附图1-8　LP低压层析系统流速设置界面

用数字键输入实验方案制定的流速，按“OK”确定回到泵主界面，再按下“Start”下的功能键开始以所设定的流速平衡层析柱，检查电脑软件中色谱图的UV基线。

如果要用A、B两种溶液以一定配比平衡或冲洗层析柱，则在上述泵主界面按“Buffer”下的功能键进入溶液混合界面如附图1-9所示。

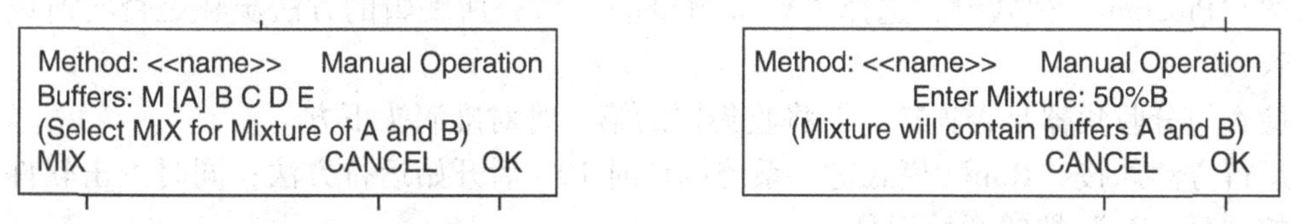

图1-9　LP低压层析系统溶液混合界面　附图1-10　LP低压层析系统溶液混合界面溶液比例设定

按“Mix”下的功能键进入如附图1-10所示界面。

光标移至“Enter Mixture”后，输入B液的百分比，按下“OK”功能键确定并回到泵主界面，按下“Start”功能键开始冲洗或平衡层析柱。

（5）方法编辑：一个完整的 LP 层析方法由 3 部分组成，即泵步骤表、收集器表和警报器表。3 个表各自编辑，保存后仪器自动将 3 个表按时间顺序整合到一个完整的方法中。具体如下：

①泵步骤表编辑。按“Program”模式键进入方法编辑界面，选择“New Method”，进入方法步骤编辑界面并选择时间模式；进入步骤编辑界面，按“ADD”下的功能键增加泵步骤，根据具体的层析方法编辑各个步骤，例如该仪器的“Start kit”，用标准样品走 High Q 强阴离子交换柱，用“Previous/Next”键选择 Buffer A，按“OK”，输入步骤长度为 3 min，按“OK”确定，输入流速为 1.5 mL/min，按“OK”确定，这时已经编好了泵步骤的第一步，再按“ADD”依次继续编辑泵步骤表：

第二步：0% ~ 50% B 的梯度，10 min，流速 1.5 mL/min；

第三步：Buffer B，6 min，流速 1.5 mL/min；

第四步：Buffer A，6 min，流速 1.5 mL/min；

第四步编辑完毕后按“OK”确定，回到方法主界面。

②警报表编辑。按“Alarm”下的功能键，按“ADD”，进入界面，“Alarm 1”输入时间为 3 min，“Hold”设置为 No。按 2 次“OK”确定。设置该步后，方法运行后 3 min 警报器响，提醒你必须将手动进样阀切换到“Load”位，使梯度步骤的缓冲液直接流到层析柱中，而不是流到进样环里。

③收集器表编辑。在方法编辑主界面按下“Frac Coll”功能键，进入操作界面，选择“All”，输入收集体积为 2 mL，按 2 次“OK”，确定并回到方法列表界面，选择“DONE”，再按“Save”键，输入方法名为 Demo1，按“DONE”确定。

（6）方法运行。

①将 MV-6 手动进样阀按逆时针方向转动到底。

②用针筒吸取 2 mL 标准蛋白样品，插入到 MV-6 手动进样阀顶部的进样口，将样品打入到进样环中，并将针筒留在进样口，不得拔出，否则样品将从废液管流出。

③运行前检查：

ⓐ检查手动状态下平衡柱子的情况，基线是否平衡，系统管道各处是否有气泡，如果有，必须对管道进行 Purge。

ⓑ按组件设置键设置检测器：按“UV”，设置 Range 为 0.05AUFS，ReZero 基线调零；电导检测器的最大和最小值应满足 B 液和 A 液的电导值，可设置最小值为 0，最大值为 200 mS/cm。

ⓒ按“Program”模式键，选择“View Method”检查所编辑的方法步骤是否与所设计的一致。

ⓓ检查组分收集器是否连接，并将收集器的第一管对准滴头下方。

④运行方法。按“Run”模式键，系统倒计时 10 s 后开始运行方法；同时点击软件工具栏的“Log On”按钮开始记录。

（7）仪器运行：安装层析柱—开始纯化—清洗泵及卸下层析柱—关闭电源。

3. 注意事项及维护

（1）根据所用柱子说明书提供的耐压极限设置泵的压力限制，压力过大会损坏柱子。柱子使用完毕后，应按照柱子使用说明书有关程序彻底清洗或再生，并用合适的缓冲液保存，防止长菌和干涸。

（2）仪器使用完毕后如果放置过夜，应用低盐缓冲液（最好是去离子水）彻底清洗所有管道和阀门，防止有盐析出堵塞管道，损坏泵头和阀门。

（3）如果仪器一段时间不用，用去离子水清洗后（特别注意上样阀 Load、inject、purge 沾染高浓度蛋白易长菌位置的清洗），再用20%乙醇或0.05%叠氮化钠溶液充满管道。仪器长期不用，要把泵、阀门、检测器等出入口用随机带的塞子（fittings）封闭以避免溶液挥发，防止仪器管道阀门内部长菌。

（4）仪器应放置在干燥通风处，防止仪器长霉菌或锈蚀。如果仪器放在低温环境（冷室或层析柜），不要关闭电源，防止水蒸气凝结。

（5）在上不同样品时，应特别注意清洗上样阀，避免交叉污染。

六、多功能微孔板检测仪的使用（BioTek Gen5）

酶标仪（即微孔板检测仪）是一种用途广泛的生物检验医疗设备，利用酶联免疫分析法，根据酶标记原理，以及呈色物的有、无和呈色深浅进行定性或定量分析。多功能酶标仪是指具有两种及更多检测功能的仪器，通常情况下至少可提供“吸收光”“荧光”这两种最常见的检测功能。该仪器适用于临床检验、微生物学、流行病学、免疫学、内分泌学以及农林科学等领域，广泛用于医院、血站、防疫站、生物制品等部门。

1. 结构部件

酶标仪结构如附图1－11所示。

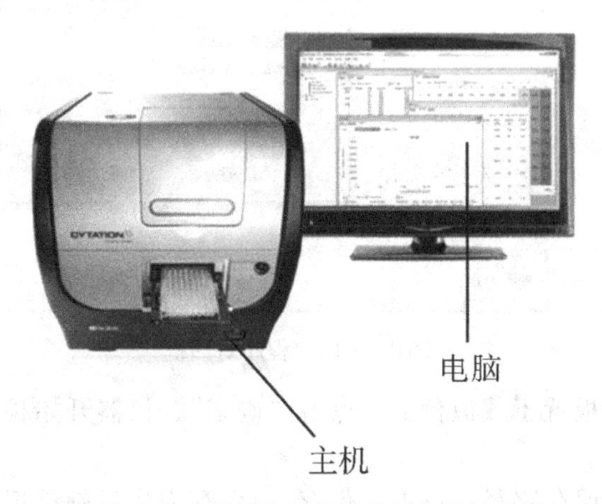

附图1－11　多功能微孔板检测仪结构部件

2. 波长测定操作步骤

（1）双击 Gen5 软件图标，出现任务管理器，点击“立即检测”。

（2）点击“新建...”，出现程序对话框，如附图1－12所示。

（3）点击“检测”，出现检测步骤，在此可以编辑检测方法（如吸收光、荧光、发光检测）以及检测类型（终点、区域扫描、光谱）。

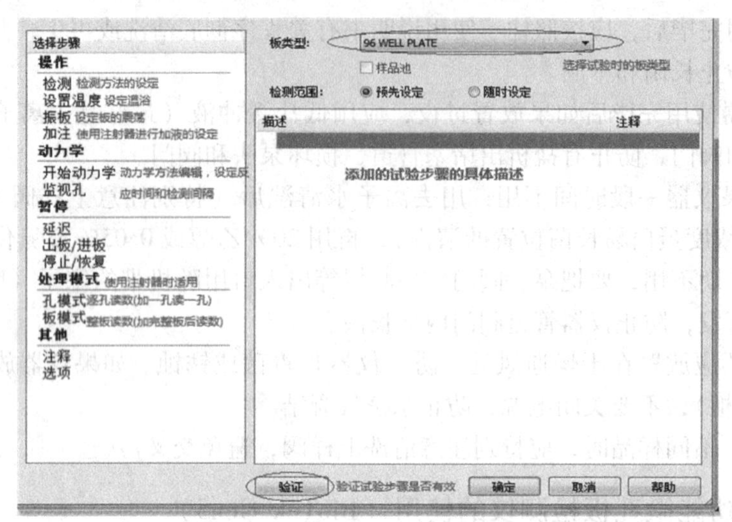

附图 1－12　波长测定程序设定界面

（4）选择检测所需要的波长，点击“确定”，在程序对话框中点击“确定”，仪器会自动弹出载板台，出现如附图 1－13 所示界面：

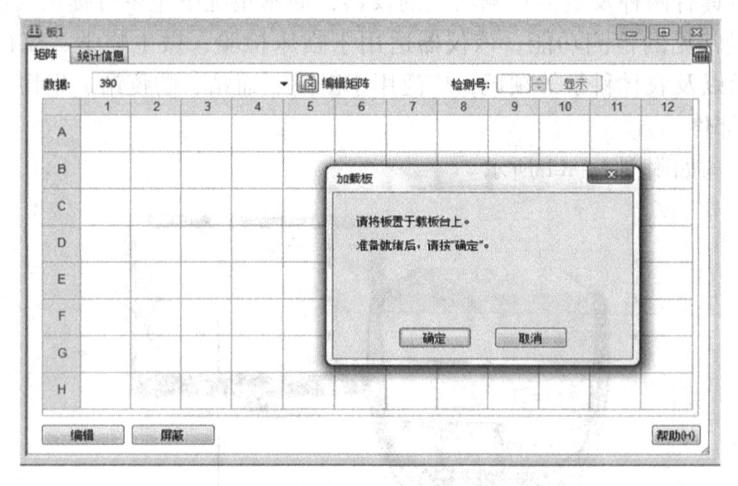

附图 1－13　程序对话框

（5）将要检测的板置于载板台上，点击“确定”，仪器开始检测，检测完成后，提示保存试验结果。

（6）选择适当的保存路径，点击“保存”，保存完成后软件提示是否将数据导出到 Excel，点击“是”，试验数据会自动导出到 Excel，通过结果即可查看试验数据，点击保存按钮“”即可保存试验数据。

注：如果需要在相同的实验步骤下检测另外的板，点击检测新板“”即可进行新板的检测，在左侧“板2*”即可看到新板的检测数据。

3. 注意事项及维护

（1）待测微孔板的样品体积不宜过多，避免溢出而污染机器。

（2）仪器应放置在干燥通风处，防止仪器长霉菌或锈蚀。

七、紫外－可见分光光度计的使用（美谱达 UV1800）

分光光度计又称光谱仪（spectrometer），是将成分复杂的光分解为光谱线的科学仪器。测量范围包括波长范围为 380 ～ 780 nm 的可见光区和波长范围为 200 ～ 380 nm 的紫外光区。不同的光源都有其特有的发射光谱，可采用不同的发光体作为仪器的光源。钨灯光源所发出的 380 ～ 780 nm 波长的光谱光通过三棱镜折射后，可得到由红、橙、黄、绿、蓝、靛、紫组成的连续色谱；该色谱可作为可见分光光度计的光源。

（一）仪器组成

紫外－可见分光光度计主要由样品池和控制面板组成，如附图 1－14 所示。

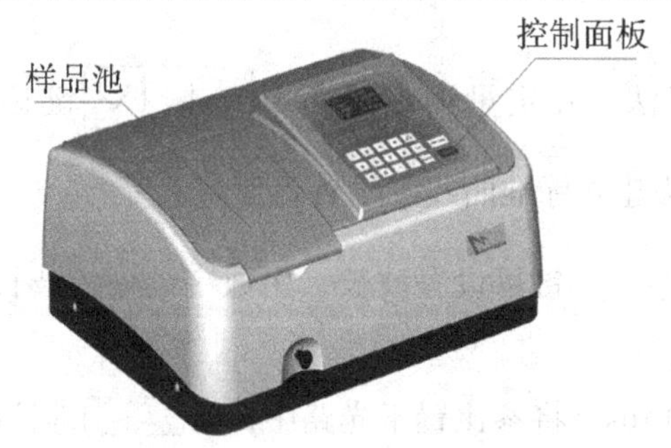

附图 1－14　紫外－可见分光光度计组成

（二）操作步骤

1. 光度测量

（1）打开电源，预热自检完成后，按主界面[△]、[▽]键，选择“光度测量”，按[ENTER]进入光度测量的设置界面。

（2）设置测试波长。按[GOTO λ]键设置波长，用数字键输入波长值，按[ENTER]键确定设定的波长值。

（3）设置测量结果显示模式。按[SET]键进入设置参数界面，[△]、[▽]键可选择“吸光度”“透过率”或“能量”模式，按“[ENTER]”键确认，[RETURN]键返回。

（4）进入测量界面。按[START/STOP]键进入测量界面，如附图 1－15 所示。

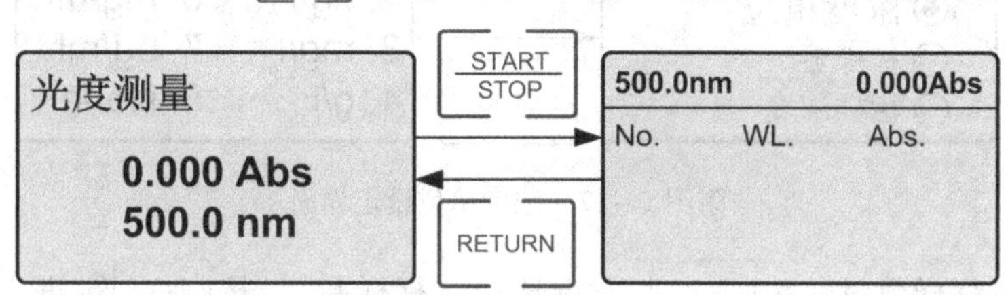

附图 1－15　紫外－可见分光光度计测量界面

（5）校准100% T/0Abs。将参比置于光路中，用[ZERO]键校准100% T/0Abs。

（6）测量样品。将样品置于光路中，按[START/STOP]键测量，结果将显示在数据列表中，重复本操作完成所有样品测量。

（7）打印数据：选择[PRINT]键打印测量结果。

（8）删除数据：选择[CLEAR]可删除测量结果，若不删除，测量数据会自动保存在仪器存储器中。

2．定量测量（建立标准曲线）

（1）进入定量测量界面：按主界面[△]、[▽]键选择“定量测量”，按[ENTER]键进入定量测量的设置界面。

（2）选取工作曲线法：在定量测量界面用[△]、[▽]键选择“工作曲线法”，按[ENTER]键进入工作曲线法建立标准曲线的设置界面。

（3）设置波长：按[GOTO λ]键可设置波长，用数字键输入波长值，按[ENTER]键设定波长值。

（4）校准100% T/0Abs。将参比置于光路中，按[ZERO]键校准100% T/0Abs。

（5）设置浓度单位。按[SET]键进入设置参数界面，再按[△]、[▽]键选择“浓度单位”，选择[ENTER]键进入浓度单位设置界面，用户根据标准样品的配制情况选择合适的浓度单位，按[ENTER]键确认，按[RETURN]键返回，如附图1－16、附图1－17所示。

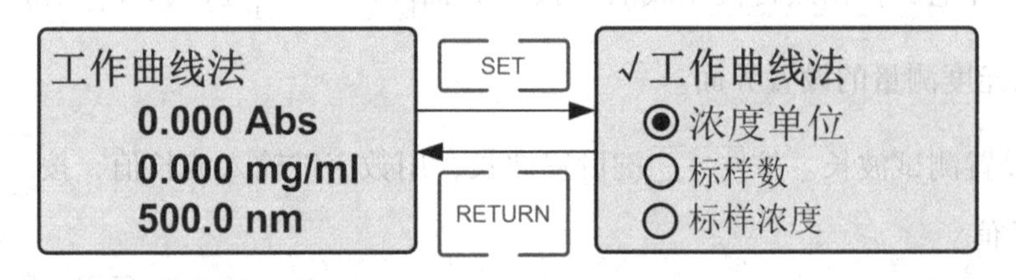

附图1－16　工作曲线设定界面

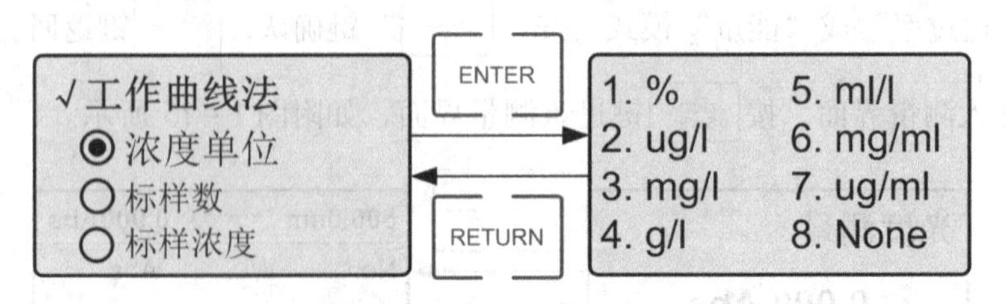

附图1－17　浓度单位设定界面

（6）设置标样数量。按[△]、[▽]键选择“标样数”，按[ENTER]键进入标样数设置界面，用户根据标准样品的数量输入相应值（最多可用9个样品标定标准曲线），按[ENTER]键确认，按[GOTO λ]键返回。

（7）标定标准样品浓度。按[△]、[▽]键选择“标样浓度”，按[ENTER]键进入标样浓度设置界面，根据提示将标准样品置于光路中，输入对应的浓度值，按[ENTER]键确认（附图1－18），依次完成所有标准样品标定后，建立的标准曲线将自动保存在仪器存储器中。

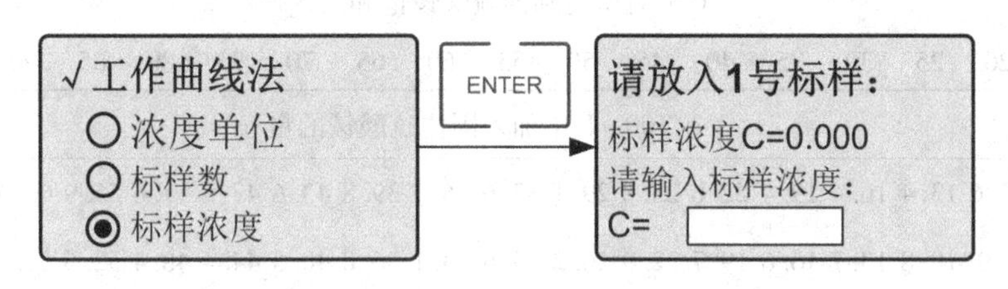

附图1－18　标样浓度设定界面

（8）显示标准曲线。标定完成后，按[△]、[▽]键选择“工作曲线”，按[ENTER]键进入标准曲线显示界面查看标定的曲线，按[RETURN]键返回。

3. 注意事项及维护

（1）为延长光源使用寿命，当样品测量范围在340～1100 nm的测试波长进行测量时，应关闭氘灯；当样品测量范围在190～339 nm的测试波长进行测量时，应关闭钨灯。

（2）仪器在使用一段时间后因光源能量衰减等原因，可能会对测量结果产生微小的偏差，可以通过重新校准波长来改善。应每隔1～2个月进行一次波长校准。

（3）样品室检查。在测试完成后，请及时将溶液从样品室中取出，否则时间一长，液体挥发会导致镜片发霉，对易挥发和腐蚀性的液体，尤其要注意！如果样品室中有遗漏的溶液，请及时擦拭干净，否则会引起样品室内的部件腐蚀和螺钉生锈。

（4）仪器的表面清洁。仪器的外壳表面经过了喷漆工艺的处理，如果不小心将溶液遗洒在外壳上，请立即用湿毛巾擦拭干净，杜绝使用有机溶液擦拭。如果长时间不用时，请注意及时清理仪器表面的灰尘。

（5）比色皿清洗。在每次测量结束或溶液更换后，需要对比色皿进行及时清洗，否则比色皿壁上的残留溶液会引起测量误差。

附录 2　硫酸铵饱和度常用表

附表 2－1　0 ℃下由 S_1 提高到 S_2 时每 100 mL 样品加固体硫酸铵的量

饱和度	0 ℃时所达到的硫酸铵饱和度 S_2/%																
	20	25	30	35	40	45	50	55	60	65	70	75	80	85	90	95	100
	在 100 mL 中加入固体硫酸铵的量/g																
溶液的原始饱和度 S_1/%																	
0	13.6	13.4	16.4	19.4	22.6	25.8	29.1	32.6	36.1	39.8	43.6	47.6	51.6	55.9	60.3	65.0	69.7
5	7.9	10.8	13.7	16.6	19.7	22.9	26.2	29.6	33.1	36.8	40.5	44.4	48.4	52.6	57.0	61.5	66.2
10	5.3	8.1	10.9	13.9	16.9	20.0	23.3	26.6	30.1	33.7	37.4	41.2	45.2	49.3	53.6	58.1	62.7
15	2.6	5.4	6.2	11.1	14.1	17.2	20.4	23.7	27.1	30.6	34.3	38.1	42.0	46.0	50.3	54.7	59.2
20	0	2.7	5.5	8.3	11.3	14.3	17.5	20.7	24.1	27.6	31.2	34.9	38.7	42.7	46.9	51.2	55.7
25		0	2.7	5.6	8.4	11.5	14.6	17.9	21.1	24.5	28.0	31.7	35.5	39.5	43.6	47.8	52.2
30			0	2.8	5.6	8.6	11.7	14.8	18.1	21.4	24.9	28.5	32.3	36.2	40.2	44.5	48.8
35				0	2.8	5.7	8.7	11.8	15.1	18.4	21.8	25.4	29.1	32.9	36.9	41.0	45.3
40					0	2.9	5.8	8.9	12.0	15.3	18.7	22.2	25.8	29.6	33.5	37.6	41.3
45						0	2.9	5.9	9.0	12.3	15.6	19.0	22.6	26.3	30.2	34.2	38.3
50							0	3.0	6.0	9.2	12.5	15.9	19.4	23.0	26.8	30.8	34.8
55								0	3.0	6.1	9.3	12.7	16.1	19.7	23.5	27.3	31.3
60									0	3.1	6.2	9.5	12.9	16.4	20.1	23.9	27.9
65										0	3.1	6.3	9.7	13.2	16.8	20.5	24.4
70											0	3.2	6.5	9.9	13.4	17.1	20.9
75												0	3.2	6.6	10.1	13.7	17.4
80													0	3.3	6.7	10.3	13.9
85														0	3.4	6.8	10.5
90															0	3.4	7.0
95																0	3.5
100																	0

附表2-2　室温下由 S_1 提高到 S_2 时每升加固体硫酸铵的克数

S_1	S_2																	
	0.10	0.20	0.25	0.30	0.35	0.40	0.45	0.50	0.55	0.60	0.65	0.70	0.75	0.80	0.85	0.90	0.95	1.00
0	55	113	144	175	209	242	278	312	350	390	430	474	519	560	608	657	708	760
0.10		57	67	118	149	182	215	250	287	325	365	405	448	494	530	585	634	685
0.20			29	59	90	121	154	188	225	260	298	337	379	420	465	512	559	610
0.25				29	60	91	123	157	192	228	265	304	345	386	430	475	521	571
0.30					30	61	93	125	160	195	232	270	310	351	394	439	485	533
0.35						30	62	94	128	163	199	235	275	315	358	403	449	495
0.40							31	63	96	131	166	205	240	280	322	365	410	458
0.45								31	64	98	133	169	206	245	286	330	373	420
0.50									32	63	100	135	172	211	250	292	335	380
0.55										33	66	101	138	176	214	255	298	334
0.60											33	67	103	140	179	219	261	305
0.65												34	69	105	143	182	224	267
0.70													34	70	108	146	187	228
0.75														35	72	110	149	170
0.80															36	73	112	152
0.85																37	75	114
0.90																	37	76
0.95																		38

附表3 常见缓冲溶液的配制

1. 25 ℃下各种 pH 值的 Tris 缓冲液的配制

pH	所需 0.1 mol/L HCl 的体积 /mL	pH	所需 0.1 mol/L HCl 的体积 /mL
7.1	45.7	8.1	26.2
7.2	44.7	8.2	22.9
7.3	43.4	8.3	19.1
7.4	42.0	8.4	17.2
7.5	40.3	8.5	14.7
7.6	38.5	8.6	12.4
7.7	36.6	8.7	10.3
7.8	34.5	8.8	8.5
7.9	32.0	8.9	7.0
8.0	29.2		

某一特定 pH 值的 0.05 mol/L Tris 缓冲液的配制：将 50 mL 0.1 mol/L Tris 碱溶液与上表所示相应体积（mL）的 0.1 mol/L HCl 混合，加水将体积调至 100 mL。

2. 25 ℃下 0.1 mol/L 磷酸钾缓冲液的配制

pH	1 mol/L K_2HPO_4/mL	1 mol/L KH_2PO_4/mL	pH	1 mol/L K_2HPO_4/mL	1 mol/L KH_2PO_4/mL
5.8	8.5	91.5	7.0	61.5	38.5
6.0	13.2	86.8	7.2	71.7	28.3
6.2	19.2	80.8	7.4	80.2	29.8
6.4	27.8	72.2	7.6	86.6	13.4
6.6	38.1	61.9	7.8	90.8	9.2
6.8	49.7	50.3	8.0	94.0	6.0

某一特定 pH 值的 0.1 mol/L 磷酸钾缓冲液的配制：将两种 1 mol/L 贮存液混合后，用蒸馏水稀释至 1000 mL。

3. 25 ℃下 0.1 mol/L 磷酸钠缓冲液的配制

pH	1 mol/L Na_2HPO_4/mL	1 mol/L NaH_2PO_4/mL	pH	1 mol/L Na_2HPO_4/mL	1 mol/L NaH_2PO_4/mL
5.8	7.9	92.1	7.0	57.7	42.3
6.0	12.0	88.0	7.2	68.4	31.6
6.2	17.8	82.2	7.4	77.4	22.6
6.4	25.5	74.5	7.6	84.5	15.5
6.6	35.2	64.8	7.8	89.6	10.4
6.8	46.3	53.7	8.0	93.2	6.8

某一特定 pH 值的0.1 mol/L 磷酸钠缓冲液配制：将两种1 mol/L 贮存液混合后，用蒸馏水稀释至1000 mL。

4. 柠檬酸 - 磷酸氢二钠缓冲液的配制

pH	0.2 mol/L Na_2HPO_4/mL	0.1 mol/L 柠檬酸/mL	pH	0.2 mol/L Na_2HPO_4/mL	0.1 mol/L 柠檬酸/mL
2.2	0.40	19.60	5.2	10.72	9.28
2.4	1.24	18.76	5.4	11.15	8.85
2.6	2.18	17.82	5.6	11.60	8.60
2.8	3.17	16.83	5.8	12.09	7.91
3.0	4.11	15.89	6.0	12.63	7.37
3.2	4.94	15.06	6.2	13.22	6.78
3.4	5.70	14.30	6.4	13.85	6.15
3.6	6.44	13.56	6.6	14.55	5.45
3.8	7.10	12.90	6.8	15.45	4.55
4.0	7.71	12.29	7.0	16.47	3.53
4.2	8.28	11.72	7.2	17.39	2.61
4.4	8.82	11.18	7.4	18.17	1.83
4.6	9.35	10.65	7.6	18.73	1.27
4.8	9.86	10.14	7.8	19.15	0.85
5.0	10.3	9.70	8.05	19.45	0.55

某一特定 pH 值的柠檬酸 - 磷酸氢二钠缓冲液的配制：将两种溶液直接混合即可。

5. 25 ℃下0.1 mol/L 柠檬酸钠 - 柠檬酸缓冲液的配制

pH	0.1 mol/L 柠檬酸/mL	0.1 mol/L 柠檬酸钠/mL	pH	0.1 mol/L 柠檬酸/mL	0.1 mol/L 柠檬酸钠/mL
3.0	18.6	1.4	4.8	9.2	10.8
3.2	17.2	2.8	5.0	8.2	11.8
3.4	16.0	4.0	5.2	7.3	12.7
3.6	14.9	5.1	5.4	6.4	13.6
3.8	14.0	6.0	5.6	5.5	14.5
4.0	13.1	6.9	5.8	4.7	15.3
4.2	12.3	7.7	6.0	3.8	16.2
4.4	11.4	8.6	6.2	2.8	17.2
4.6	10.3	9.7	6.6	2.0	18.0

某一特定 pH 值的0.1 mol/L 柠檬酸钠 - 柠檬酸缓冲液的配制：将两种0.1 mol/L 溶液直接混合即可。

6. 0.1 mol/L 乙酸 – 乙酸钠缓冲液的配制

pH	0.1 mol/L 醋酸/mL	0.1 mol/L 醋酸钠/mL	pH	0.1 mol/L 醋酸/mL	0.1 mol/L 醋酸钠/mL
3.19	32	1	4.7	1	1
3.5	16	1	5.0	1	2
3.8	8	1	5.3	1	4
4.1	4	1	5.6	1	8
4.4	2	1	5.9	1	16

某一特定 pH 值的0.1 mol/L 乙酸 – 乙酸钠缓冲液的配制：将两种0.1 mol/L 溶液直接混合即可。

7. 平衡盐溶液的配制

单位：g

	Ringer	PBS	Tyrode	Earle	Hanks	Dulbecco	D – Hanks
NaCl	9.00	8.00	8.00	6.80	8.00	8.00	8.00
KCl	0.42	0.20	0.20	0.40	0.40	0.20	0.40
$CaCl_2$	0.25		0.20	0.20	0.14	0.10	
$MgCl_2 \cdot 6H_2O$			0.10			0.10	
$MgSO_4 \cdot 7H_2O$				0.20	0.20		
$Na_2HPO_4 \cdot H_2O$		1.56			0.06		0.06
$NaH_2PO_4 \cdot 2H_2O$			0.05	0.14		1.42	
KH_2PO_4		0.20			0.06	0.20	0.06
$NaHCO_3$			1.00	2.20	0.35		0.35
葡萄糖			1.00	1.00	1.00		
酚红				0.02	0.02	0.02	0.02

配制方法：以 Hank's 为例，①将 0.14 g $CaCl_2$ 溶解在 100 mL 双蒸水中；②除碳酸氢钠、酚红外，其他成分依次溶解在 750 mL 双蒸水中；③将①液和②液搅拌混合；④0.35 g 碳酸氢钠溶解在 37 ℃双蒸水中；⑤用数滴 $NaHCO_3$ 液溶解酚红；⑥用双蒸水多次洗涤④、⑤两液，一并加至①②混合液中；⑦以双蒸水定容并充分混匀；⑧G6 滤斗过滤除菌分装，4 ℃保存。